21世纪高等职业教育信息技术类规划教材

21 Shiji Gaodeng Zhiye Jiaoyu Xinxi Jishulei Guihua Jiaocai

# 计算机组装与维护应用教程

（项目式）

JISUANJI ZUZHUANG YU WEIHU YINGYONGJIAOCHENG

郑平 主编 袁云华 闫英战 路贺俊 副主编

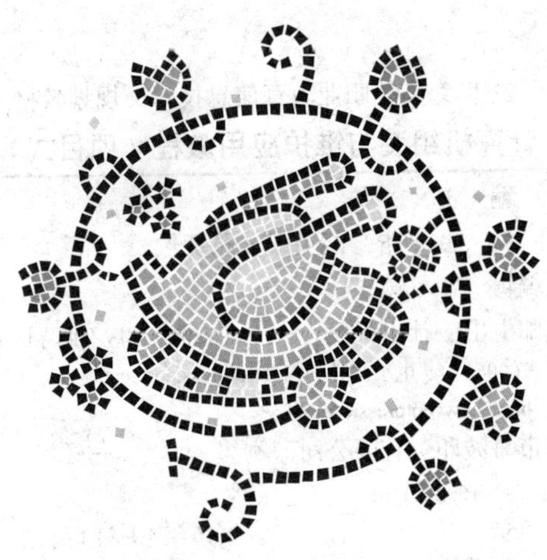

人民邮电出版社

北京

**图书在版编目（CIP）数据**

计算机组装与维护应用教程 ：项目式 / 郑平主编
-- 北京 ：人民邮电出版社，2010.4（2012.5 重印）
21世纪高等职业教育信息技术类规划教材
ISBN 978-7-115-22298-5

Ⅰ. ①计… Ⅱ. ①郑… Ⅲ. ①电子计算机－组装－高等学校：技术学校－教材②电子计算机－维修－高等学校：技术学校－教材 Ⅳ. ①TP30

中国版本图书馆CIP数据核字(2010)第044683号

## 内容提要

本书介绍了计算机组装与维护的技术，主要包括配件的选购与组装、软件系统的构建、系统性能的测试和优化、系统数据的备份与还原、硬件和软件故障的诊断及维护等。

全书从基础入手，重点介绍计算机配件的选购、组装及维护，并针对每个知识点安排相应的实训内容，强化学生的动手实践能力，强化理论知识与实际操作的联系。

本书适合作为高等职业院校计算机相关专业“计算机组装与维护”课程的教材，同时也可作为计算机初学者的参考资料。

21世纪高等职业教育信息技术类规划教材

**计算机组装与维护应用教程（项目式）**

◆ 主　　编　郑　平
副 主 编　袁云华　闫英战　路贺俊
责任编辑　王　威

◆ 人民邮电出版社出版发行　　北京市崇文区夕照寺街 14 号
邮编　100061　　电子邮件　315@ptpress.com.cn
网址　http://www.ptpress.com.cn
三河市海波印务有限公司印刷

◆ 开本：787×1092　1/16
印张：15.75　　2010 年 4 月第 1 版
字数：392 千字　　2012 年 5 月河北第 7 次印刷

ISBN 978-7-115-22298-5

定价：27.00 元

读者服务热线：(010)67170985　印装质量热线：(010)67129223
反盗版热线：(010)67171154

# 前言

随着社会的进步，计算机逐渐成为人们生活和工作中不可缺少的一部分。利用计算机，人们可以更加方便快捷地进行学习和工作，所以熟练掌握计算机组装与维护的基本知识是很有必要的。目前，很多高等职业院校都将“计算机组装与维护”作为一门必修课程，为了帮助相关教师更好地讲授该课程，让学生更好地掌握计算机组装与维护技术，我们编写了本书。

本书以当前主流配置的计算机作为讲解对象，详细地介绍了各种主流配件的选购、组装、维护及常见故障的诊断与排除。本书突出实用性，注重培养学生的实践能力，具有以下特色。

- 以实战技能训练为目的，深入浅出，系统实用，重点介绍计算机的选购、组装及维护方法，让读者通过本书能够学习到实用的计算机知识。
- 注重理论与实际的结合，每个实训项目内容都将理论知识和实际操作结合起来，让读者对计算机系统有一个比较全面的认识，能够按照需求选购计算机的各种配件，并动手组装计算机硬件和安装系统软件，达到可以熟练设置、测试和维护计算机的学习目的。
- 全书内容丰富、实用，通俗易懂，主要选取最常见的组装与维护方法进行讲解，并向广大读者介绍了很多宝贵的经验。

为方便教师教学，本书配备了内容丰富的教学资源包，包括 PPT 和所有任务的操作演示视频，老师可登录人民邮电出版社教学服务与资源网（www.ptpedu.com.cn）免费下载使用。

本课程的建议教学时数为 68 学时，各实训项目的教学课时可参考下面的课时分配表。

| 项　目 | 课程内容 | 课时分配 | |
|---|---|---|---|
| | | 讲授 | 实践训练 |
| 项目一 | 确定配置及选购配件 | 2 | 2 |
| 项目二 | 组装计算机 | 4 | 4 |
| 项目三 | BIOS 设置 | 4 | 4 |
| 项目四 | 构建软件系统 | 4 | 4 |
| 项目五 | 常用外设的选购与安装 | 2 | 2 |
| 项目六 | 系统性能的测试和优化 | 4 | 4 |
| 项目七 | 计算机系统维护 | 4 | 4 |
| 项目八 | 数据的恢复 | 2 | 2 |
| 项目九 | 常见软件故障的诊断及排除 | 4 | 4 |
| 项目十 | 常见硬件故障的诊断及排除 | 4 | 4 |
| 课时总计 | | 34 | 34 |

本书由郑平任主编，袁云华、闫英战、路贺俊任副主编，参加编写工作的还有沈精虎、黄业清、宋一兵、谭雪松、向先波、冯辉、郭英文、计晓明、董彩霞、滕玲、田晓芳、管振起等。

由于编者水平有限，书中难免存在疏漏之处，敬请广大读者指正。

**编者**

2009 年 12 月

# 前 言

[illegible]

# 目 录

# 项目一

# 确定配置及选购配件

21 世纪是信息化的时代，计算机作为一种信息化的工具，在当今社会正起着越来越重要的作用，而选购和组装计算机也已不再是少数人才能掌握的高深技术，越来越多的人希望根据自己的意愿选购并组装适合自己使用的计算机。下面就介绍确定计算机配置方案的要素以及选购计算机配件的方法。

**学习目标**

了解计算机的种类和应用范围。
了解计算机各种配件的分类和性能参数。
掌握计算机各种配件的选购方法和步骤。

## 任务一 确定计算机配置

选购计算机的关键是满足用户的使用需求，在这个前提下，根据计算机性能的优劣、价格的高低、商家服务质量的好坏等具体问题来最终决定计算机的配置方案。确定配置方案时，必须考虑以下几个要点。

- 明确购买计算机的目的。
- 确定购买计算机的预算。
- 确定购买品牌机还是兼容机。
- 确定购买台式机还是笔记本电脑。

下面分别阐述这 4 个要点。

### 1. 明确购买计算机的目的

在购买计算机之前，首先应建立正确的选购思路，明确拟购计算机的用途，不同的用途会形成不同的购机方案。至于购买品牌机还是兼容机，台式机还是笔记本电脑都必须以满足使用要求为准则。

(1) 普通办公用户。这一类用户购买计算机主要用于普通办公，例如打字、制表、听音乐、上网以及玩小型桌面游戏等。对于这类用户，一台基于赛扬系列或闪龙系列处理器、1GB 内存的计算机提供的性能已经绰绰有余，没必要选购价格更高的酷睿 2 双核系列计算机。

(2) 家庭娱乐用户。这一类用户购买计算机主要用于个人或家庭娱乐，例如看高清电影、玩大型 3D 游戏等。对于这类用户，一般选购基于速龙双核系列或奔腾双核系列处理器、2GB 内存和独立显卡的计算机就可以满足要求。

(3) 图形图像处理用户及电脑游戏爱好者。这一类用户购买计算机的主要目的是制作三维动画和进行大量的图形图像处理等。对于这类用户，推荐购买一台基于酷睿 2 双核系列或羿龙系列处理器的计算机，并尽量选用较大的内存和较好的独立显卡，以满足大量的数据计算和处理要求。

对于电脑游戏爱好者来说，除了对计算机的配置要求比较高外，还应选择屏幕尺寸较大且响应时间较短的液晶显示器（LCD），因为纯平显示器一般尺寸较小，而响应时间较长的液晶显示器容易出现拖尾等现象，无法满足游戏的要求。另外，一般说来，品牌机的显卡性能和总体性能都不是特别优良，进行大量 3D 运算有些吃力，所以建议此类用户选择兼容机。

> **说明** 购买什么样的计算机首先应该由用户购机的用途来决定，价格并不是最重要的因素。既要考虑自己购机的主要用途，不要盲目地追求高档配置，又不能为了省钱而选购性能过于低下的计算机，导致无法满足实际需求。

### 2. 确定购买计算机的预算

确定购机预算也是购机方案的重要一步，购机的预算根据不同用途、不同时期以及当时的市场行情会有所不同，因此确定预算应根据当时的具体情况和个人资金投入能力而定。

### 3. 确定购买品牌机还是兼容机

如果用户是一个计算机的初学者，掌握的计算机知识有限，则购买品牌机不失为一个比较合适的选择，如图 1-1 所示。相反，如果用户已经掌握了一定的计算机知识，并且希望计算机可以随时根据自己的需要进行升级，那么兼容机则是更好的选择。

图1-1 品牌机

(1) 购买品牌机有以下优点。

- 可靠的质量保障。
- 赠送大量的随机软件及浅显易懂的说明书。
- 耐心的技术服务。
- 值得信赖的售后服务。

(2) 购买兼容机有以下优点。

- 配置自由。
- 兼容性好。
- 价格低廉。
- 便于升级。
- 提高动手能力。

### 4. 确定购买台式机还是笔记本电脑

用户在购买计算机时一定要考虑充分，是选择台式机还是笔记本电脑，有以下几个必须考虑的因素。

- 应用场合。
- 价格承受能力。
- 对性能要求的程度。

(1) 从应用场合考虑。如果计算机的主要用途是移动办公或者用户经常外出，那么笔记本电脑无疑是最好的选择，如图 1-2 所示。但如果只是普通家庭用户，则台式机是较好的选择。

(2) 从价格因素考虑。笔记本电脑的价格相比台式机来说还是要高出很多，超出不少人的承受能力。虽然市场上也有价格较低的低端笔记本电脑，但其性能、质量和售后服务总是无法让人满意。所以如果用户购机预算不高，还是选择台式机更为合算。

(3) 从性能要求考虑。相同价位的笔记本电脑与台式机比起来性能还是有一定的差距，并且笔记本电脑的升级性很差。对于希望不断升级计算机，以满足更高性能要求的用户来说，笔记本电脑是无法实现这一点的。

图1-2　笔记本电脑

在充分考虑以上 3 点后，用户就可以根据自身情况决定是选择台式机还是笔记本电脑了。

## 任务二　选购计算机配件

计算机是由多种配件有序地组合在一起的一个整体，在确定了计算机的配置方案以后，就得逐个选购配件，完成配件的选购以后才能进行组装，最终得到适合自己的计算机。

### （一）　选购 CPU

CPU 是计算机系统中最重要的配件，一般形象地将其比喻为计算机的大脑，其外观如图 1-3 所示。在选购计算机时，一般要先确定 CPU 的类型，由此再来确定其他配件的选购方案。

图1-3　CPU 正面和反面

【实训内容】

了解 CPU 的种类和性能参数，掌握 CPU 的选购方法。

【实训准备】

1. 了解 CPU 的详细种类

在选购 CPU 之前，首先对 CPU 的种类及参数信息进行详细的了解，有助于对符合自己需求的 CPU 进行准确的定位，从而最大程度地减少资金和性能的浪费。当前 CPU 生产厂家主要有 Intel 和 AMD，这两家公司随着生产技术不断提高，为满足不同用户群的需求，发布了许多不同系列、不同型号的 CPU。

(1) Intel CPU 系列。目前市场上 Intel 公司的 CPU 主要有以下 6 个系列。

- 赛扬单核系列。
- 赛扬双核系列。
- 奔腾双核系列。
- 酷睿 2 双核系列。
- 酷睿 2 四核系列。
- 酷睿 i7 系列。

下面列举前 5 个系列中几款常见 CPU 的主要性能参数，如表 1-1 所示。

表 1-1 Intel 常见 CPU 的主要性能参数

| CPU 系列 | 型号 | 制作工艺 | 主频 | 前端总线频率 | 二级缓存 |
|---|---|---|---|---|---|
| 赛扬单核系列 | Celeron 420 | 65nm | 1 600 MHz | 800 MHz | 512 KB |
| | Celeron 440 | 65nm | 2 000 MHz | 800 MHz | 512 KB |
| 赛扬双核系列 | Celeron E1200 | 65nm | 1 600 MHz | 800 MHz | 512 KB |
| | Celeron E1400 | 65nm | 2 000 MHz | 800 MHz | 512 KB |
| 奔腾双核系列 | Pentium E2160 | 65nm | 1 800 MHz | 800 MHz | 1 MB |
| | Pentium E5200 | 45nm | 2 500 MHz | 800 MHz | 2 MB |
| 酷睿 2 双核系列 | Core 2 Duo E7200 | 45nm | 2 530 MHz | 1 066 MHz | 3 MB |
| | Core 2 Duo E8600 | 45nm | 3 330 MHz | 1 333 MHz | 6 MB |
| 酷睿 2 四核系列 | Core 2 QUAD Q8200 | 45nm | 2 330 MHz | 1 333 MHz | 4 MB |
| | Core 2 QUAD Q9300 | 45nm | 2 500 MHz | 1 333 MHz | 6 MB |

由于酷睿 i7 系列 CPU 采用最新的快速通道互联（Quick Path Interconnect，QPI）总线技术，取代了使用多年的前端总线（FSB）技术，使得 CPU 的性能又一次得到了较大提升。酷睿 i7 系列 CPU 的主要性能参数如表 1-2 所示。

表 1-2 酷睿 i7 系列 CPU 的主要性能参数

| CPU 系列 | 型号 | 制作工艺 | 主频 | QPI 总线 | 二级缓存 | 三级缓存 |
|---|---|---|---|---|---|---|
| 酷睿 i7 系列 | Core i7 920 | 45nm | 2 660 MHz | 4.8 GT/s | 4×256 KB | 8 MB |
| | Core i7 940 | 45nm | 2 930 MHz | 4.8 GT/s | 4×256 KB | 8 MB |
| | Core i7 Extreme Edition 965 | 45nm | 3 200 MHz | 6.4 GT/s | 4×256 KB | 8 MB |

说明

"酷睿"是英文单词 Core 的音译，它是一款技术领先、节能的新型微处理器架构。

"酷睿 2"是 Intel 推出的新一代基于 Core 微架构的产品体系统称，包括 Core 2 Duo（双核系列）和 Core 2 QUAD（四核系列），于 2006 年 7 月 27 日发布。

酷睿系列产品普遍采用 45nm 工艺，晶体管数量达到 2.91 亿个，前端总线频率最高达到 1333MHz，在性能提升 40%的同时功耗降低 40%，若应用于笔记本电脑则可使其获得更长的使用时间。

(2) AMD CPU 系列。目前市场上 AMD 公司的 CPU 主要有以下 6 个系列。

- 闪龙系列。
- 速龙单核系列。
- 速龙双核系列。
- 羿龙三核系列。
- 羿龙四核系列。
- 羿龙 II 四核系列。

下面列举 AMD 各个系列中几款常见 CPU 的性能参数，如表 1-3 所示。

表 1-3 AMD 常见 CPU 的主要性能参数

| CPU 系列 | 型号 | 制作工艺 | 主频 | 总线频率 | 二级缓存 | 三级缓存 |
|---|---|---|---|---|---|---|
| 闪龙系列 | Sempron 3000+ | 90nm | 1 600 MHz | 800 MHz | 256 KB | 无 |
| | Sempron 3800+ | 90nm | 2 200 MHz | 800 MHz | 256 KB | 无 |
| 速龙单核系列 | Athlon64 3000+ | 90nm | 1 800 MHz | 1 000 MHz | 512 KB | 无 |
| | Athlon64 3500+ | 90nm | 2 200 MHz | 1 000 MHz | 512 KB | 无 |
| 速龙双核系列 | Athlon64 X2 5200+ | 65nm | 2 700 MHz | 1 000 MHz | 2×512KB | 无 |
| | Athlon64 X2 7750 | 65nm | 2 700 MHz | 1 800 MHz | 2×512KB | 2 MB |
| 羿龙三核系列 | Phenom X3 8450 | 65nm | 2 100 MHz | 1 800 MHz | 3×512KB | 2 MB |
| | Phenom X3 8750 | 65nm | 2 400 MHz | 1 800 MHz | 3×512KB | 2 MB |
| 羿龙四核系列 | Phenom X4 9550 | 65nm | 2 200 MHz | 2 000 MHz | 4×512KB | 2 MB |
| | Phenom X4 9850 | 65nm | 2 500 MHz | 2 000 MHz | 4×512KB | 2 MB |
| 羿龙 II 四核系列 | Phenom II X4 920 | 45nm | 2 800 MHz | 3 600 MHz | 4×512KB | 6 MB |
| | Phenom II X4 940 | 45nm | 3 000 MHz | 3 600 MHz | 4×512KB | 6 MB |

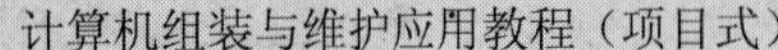

### 2. 了解 CPU 的性能参数

CPU 的性能参数很多，下面对几项比较重要的参数进行介绍。

(1) 主频。主频也叫时钟频率，用来表示 CPU 运算时的工作频率。主频并不直接代表 CPU 的运算速度，它与 CPU 上所集成的一级高速缓存、二级高速缓存等共同决定 CPU 的运算速度。而提高主频对提高 CPU 的运算速度具有至关重要的作用。

主频由外频和倍频共同决定：主频=外频×倍频。

(2) 外频。外频是 CPU 的基准频率，单位是 MHz。CPU 的外频越高，CPU 与系统内存交换数据的速度越快，对提高系统的整体运行速度越有利。CPU 的外频与它的生产工艺及核心技术有关，目前 CPU 常见的外频有 200MHz、266MHz 和 333MHz。

(3) 倍频。倍频是 CPU 的核心工作频率与外频之间的比值，它可使系统总线工作在相对较低的频率上，而 CPU 速度可以通过倍频来无限提升。倍频一般以 0.5 为一个间隔单位，理论上可以从 1.5 一直到无限大。

(4) 前端总线频率。前端总线（FSB）频率（即总线频率）直接影响 CPU 与内存之间数据交换的速度。前端总线频率越大，代表 CPU 与内存之间的数据传输量越大，也就更能充分发挥出 CPU 的性能。

(5) 缓存。缓存是指可以进行高速数据交换的存储器，它先于内存与 CPU 交换数据，因此速度很快。当前影响 CPU 性能的缓存主要有二级缓存和三级缓存。

二级缓存是决定 CPU 性能的关键因素之一，在 CPU 核心不变的情况下，增加二级缓存的容量能使 CPU 的性能得到大幅度的提高，而同一核心 CPU 高低端的不同层次，一般都是通过二级缓存的大小来区别。

三级缓存是为读取二级缓存后未命中的数据设计的一种缓存，普遍应用于高端 CPU 中。在拥有三级缓存的 CPU 中，只有约 5%的数据需要从内存中调用，从而进一步提高了 CPU 的运算效率。

(6) 制作工艺。制作工艺是指在硅材料上生产 CPU 时内部各元器件的连接线宽度，现在一般用 nm（纳米）表示。这个值越小，表示制作工艺越先进。而且制作工艺还直接影响 CPU 的功耗和发热量。目前的制作工艺已经达到 45nm，而 Intel 公司正在进行 32nm 技术的研发。

(7) 接口类型和针脚数。不同的 CPU 其接口类型和针脚数也不同，因此需要搭配具有不同 CPU 插槽类型的主板，若不匹配或不兼容则 CPU 就不能正常安装和使用。下面是各个系列 CPU 的接口类型和针脚数，如表 1-4 所示。

表 1-4　各个系列 CPU 的接口类型和针脚数

| CPU 系列 | 接口类型 | 针脚数 |
| --- | --- | --- |
| 赛扬单核系列 | LGA 775 | 775pin |
| 赛扬双核系列 | LGA 775 | 775pin |
| 奔腾双核系列 | LGA 775 | 775pin |
| 酷睿 2 双核系列 | LGA 775 | 775pin |
| 酷睿 2 四核系列 | LGA 775 | 775pin |

续 表

| CPU 系列 | 接口类型 | 针脚数 |
|---|---|---|
| 酷睿 i7 系列 | LGA 1366 | 1 366pin |
| 闪龙系列 | Socket AM2 | 940pin |
| 速龙单核系列 | Socket AM2 | 940pin |
| 速龙双核系列 | Socket AM2 或 Socket AM2+ | 940pin |
| 羿龙三核系列 | Socket AM2+ | 940pin |
| 羿龙四核系列 | Socket AM2+ | 940pin |
| 羿龙 II 四核系列 | Socket AM2+ | 940pin |

**【操作步骤】**

在选购 CPU 时，需要根据市场行情和实际应用需求，确定 CPU 的种类和型号。选购一款 CPU 的步骤和要点主要有以下几点。

### 1. 确定 CPU 系列

主要应根据计算机的用途来确定所选购 CPU 的系列。

(1) 对于文件办公用户，可选择 Intel 的赛扬系列、AMD 的闪龙系列和速龙单核系列的 CPU。

(2) 对于个人或家庭娱乐用户，可选择 Intel 的奔腾双核系列、AMD 的速龙双核系列的 CPU。

(3) 对于图形图像处理用户和电脑游戏爱好者，可选择 Intel 的酷睿 2 双核或四核系列、AMD 的羿龙三核或四核系列或者更高性能的 CPU。

### 2. 注意 CPU 主频与缓存的取舍

对于同一个系列的 CPU，其性能的高低主要通过主频和缓存来区别，从对 CPU 性能影响程度来看，缓存要大于主频。所以在选购 CPU 时，在价格相差不大的情况下，应优先考虑缓存更大的 CPU。

### 3. 盒装 CPU 与散装 CPU 的确定

相同型号的盒装 CPU 与散装 CPU 在性能指标、生产工艺上完全一样，是同一生产线上生产出来的产品。由于产品发行渠道不同等因素，盒装 CPU 较散装 CPU 更有质量保证，而且盒装一般都配装了风扇，当然价格也要比散装的更贵一些。

对于一般用户，如果在价格差距不大的前提下，建议选择盒装 CPU。而对于一些需要超频或追求高性价比的用户，一般要自行购买风扇等散热系统，此时购买散装 CPU 便可节约一些资金。

### 4. 考虑 CPU 功耗和发热量

CPU 的制作工艺是影响 CPU 功耗和发热量的主要因素，制作工艺越先进，功耗和发热量就越小。CPU 功耗和发热量主要是在选购笔记本电脑时需要考虑的一个因素。由于笔记

本电脑经常需要使用电池供电，CPU 功耗的大小将直接影响其运行时间；而内部有限的空间直接影响其散热效果，若发热量过大而散热不良则会导致系统不能正常运行。

说明：选购笔记本电脑时建议选购 CPU 的制作工艺是 45nm 的产品；对于选购台式机的用户，由于主机内部空间较大，而且风扇的可选择类型较多，加上使用交流电供电，所以 CPU 的功耗和发热量不需重点考虑。

#### 5. 注意 CPU 的质保时间

不同厂商、不同型号的 CPU 可能质保时间不同，有的质保 1 年，有的质保 3 年。在类似的产品中，建议选择质保时间长的 CPU，并一定要求商家注明质保期限作为凭证。

## （二） 选购主板

主板又称系统板（System Board），它是其他配件的载体，是计算机系统最基本也是最重要的部件之一。主板的类型和档次决定着整个计算机系统的类型和档次，主板的性能影响着整个计算机系统的性能。

**【实训内容】**

了解主板的分类，并掌握主板的选购方法。

**【实训准备】**

了解主板的分类情况，为选购主板做好知识准备。

#### 1. 按板型结构分类

主板根据做工以及对扩展性要求不同，可以有不同的形状、大小和布局，目前市场上主板的板型结构主要有以下两种类型。

(1) ATX 板型。ATX 结构由 Intel 公司制订，是目前市场上最常见的主板结构，如图 1-4 所示。在 ATX 结构的主板中，CPU 插槽位于主板右方，总线扩展槽位于 CPU 的左侧，PCI 插槽数量一般为 4～6 个，内存插槽位于主板的右下方，I/O 端口都集成在了主板上，不需要电缆线转接。

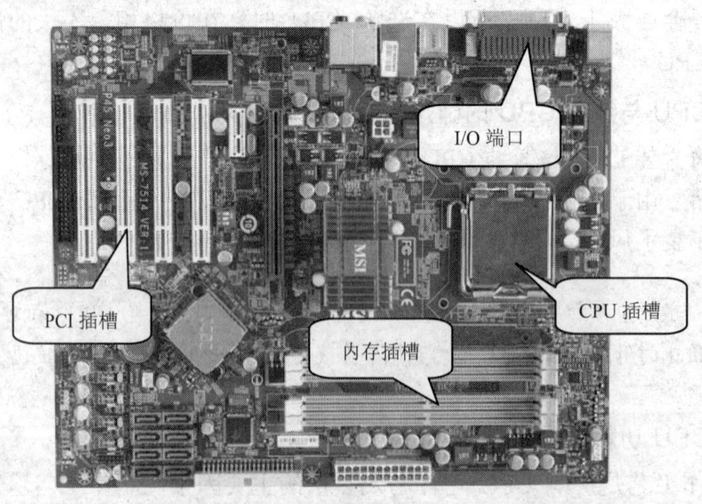


图1-4 ATX 结构主板

除此之外，ATX 结构的电源插头也采用新的规格，支持 3V/5V/12V 电源，还支持软件关机、指令开机等功能。

(2) Micro ATX 板型。Micro ATX 可简写为 MATX，它保持了 ATX 标准主板背板上的外设接口位置，与 ATX 兼容，如图 1-5 所示。Micro ATX 主板把扩展插槽减少为 3～4 个，内存插槽减少为 2～3 个，从而横向减小了主板宽度，比 ATX 标准主板结构更为紧凑。目前很多品牌机主板使用了 Micro ATX，在 DIY 市场上 Micro ATX 主板也比较常见。

图1-5　MATX 结构主板

### 2.　按主板品牌分类

目前国内的主板品牌非常多，用户在选购主板时，面对众多的主板品牌经常会觉得无从下手。为方便用户挑选最适合自己的主板，现将主要品牌介绍如下。

(1) 高端主板。这类主板质量一流，性能卓越，但价格偏高。代表品牌有华硕（ASUS）、微星（MSI）、技嘉（GIGA）等。这一类的主板大多在用料上十分考究，做工上精细有加，PCB 走线清晰，其产品无论是稳定性还是抗干扰能力都是一流的。

(2) 中端主板。这类主板多数是后起之秀，技术发展较快，市场占有率也较高，例如磐正（SUPoX）、映泰（BIOSTAR）、精英（ECS）、华擎（Asrock）、昂达（ONDA）、七彩虹（Colorful）、斯巴达克（Spark）等。这一类的主板价格普遍比第一类的低一些，性价比较为突出。

(3) 低端主板。这类主板主要面对低端用户，如网吧、机房等，价格较低，性能与稳定性不是很好。这里不做过多介绍。

当然，高端品牌也不都是价格昂贵的产品，也有针对低端用户推出的一些低端主板，以满足低端用户的需求。同一品牌的主板采用的芯片组不同，其价格差距也较大。

**【操作步骤】**

主板用来连接各种配件和设备，在选购时，需要考虑对各类配件的支持情况。选购一款合适主板的方法和步骤如下。

### 1. 查看主板对CPU的支持情况

主板的CPU插槽类型直接决定了其支持的CPU的类型，随着CPU的发展，主板上的CPU插槽类型也不断地更新换代，目前市场上主板的CPU插槽类型主要有两大类。

(1) Intel平台CPU插槽。支持Intel系列处理器的CPU插槽，目前市场上主要有LGA775和LGA1366两种类型，分别对应支持Intel各个系列的CPU，其外观如图1-6和图1-7所示。

图1-6 LGA775

图1-7 LGA1366

(2) AMD平台CPU插槽。支持AMD系列处理器的CPU插槽，目前市场上主要有Socket AM2和Socket AM2+两种类型，但这两种插槽类型的外观基本相同，如图1-8所示。

图1-8 Socket AM2/AM2+

说明

在选购主板之前，一般都已确定了所选购CPU的类型和型号，因此就要选择与之匹配的主板。由表1-4可以看出，Intel和AMD两家公司的CPU都具有两种接口类型，其中Intel CPU的两种接口由于针脚数不同不能兼容，在选购支持Intel CPU的主板时要注意区别；而AMD CPU的两种接口由于针脚数相同，因此一般情况下主板可以兼容这两种接口类型。

### 2. 查看主板的总线频率

主板的前端总线频率直接影响CPU与内存的数据交换速度，前端总线频率越大，则

CPU 与内存之间的数据传输量越大，也就更能充分发挥出 CPU 的性能。目前市场上主板的总线频率主要有：FSB 533MHz、FSB 800MHz、FSB 1 066MHz、FSB 1 333MHz、FSB 1 600MHz、HT1 000、HT2 000、HT3.0 等。

说明：在选购主板时应保证主板的总线频率要大于等于 CPU 的总线频率，这样才能发挥出 CPU 的全部性能。考虑到以后可能要对 CPU 进行升级，应尽量选择总线频率更大的主板。

### 3. 查看主板对内存的支持情况

(1) 查看支持的内存类型，当前的主板主要支持 DDR2 和 DDR3 的内存，对于一般用户，选择支持 DDR2 内存的主板便可满足使用要求；而对于追求高性能的用户，则可以选择支持 DDR3 内存的主板。

(2) 查看对内存工作频率的支持情况，DDR2 内存的工作频率最高可达到 1 200MHz，而 DDR3 内存的工作频率则可达到 2 000MHz 或更高。在选购时应保证主板支持的工作频率要大于或等于所选购内存的工作频率。

(3) 查看主板对内存通道数的支持情况，若选择支持 DDR2 内存的主板，则查看其是否支持双通道，如图 1-9 所示；若选择支持 DDR3 内存的主板，则查看其是否支持三通道，如图 1-10 所示。

图1-9　双通道内存插槽

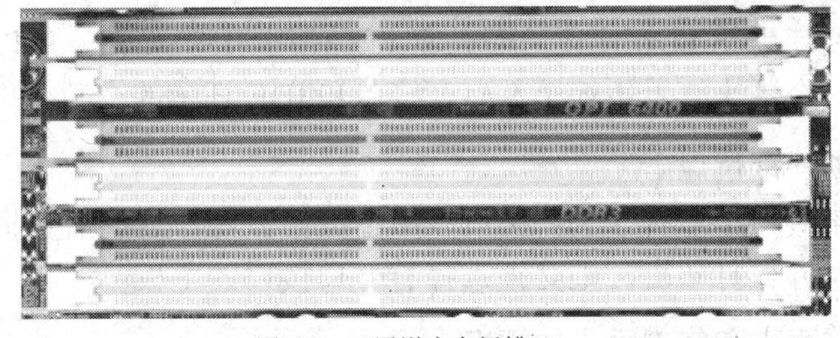


图1-10　三通道内存插槽

(4) 查看内存插槽的个数和支持的最大内存容量，以方便日后购买新的内存条对系统进行升级。

说明：双通道内存技术是一种内存控制和管理技术，它是解决 CPU 总线带宽与内存带宽矛盾的低价、高性能的方案，理论上能够使两条同等规格内存所提供的带宽增长一倍。

例如 Intel Pentium 4 处理器的前端总线频率为 800MHz，其总线带宽为 6.4GB/s，而 DDR 400 所能提供的内存带宽为 3.2GB/s。在单通道内存模式下，DDR 内存无法提供给 CPU 所需要的数据带宽，从而成为系统的性能瓶颈。而在双通道内存模式下，双通道的 DDR 400 所提供的带宽为 6.4GB/s，刚好可以满足 CPU 的带宽需求。

该技术同样适用于 DDR2 和 DDR3 内存。

**4. 查看是否是集成显卡和对独立显卡的支持情况**

若选购的计算机主要用于文件办公等一些对显卡性能要求不高的场合，并且购机预算不多时，则可选择集成显卡的主板，这样可很大程度地减少资金的投入。

若需要使用独立显卡，则应查看主板的显卡插槽类型与所选购的显卡接口类型是否相同。

对于一些高级图形图像处理用户和游戏爱好者，若想使用双显卡，则应查看主板显卡插槽的个数以及对双显卡的支持情况，如图 1-11 所示。

图1-11　支持双显卡的主板

**5. 查看硬盘和光驱接口情况**

目前硬盘主要使用 SATA 接口，而光驱主要使用 IDE 接口，所以在选购主板时要根据使用硬盘和光驱的个数来查看主板上 SATA 接口和 IDE 插槽的个数，以满足实际需求。

**6. 查看其他外部接口**

主板上的外部接口主要有 USB 接口、串口、并口等，这些需要根据使用外设的情况来确定。例如要使用并口打印机，则必须选择有并口接口的主板。

**7. 查看集成声卡和集成网卡的情况**

当前市场上的主板大多集成了声卡和网卡，在选购主板时可查看集成的声卡和网卡是否满足需求，如声卡支持的声道数、网卡的传输速率等。

**8. 注意主板的制造工艺**

正规厂商生产的主板有以下几个重要特征。

- 各个部件（包括插槽、插座、半导体元器件、大电容等）的用料都很讲究。
- 在线路布局方面应采用“S 形绕线法”。所谓“S 形绕线法”就是为了保证一组信号线长度一致，而将某些直线距离较短的线进行“S”形布线的绕线方法，如图 1-12 所示。
- 做工精细、焊点圆滑，接线头及插座等没有任何松动。
- 板上厂家商标、主板型号（及跳线说明）字样印刷清晰。

- 外包装精美。
- 备有详细的使用说明书。

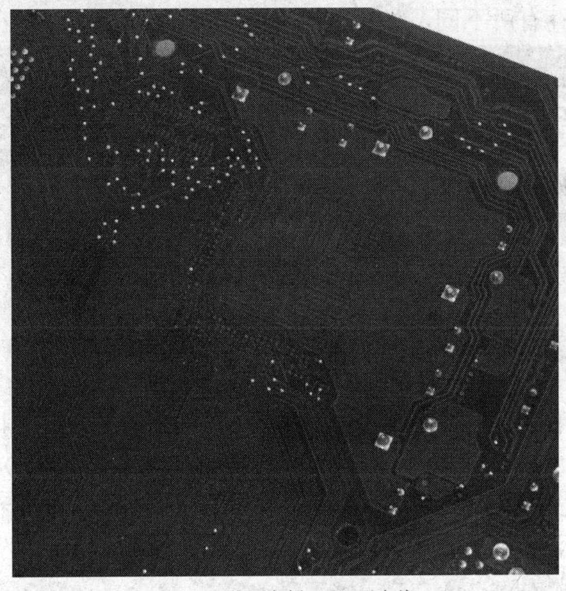

图1-12　华硕主板“S”形布线

## （三）　选购内存

内存是影响整机性能的一个重要因素，在选购时也应重点考虑。随着内存生产技术水平的不断提高，内存的性能也不断提高，而价格却越来越低，加上内存的品牌、种类、型号较多，因此在选择时有较大的空间。

**【实训内容】**

了解内存的种类和性能参数，并掌握内存的选购方法。

**【实训准备】**

### 1.　了解内存的种类

随着计算机技术的发展，内存也经历了多次更新换代，其容量和数据读取速度都得到了很大的提高。目前市场上常见的内存主要有以下 3 种。

(1) DDR 内存。DDR（Double Data Rate）内存全称为双倍速率同步动态随机存取存储器，其外形如图 1-13 所示，它采用的是 184pin 引脚，金手指中有一个缺口。DDR 内存现在已经停产，逐渐被淘汰。

图1-13　DDR 内存

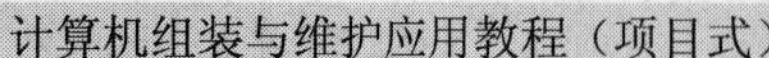


(2) DDR2 内存。DDR2（Double Data Rate 2）内存全称为第二代同步双倍速率动态随机存取存储器，其数据存取速度为 DDR 内存的两倍。DDR2 内存采用 240pin 的金手指，其缺口位置也与 DDR 内存有所不同，如图 1-14 所示。

图1-14　DDR2 内存

说明

DDR2 内存因其数据存取速度快、价格低廉，成为了当前个人计算机市场上的首选内存。

(3) DDR3 内存。DDR3 内存与 DDR2 内存一样，它使用预读取技术提升外部频率并降低存储单元运行频率，但是 DDR3 内存的预读取位数是 8 位，比 DDR2 的 4 位预读取位数高一倍，因此具有更快的数据读取能力，其外观如图 1-15 所示。随着技术的成熟和价格的下降，DDR3 内存将逐渐取代 DDR2 内存成为主流。

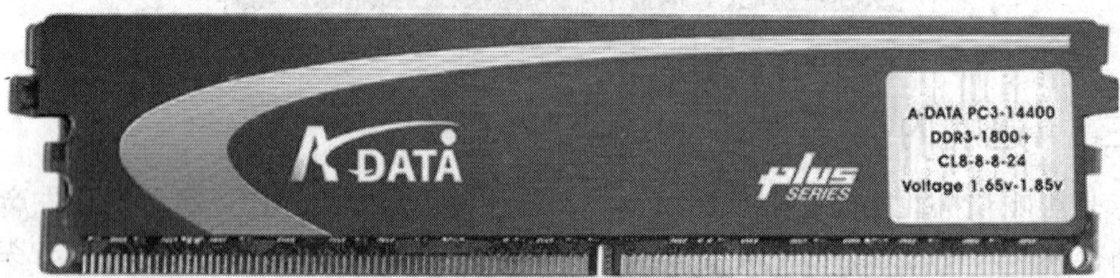

图1-15　DDR3 内存

### 2.　了解内存的性能参数

由于内存对整个计算机系统的运行效率有较大影响，在购买内存前，应该对内存的主要技术参数进行了解，内存的主要技术指标如下。

(1) 内存容量。内存容量是指内存条的存储容量，是内存条的关键性参数，以 MB 作为单位。内存的容量一般都是 2 的整数次方倍，如 64MB、128MB、256MB 等。一般情况下，内存容量越大越有利于系统的运行。

说明

由于内存技术的发展和用户需求能力的提高，目前台式机中采用的主流内存容量为 1GB 或更高，256MB、512MB 大小的内存已很少采用。

(2) 内存频率。内存频率用于衡量内存的数据读取速度，单位为 MHz。数值越大代表数据的读取速度越快。内存的类型不同，所达到的最大内存频率也不同，3 种内存的常见内存频率如下。

- DDR 内存：333MHz 和 400MHz 两种。
- DDR2 内存：533MHz、667MHz、800MHz、1 066MHz 等，其中 800MHz 是目前市场上最主流的内存频率。
- DDR3 内存：800MHz、1 066MHz、1 333MHz、1 600MHz 和 2 000MHz 等，并还有提升的空间。

【操作步骤】

选购内存的步骤和要点如下。

1. 确定内存容量和个数

从理论上讲，内存的容量越大越好，但是还必须根据实际需要来选择，在满足需要的前提下，还要留有一定的富余容量。对于一般应用，选择 1GB 的内存便可满足需求。若要使用更大容量的内存，而且主板支持双通道或三通道内存，则内存的个数应选择 2 的整数倍或 3 的整数倍。例如在支持双通道的主板上若要使用 2GB 的内存，则最好选择 2 根 1GB 的内存。

2. 确定内存类型

目前市场的内存主要有 DDR2 和 DDR3 两种，要选择哪种类型的内存，应根据主板的支持情况和对内存的存取速度要求来确定。

3. 确定内存工作频率

内存的工作频率直接影响内存中数据的存取速度，频率越高数据存取速度越快，所以内存的工作频率应越大越好。但在确定所选购内存的工作频率时，还应考虑主板对内存工作频率的支持情况和价格等因素。

4. 注重内存的质量和售后

内存也有散装和盒装之分，散装内存由于运输、进货渠道、保存环境等因素，容易出现损坏，在选购内存时应尽量选择盒装的内存。

内存的品牌较多，选择时应尽量选择大品牌的内存，如金士顿、威刚等，这类内存质量有保证，售后服务也较好。另外要咨询内存的质保时间，内存的质保时间通常有三年、五年、终身质保，选购时应尽量选择质保时间较长的内存。

## （四） 选购硬盘

硬盘是计算机中数据存储的主要设备，在计算机中也具有举足轻重的作用。硬盘技术的发展很快，不管是容量还是性能方面都在不断增加和提高，为计算机应用提供了充足的存储空间和性能保障。

【实训内容】

了解硬盘的种类和性能参数，掌握硬盘的选购方法。

【实训准备】

了解硬盘的分类情况，为选购硬盘做好知识准备。

1. 了解硬盘的种类

硬盘可按照品牌和接口类型分类，下面分别介绍。

(1) 按硬盘品牌分类。

目前，硬盘的主流品牌有希捷（Seagate）、西部数据（WD）、三星（SAMSUNG）、日立（Hitachi）、易拓（ExcelStor）等。

① 希捷（Seagate）。希捷公司是当前硬盘界研发的领头羊，并于 2006 年收购了另一家硬盘生产大公司迈拓（Maxtor），进一步巩固了其全球第一大硬盘厂商的地位。希捷公司是最早推出 SATA 接口标准的硬盘厂家，另外也是第一个推出单碟容量为 200GB 的硬盘厂家，实力

非同一般，其产品有很高的市场占有率，享有良好的声誉，其外观如图 1-16 所示。

② 西部数据。西部数据（Western Digital，WD）是历史最悠久的硬盘厂商之一，也是 IDE 接口的创始者之一。其产品性价比比较高，品质和服务都有比较充分的保障。WD Caviar 硬盘为个人计算机提供了更好的性能、更大的容量和理想的低温安静运行状态。WD Caviar SEji 系列硬盘采用了大容量缓存以提高性能水平，其外观如图 1-17 所示。

图1-16 希捷硬盘

图1-17 西部数据硬盘

③ 三星（SAMSUNG）。三星硬盘以目前的三星 SpinPoint 系列为主导产品。三星 SpinPoint 系列产品是三星针对高端市面推出的产品，具有三星独特的 ImpacGuard 和震动外壳缓冲（Shock Skin Bumper，SSB）技术。其中 SSB 是起缓冲震动的作用，在三星硬盘外壳上加上了一圈一次成型的外框，以减小震动对硬盘内部的影响。ImpacGuard 则是加强了硬盘磁头的抗震能力。三星硬盘外观如图 1-18 所示。

④ 日立（Hitachi）。日立主要生产笔记本电脑硬盘，台式机硬盘方面涉及极少，其外观如图 1-19 所示。

⑤ 易拓（ExcelStor）。易拓是由长城与 IBM 公司合作，于 2000 年开设的一家自主设计、研发、生产和销售硬盘产品的公司，是中国首家拥有自主硬盘品牌的世界级厂商，其产品在国内外多次荣获行业大奖。其中全球首创的安全硬盘 GStor 系列更是一上市就获得客户的青睐。易拓硬盘外观如图 1-20 所示。

图1-18 三星硬盘

图1-19 日立硬盘

图1-20 易拓硬盘

(2) 按硬盘接口分类。

硬盘接口是硬盘与主机系统间的连接部件，作用是在硬盘缓存和主机内存之间传输数据。不同的硬盘接口其连接速度也不一样，在整个系统中，硬盘接口的优劣直接影响着程序运行的快慢和系统性能的好坏。而从硬盘接口来看可分为 IDE 接口、SCSI 接口和 SATA 接口，随着硬盘技术发展和市场的需求，现在主要使用的硬盘接口为 IDE 接口和 SATA 接口。

① IDE 接口。IDE（Integrated Device Electronics）接口主要应用于家用计算机，部分也应用于服务器，它的中文意思为电子集成驱动器，是指将硬盘控制器与盘体集成在一起的硬盘驱动器。这种做法减少了接口电缆数目长度，增强了数据传输的可靠性和制造的方便性，对用户而言，安装更加方便，使用更加简单。其接口外观如图 1-21 所示。

图1-21 IDE 接口

② SATA 接口。使用 SATA（Serial ATA）接口的硬盘又叫串口硬盘，是现在计算机硬盘发展的趋势。它采用串行连接方式，串行 ATA 总线使用嵌入式时钟信号，具备了更强的纠错能力，与以往相比其最大的区别在于能对传输指令（不仅是数据）进行检查，如果发现错误会自动校正，这在很大程度上提高了数据传输的可靠性。串行接口还具有结构简单、支持热插拔的优点。其接口外观如图 1-22 所示。

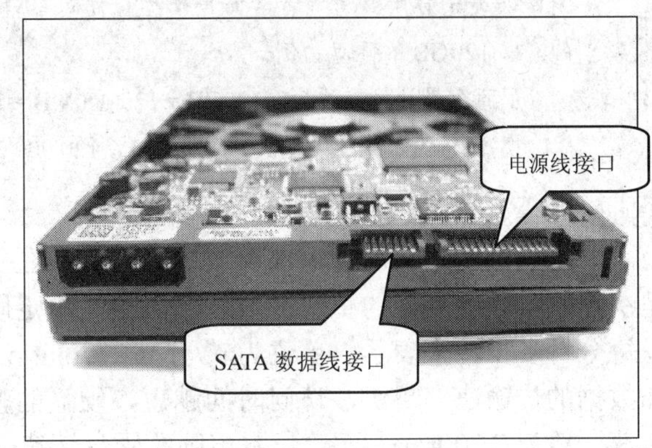


图1-22 SATA 接口

说明

固态硬盘（Solid State Disk）是由控制单元和存储单元（FLASH 闪存芯片）组成。与传统的硬盘不同，固态硬盘是用固态电子存储芯片阵列而制成的硬盘，它与传统硬盘的对比如图 1-23 所示。

由于固态硬盘没有普通硬盘的旋转介质，因而抗震性极佳，同时工作温度范围很宽，一般可工作在-45℃ ~ +85℃。它广泛应用于军事、车载、工控、视频监控、网络监控、网络终端、电力、医疗、航空、导航设备等领域。

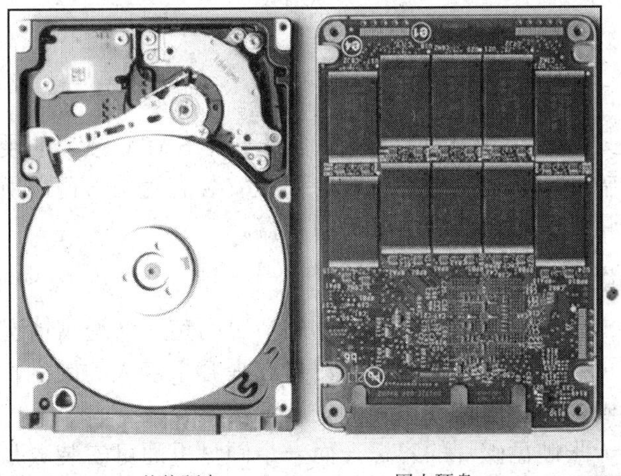

传统硬盘　　固态硬盘

图1-23 传统硬盘与固态硬盘的内部结构对比

2. 了解硬盘的性能参数

硬盘的性能参数和技术术语很多，如容量、磁头数、磁头形式、柱面数、扇区、盘片数、转速、缓存、平均寻道时间等。下面就介绍其中一些主要的性能参数。

(1) 硬盘容量。容量是用户最关心的一个硬盘参数。一般来说，更大的硬盘容量意味着有更多的存储空间。现在市面上常见的硬盘容量为 80GB、160GB、250GB、320GB、640GB 甚至是 1TB 以上，硬盘技术还在继续向前发展，更大容量的硬盘还将不断推出。

说明

通常在购买硬盘之后，细心的用户会发现，在操作系统当中硬盘的容量与官方标称的容量不符，都要少于标称容量，并且容量越大这个差异也就越大。标称 40GB 的硬盘，在操作系统中显示只有 38GB；80GB 的硬盘只有 75GB；而 120GB 的硬盘则只有 114GB。这并不是厂商或经销商以次充好欺骗消费者，而是硬盘厂商对容量的计算方法和操作系统的计算方法不同而造成的。以 120GB 的硬盘为例：

厂商容量计算方法为：120GB = 120 000MB = 120 000 000KB = 120 000 000 000 字节

换算成操作系统计算方法：120 000 000 000 字节/1 024 = 117 187 500KB/1 024 = 114 440.917 968 75MB ≈ 114GB

(2) 硬盘转速。硬盘内部存放数据的磁盘在主轴电机的带动下做高速转动，转速的快慢是决定硬盘性能高低的重要参数之一，也是决定硬盘内部传输率的关键因素之一。硬盘转速以每分钟多少转来表示，单位为转/分（Revolutions Per Minute，r/m）。r/m 值越大，硬盘内部数据的传输速率越快，访问时间越短，硬盘的整体性能也就越好。目前主流的台式机硬盘转速一般为 7 200r/m，而笔记本电脑的硬盘转速一般为 5 400r/m。

(3) 硬盘缓存。在数据写入磁盘的操作中，数据会先从系统主存写入缓存。一旦这个操作完成，系统就可以转向下一个操作指令，而不必等待缓存中的数据写入盘片的操作完成。而硬盘则在空闲（不进行读取或写入的时候）时再将缓存中的数据写入到盘片上。这样系统等待的时间被大大缩短。缓存容量的加大节省了更多的系统等待时间。因此，缓存的大小对于硬盘的持续数据传输速率也有着极大的影响。目前市面上主流硬盘的缓存为 8MB、16MB、32MB 等。

【操作步骤】

选购硬盘的步骤和要点如下。

1. 确定硬盘接口

早期的主板大多只支持 IDE 接口的硬盘，而现在 SATA 接口的硬盘是主流，因为其具有更高的硬盘最大传输速率和更低廉的价格，而且安装和使用方便。所以首先应查看主板的硬盘接口类型，应尽量选择支持 SATA 接口的硬盘。

2. 确定硬盘容量和单碟容量

硬盘容量的确定主要应根据用户存储数据的情况而定。而通常情况下，硬盘容量越大，性价比越高，所以在可接受的价格范围内应尽量选择容量较大的硬盘，以避免购买后因容量不足又重新购买新的硬盘，从而造成更大的资金浪费。

单碟容量就是指一张硬盘碟片的容量，而一个硬盘里面可安装数张碟片。单碟容量对硬盘大小和重量有着至关重要的影响，而且单碟容量直接决定了硬盘的持续数据传输速度。一般来说，在相同容量的情况下，单碟容量越大，硬盘越轻薄，持续数据传输速度也越快。

随着硬盘技术的发展，单碟容量也越来越大。因此在选购硬盘尤其是大容量硬盘时，要注意查看硬盘的单碟容量和碟片数，尽量选择单碟容量大，碟片数少的硬盘。

3. 确定硬盘的缓存

缓存（Cache）是硬盘与外部总线交换数据的场所，缓存的容量与速度直接关系到硬盘的传输速度，一般来说硬盘的缓存容量越大越好。目前硬盘缓存容量最高达到 32MB，选购时在可接受的价格范围内应尽量选择缓存容量较大的硬盘。

4. 查看平均寻道时间

平均寻道时间（Average Seek Time）指硬盘在盘面上移动读写头至指定磁道寻找相应目标数据所用的时间。它描述硬盘读取数据的能力，单位为毫秒（ms）。当单碟片容量增大时，磁头的寻道动作和移动距离减少，从而使平均寻道时间减少，加快硬盘读取数据的速度。目前市场上主流硬盘的平均寻道时间一般在 9ms 以下，大于 10ms 的硬盘属于较早的产品，一般不值得购买。

5. 确定硬盘品牌和附加技术

确定硬盘的品牌可根据当地情况选择售后服务更好、质保时间更长的硬盘。一般情况下，大品牌的硬盘售后服务较好，质保时间也较长。

很多品牌的硬盘具有一些附加的硬盘技术，如降噪技术、数据保护技术、防震技术等。在选购时可根据需要进行选择。

## （五） 选购光驱

光盘驱动器，简称光驱，是计算机里比较常见的一个光存储设备。随着多媒体技术的发展，目前的软件、影视剧、音乐都会以光盘的形式提供，使得光驱已经成为计算机系统中标准的配置。

【实训内容】

了解光驱的种类和性能参数，掌握光驱的选购方法。

【实训准备】

1. 了解光驱的种类

目前市场上的光驱产品主要有 CD-ROM 光驱、CD 刻录机、DVD-ROM 光驱、COMBO（康宝）、DVD 刻录机和蓝光刻录机等。

(1) CD-ROM 光驱。CD-ROM 光驱全称为只读光盘存储器驱动器，是最常见的光驱类型，能读取 CD、VCD 以及 CD-ROM 格式的光盘，具有价格便宜、稳定性好等特点。CD-ROM 光驱外观如图 1-24 所示。

(2) CD 刻录机。CD 刻录机不仅包含 CD-ROM 光驱的全部功能，而且还能将数据刻录到 CD 刻录光盘中，具有比 CD-ROM 更强大的功能。CD 刻录机外观如图 1-25 所示。

(3) DVD-ROM 光驱。DVD-ROM 光驱不仅能读取 CD-ROM 所支持的光盘格式，还能读取 DVD 格式的光盘。现在市场上 DVD-ROM 光驱已经取代了 CD-ROM 光驱的地位。DVD-ROM 光驱外观如图 1-26 所示。

图1-24 CD-ROM 光驱

图1-25 CD 刻录机

(4) COMBO。COMBO（康宝）是一种特殊类型的光存储设备，它不仅能读取 CD 和 DVD 格式的光盘，还能将数据刻录到 CD 刻录光盘中。COMBO 外观如图 1-27 所示。

图1-26 DVD-ROM

图1-27 COMBO

(5) DVD 刻录机。DVD 刻录机不仅包含以上光驱类型的所有功能，而且还能将数据刻录到 DVD 或 CD 刻录光盘中。DVD 刻录机外观如图 1-28 所示。

(6) 蓝光刻录机。蓝光刻录机是新一代光技术刻录机，具备新一代 BD 技术的海量存储能力，其数据读取速度是普通 DVD 刻录机的 3 倍以上，并兼容此前出现的所有光盘产品，如图 1-29 所示。

目前市场上的蓝光光盘单片容量有 25GB 和 50GB 两种，它们在数据的保存与读取方面都有比传统光盘更有优势。

图1-28 DVD 刻录机

图1-29 蓝光刻录机

### 2. 了解光驱的性能参数

要选择合适的光驱，就要大致了解它的性能参数，根据需要进行选购。下面介绍光驱的主要性能参数。

(1) 数据读取与刻录速度。光驱的数据读取与刻录速度都是以倍速来表示的，且以单倍速为基准。对于 CD 光盘，单倍速为 150KB/s；对于 DVD 光盘，单倍速为 1 358KB/s。光驱

的最大读取速度为倍速值与单倍速的乘积。例如，对于 52 倍速的 CD-ROM 光驱，其最大读取速度为 52×150KB/s = 7800KB/s。

目前市场上光驱产品对 CD 光盘的最大读取速度达到了 56 倍速，最大刻录速度达到了 52 倍速；对 DVD 光盘的最大读取速度达到了 18 倍速，最大刻录速度达到了 22 倍速。

(2) 平均寻道时间。平均寻道时间是指光驱的激光头从原来的位置移动到指定的数据扇区，并把该扇区上的第一块数据读入高速缓存花费的时间。它是衡量光存储产品的一项重要指标，一般情况下其值越小，光驱的性能越好。根据 MPC3 标准，光驱的平均读取时间要小于 250ms，目前的光驱产品通常在 120ms 左右。

(3) 缓存容量。通常光驱内部都带有高速缓存存储器，用于暂时存储与主机之间交换的数据。当增大缓存容量后，光驱连续读取数据的性能会有明显提高，因此缓存容量对光驱的性能影响比较大。目前普通光驱大多采用 128KB～512KB 缓存容量，而刻录机一般采用 2MB～16MB 缓存容量。

**【操作步骤】**

光驱的选购步骤和要点如下。

### 1. 确定光驱的类型

不同的光驱具有不同的应用范围和应用场合，在选购时需要根据个人的使用要求选择不同类型的光驱。

如果只需要进行数据的读取，则可选择 CD-ROM 或 DVD-ROM；若要进行少量数据的刻录存储，则可选择 CD 刻录机或 COMBO；若要进行大量数据的刻录存储，则应选择 DVD 刻录机。

### 2. 查看读取或刻录的速度

通常光驱的读取或刻录速度越快，其噪音和发热量也越大，在选购时应根据对速度的要求选择适合的光驱产品。

对于普通用户，一般可选择对 CD 光盘的最大读取和刻录速度分别为 52 倍速和 48 倍速左右的产品；对 DVD 光盘的最大读取和刻录速度分别为 12 倍速和 16 倍速左右的产品。

### 3. 查看缓存大小

光驱的缓存大小对读取速度和刻录速度都有很大的影响，在价格允许范围内应尽量选择缓存较大的产品。

### 4. 注重售后服务

售后服务也是选购光驱时考虑的条件之一，建议选择售后服务有保证的大品牌产品。目前大多数厂商都提供 3 个月保换、1 年保修的售后服务。

### 5. 了解其他附加技术

很多厂家的光驱都附加了一些实用的技术，例如具有防刻死技术的刻录机可以减少刻录光盘时刻废光盘的现象发生，在选购时可根据情况进行适当考虑。

## （六） 选购显卡

显卡是计算机系统中主要负责处理和输出图形的配件，如图 1-30 所示。一直以来它都是用户比较关心的计算机配件之一，同时也是一个对计算机使用性能有很大影响的计算机配件，特别是那些对图形处理要求较高的应用场合。

正面　　背面

图1-30 显卡

**【实训内容】**

了解显卡的种类、品牌和性能参数，掌握显卡的选购方法。

**【实训准备】**

### 1. 了解显卡的种类和品牌

从显卡的图形芯片来看，主要分为 NVIDIA 显卡和 ATI 显卡。而图形芯片生产出来后又交由不同的显卡生产厂商进行特定的封装，因此显卡的品牌相当多，市场上比较有名的品牌有七彩虹（Colorful）、盈通（YESTON）、影驰（GALAXY）、迪兰恒进（PowerColor）、微星（MSI）、讯景（XFX）、昂达（ONDA）、丽台（Leadtek）、小影霸（HASEE）等。

### 2. 了解显卡的性能参数

影响显卡性能的参数有图形芯片、核心频率、显存频率、显存容量、显存位宽、显存速度、SP 单元等。下面介绍显卡几项主要的性能参数。

(1) 图形芯片。

无论是 NVIDIA 显卡还是 ATI 显卡，在发布一款新的图形芯片时，都会推出一整套系列，用于满足低端、中端、高端等不同层面用户的需求。

图形芯片型号中的第一位数字代表推出时间，意味着采用了哪一代的技术；而代表其性能的主要是第二位数字。例如 GeForce 9300M 中的“9”指采用了第 9 代技术，而 GeForce 8600M 则指采用了第 8 代技术。虽然 GeForce 9300M 采用了较新的技术，但代表其性能的第二位数字“3”要比 GeForce 8600M 的“6”小很多，因此 GeForce 9300M 的性能不如 GeForce 8600M，只不过要比 GeForce 8400M 的性能高一些。

对于同一个型号的图形芯片，根据后缀字母的不同，其性能也存在较大差异。例如从影响显卡性能的流处理器数量来看，GeForce 8600M GS 为 16 条，而 GeForce 8600M GT 为 32 条，是前者的两倍，且其性能有显著的提升。一般情况下，同一型号的图形芯片，性能从低到高其后缀字母依次为 G、GS、GT、GTS、GTX。

(2) 核心频率。

核心频率反映了图形芯片的工作性能，在同一型号的图形芯片中，核心频率越高则其性能

也越强。但对于不同型号的图形芯片，其性能还与显存频率、显存位宽、像素管线等有关。

另外对于同一型号的图形芯片，核心频率也不是固定不变的，部分厂商会适当提高其产品的显示核心频率，使其工作在高于显示核心固定的频率上，以达到更高的性能。

(3) 显存容量。

显存容量的大小决定显卡存储图形图像数据的能力，在一定程度上影响显卡的性能。目前市场上主流显存容量为128MB、256MB和512MB，对于一些高端的显卡可达到1GB。

**【操作步骤】**

选购显卡的主要步骤和要点如下。

### 1. 确定显卡图形芯片的型号

图形芯片是决定显卡性能的最主要因素，而图形芯片性能越高，显卡的价格也越高，在选购时应根据实际需要进行选择。

### 2. 查看显存频率

显卡的性能除了由图形芯片的性能决定外，在很大程度上受显存频率的影响。例如在图形芯片完全相同的情况下，搭配DDR3 1400MHz显存的显卡性能要比搭配DDR2 800MHz显存的显卡性能高出很多。因此在选购时要注意查看，在价格相差不大的情况下尽量选择显存频率较高的显卡。

### 3. 确定显存的大小

显存的主要功能是将显示芯片处理的图像数据暂时储存起来，然后再将要显示的图像数据映像到显示屏幕上，显示的分辨率越高，屏幕上的像素点就越多，所需的显存也就越大。因此若显存不足则会影响显示效果和系统的性能，而显存过大又会造成资源的浪费，在选购时可根据显示分辨率的大小确定显存的大小，通常如果使用1 024×768像素的分辨率，则使用128MB或256MB的显存就足够；如果要使用1 680×1 050像素或更高的分辨率，则可选择384MB或512MB显存的显卡。

### 4. 确定显卡的接口类型

显卡的接口包括与主板显卡插槽相连的总线接口和与显示器相连的输出接口。目前显卡的总线接口主要为PCI-E接口，而早期的AGP接口已经被淘汰。输出接口主要有VGA接口、DVI接口和HDMI接口，如图1-31所示。要确定显卡输出接口的类型，应根据所使用的显示器类型来定，其中CRT显示器和早期的LCD大都采用VGA接口；后期的LCD大都采用了DVI接口，使得显示效果得到明显的提升；而HDMI接口主要应用于一些高端显示设备。

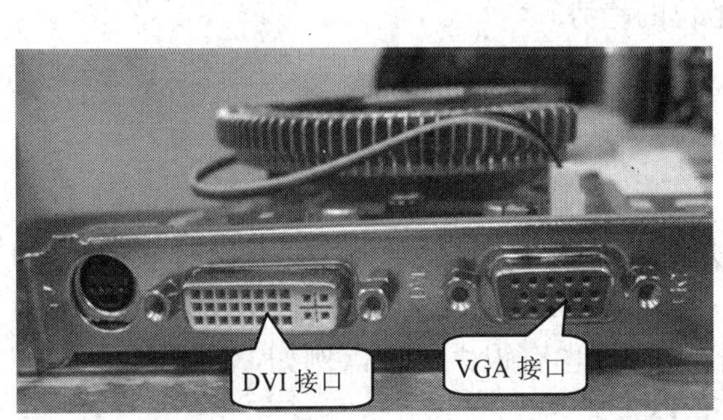

图1-31　显卡输出接口

如果使用具备 VGA 接口的显示器，则应选择具有 VGA 接口的显卡，而如果考虑到以后要更换 DVI 接口的显示器，则可选择同时具有 VGA 和 DVI 接口的显卡。

说明：显卡与主板之间的接口类型决定了显卡与主板之间数据传输的最大带宽。早期的 AGP 接口（如图 1-32 所示）所能提供的最大带宽为 2.1GB/s，而 PCI-E 接口目前所能提供的带宽为 5GB/s，因此目前市场上的显卡主要采用 PCI-E 接口。

使用 AGP 接口的显卡

主板上的 AGP 插槽

图1-32 AGP 接口

## （七） 选购显示器

目前显示器市场上主要有 CRT 显示器和 LCD 两种，如图 1-33 和图 1-34 所示。

图1-33 CRT 显示器

图1-34 LCD

CRT 显示器由于价格便宜，是目前普及率最高的显示器，但其体积较大，重量较重，正逐渐被淘汰。

LCD 之前由于价格昂贵，显示效果不好导致市场占有率较低，但随着技术的不断提高，显示效果也不断提高，而价格却在不断下降，加上其轻便、功耗低、屏幕尺寸选择多等特点，越来越受到人们的欢迎，有逐渐取代 CRT 显示器地位的趋势。

**【实训内容】**

了解两种类型显示器的特点，并掌握其各自的选购方法。

**【实训准备】**

在选购显示器时，首先需要决定的问题就是究竟选择 CRT 显示器，还是选择 LCD，初学者往往不清楚 CRT 显示器与 LCD 的区别，难以取舍。其实二者各有优点，各自面向不同的用户群。对于 CRT 显示器与 LCD，其主要性能指标也有很大区别，例如，用来标量 CRT 显示器性能的带宽、刷新频率等指标就不适用于 LCD。

下面列出 LCD 与 CRT 显示器在性能指标上的差别，如表 1-5 所示。

表 1-5　　LCD 与 CRT 显示器对比表

| 项目 | LCD | CRT 显示器 |
| --- | --- | --- |
| 分辨率 | 固定的分辨率，在此分辨率下可得到最佳的画质，但在其他的分辨率下仍可通过扩展或压缩的方式，将画面显示出来 | 没有固定的分辨率，只要在显示器的规格内，都可以直接显示出来 |
| 刷新率 | 最佳刷新率在 60Hz，由于画面不受刷新率影响而闪烁，故只要在显示器的规格内即可 | 为求画面不闪烁，建议刷新率设为 75Hz 以上 |
| 色阶 | 色阶多已达到全彩的标准 | 没有色阶限制，色彩的多寡取决于系统设定及显示卡 |
| 画面构成 | 画面由液晶板上的像素所组成，其分辨率固定，像素的点距决定像素大小，而非像素间的距离；逐一像素显示方式，能呈现饱和的色纯度、清晰的字型及锐利的画面，影像会更显明亮、艳丽 | 画面像素的形成依靠许多群集的点或直条所构成，这些点和点或直条和直条间的距离，称之为点距或栅距。CRT 显示器的点距大小及品质对画面的清晰和锐利度有很大的影响 |
| 可视角度 | 可视角度随着计算机技术不断改良而得到很大的提升。目前动态矩阵液晶显示器可视角度为 120°或更宽，并且仍有很大的提升空间 | 极良好的可视角度 |
| 功耗和放射物质 | 功耗低，比传统 CRT 显示器的耗电量少 70%。实际上是无辐射和磁场干扰，可营造出更完美的使用环境 | 辐射和电磁干扰一直存在，但干扰和辐射值均遵循安全的规定和标准，并遵循有关规定 |

**【操作步骤】**

显示器的选购步骤和要点如下。

### 1. 确定显示器的类型

要选择哪种类型的显示器，主要可根据应用场合、对屏幕尺寸的要求和价格等方面确定。

若购买的显示器主要用于家庭使用，摆放空间大，且不经常搬动，则可选择 CRT 显示器，可节约一部分资金。而如果是在办公室使用，空间有限且经常搬动，则最好选择较轻薄的 LCD。

由于 CRT 显示器的屏幕大小有限，最多只能达到 19 英寸，因此如果需要更大尺寸的显示器，则只能选择 LCD。

从价格来看，LCD 普遍比 CRT 显示器高出很多，因此成本预算也是一个非常重要的因素。

### 2. 了解 CRT 显示器的选购方法

虽然 LCD 随着价格的不断下降，其市场占有率越来越大，但 CRT 显示器还是有一定的需求。下面简要介绍选购 CRT 显示器的要点。

(1) 确定屏幕尺寸。目前市面上的 CRT 显示器屏幕尺寸主要是 17 英寸，最大的有 19 英寸。对于 CRT 显示器，屏幕尺寸并非是实际可视尺寸。一般 15 英寸显示器的可视尺寸在 13.8 英寸左右，而 17 英寸显示器的可视尺寸在 15.9 英寸左右。如无特殊要求，一般选择 17 英寸大小的显示器。

(2) 查看分辨率。分辨率就是显示器屏幕图像上像素点的密度，通常所看到的分辨率都以乘法形式表现，比如 1 024×768 像素、1 280×1 024 像素、800×600 像素等。如果显示器的分辨率为 1 024×768 像素，则表示屏幕上水平方向有 1 024 个像素点，垂直方向有 768 个像素点。

显而易见，分辨率代表了画面的解析度，表示整个屏幕的图像由多少像素点构成。分辨率越高，屏幕上所能呈现的图像也就越精细。一般对于 17 英寸的显示器，分辨率为 1 024×768 像素，而 19 英寸显示器的分辨率为 1 280×1 024 像素。

(3) 查看刷新频率。刷新频率就是指显示屏幕刷新的速度，单位是 Hz。刷新频率越低，图像闪烁和抖动越厉害，越容易引起眼睛视觉疲劳；而刷新频率越高，图像显示越自然和清晰。一般来说，刷新频率应达到 75Hz 以上才能消除图像的闪烁和抖动感，眼睛也才不易疲劳，这也是对 CRT 显示器最基本的要求。在选购时要注意查看，尤其是在高分辨率的情况下。

### 3. 掌握 LCD 的选购方法

目前由于 LCD 的种种优点，它已经成为人们的首选产品。下面介绍 LCD 的选购步骤和要点。

(1) 确定屏幕尺寸。LCD 的屏幕尺寸较多，从 17 英寸到 30 英寸甚至更大，主要可从个人喜好和可接受的价格范围来考虑屏幕尺寸的大小。一般用户选择较便宜的 19 英寸的 LCD 即可，若要追求更大更好的视觉享受，在资金充足的情况下可选择 22 英寸或 24 英寸甚至更大的 LCD。

(2) 确定选择宽屏或普屏。LCD 有宽屏和普屏之分，一般早期 17 英寸的 LCD 为 4:3 的普屏设计，而 19 英寸以后的 LCD 大都采用 16:10 或 16:9 的宽屏设计。在选购时可根据对屏幕外观和大小的需求进行确定。

另外，现在许多 LCD 都应用了宽普兼容的技术，使得宽屏显示器也可以当作普屏显示器使用，只需对显示器进行一项简单的设置便可改变显示效果，非常方便。

(3) 查看最佳分辨率大小。LCD 都有一个最佳分辨率，在相同的屏幕尺寸条件下，最佳分辨率越大，屏幕的显示效果越细腻。一般 19 英寸 LCD 的最佳分辨率为 1 440×900 像素，22 英寸的为 1 680×1 050 像素，24 英寸的为 1 920×1 200 像素。

(4) 查看亮度。亮度值越高，意味着可看到越亮丽的画面、越清晰的图像。在 LCD 中，亮度用 $cd/m^2$ 衡量，其含义是每平方米的烛光亮度，此值应保证至少达到 $200cd/m^2$。目前 LCD 的亮度值普遍为 $300cd/m^2$，在此亮度值条件下显示器显示效果较好，而亮度值太高有可能造成眼睛不舒服。

(5) 查看对比度。LCD 的对比度是指屏幕图像最亮的白色区域与最暗的黑色区域相除后得出的不同亮度级别，对比度越高意味着所能呈现的色彩层次越丰富。

随着 LCD 技术的不断成熟，这一指标不断被刷新。而目前使用最多的是动态对比度，从早期的 2 000:1 已经达到了现在的 50 000:1。选购时若对画质要求不高，则可选择价格相对较便宜的低对比度产品，若对画质要求较高且资金也较充足，也可选择显示效果更好的高对比度产品。

(6) 确定显示器的接口类型。LCD 的接口类型与显卡的相同，也分为 VGA 接口、DVI 接口和 HDMI 接口 3 种，选购时可与显卡的接口类型对应确定，一般对于 LCD，为了得到更好的画质效果，最好使用 DVI 或 HDMI 接口。

(7) 查看安规认证。尽管 LCD 与 CRT 显示器相比，在环保和保护用户健康方面已有相当大的进步，但在选购产品时仍需留意产品是否通过相关的环保认证。一般来说，LCD 产品均应通过 TCO'99 认证。另外常见的认证还有 CCC 认证、Windows Vista Premium 认证等。

> **说明** 中国强制认证（China Compulsory Certification，CCC）也可简称为“3C”认证。中国强制认证标志是根据《强制性产品认证管理规定》（中华人民共和国国家质量监督检验检疫总局令第5号）由国家认证认可监督管理委员会制定，对涉及的产品进行国家强制执行的安全认证。

## （八）选购机箱和电源

在购买计算机时，电源的价格仅占很小的比例，却关系着整台机器的运行质量和寿命。而机箱则为各种板卡提供支架，几乎所有重要的配件都安装在机箱里面，一个好的机箱不仅可以承受外界的损害，而且可以防止电磁干扰，从而保证用户的身体健康。

**【实训内容】**

了解机箱的分类和电源的主要性能参数，并掌握机箱和电源的选购方法。

**【实训准备】**

### 1. 了解机箱的分类

机箱的生产厂商很多，外观、造型、材质也多种多样，总的来说可以按以下分类。

(1) 从外观样式分类。从外观样式上看，机箱可分为卧式机箱和立式机箱两种，如图1-35和图1-36所示，关于这两种机箱的详细介绍如下。

图1-35　卧式机箱

图1-36　立式机箱

① 卧式机箱。卧式机箱在计算机出现之后的相当长一段时间内占据了机箱市场的绝大部分份额。卧式机箱外形小巧，对于整机外观的一体感也比立式机箱强，而且由于显示器可以放置于机箱上面，因此其占用空间也少。

但与立式机箱相比，卧式机箱的缺点也非常明显，扩展性能和通风散热性能都差，这些缺点也导致了在主流市场中卧式机箱逐渐被立式机箱所取代。一般来说，现在只有少数商用机和教学用机才会采用卧式机箱。

② 立式机箱。立式机箱虽然进入市场比卧式机箱晚，但其扩展性能和通风散热性能要比卧式机箱好得多。因此，从奔腾时代开始，立式机箱大受欢迎，以至于现在立式机箱的地位已经在人们心中根深蒂固。

立式机箱按照外观大小又可分为全高、3/4 高、半高、Micro-ATX 等类型。全高机箱扩充性较强，空间较大，适合服务器使用。半高以及 3/4 高机箱扩充性适中，空间较为宽敞，适合台式机使用。而Micro-ATX 机箱扩充性较差，空间较小，只适合追求外观的品牌机使用。

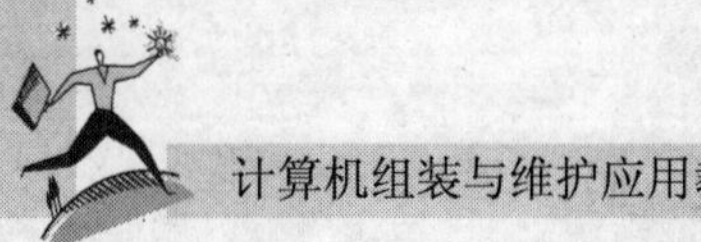


(2) 从结构分类。从结构上看，当前市场上的机箱主要有 ATX 型和 Micro ATX 型。

① ATX 型。ATX 是目前市场上最常见的机箱结构，如图 1-37 所示。扩展插槽和驱动器仓位较多，扩展槽数可多达 7 个，而 3.5 英寸和 5.25 英寸驱动器仓位也分别达到 3 个或更多，现在的大多数机箱都采用此结构。

② Micro ATX 型。Micro ATX 又称 Mini ATX，是 ATX 结构的简化版，就是常说的“迷你机箱”，如图 1-38 所示。扩展插槽和驱动器仓位较少，扩展槽数通常在 4 个或更少，而 3.5 英寸和 5.25 英寸驱动器仓位也分别只有 2 个或更少。此结构的机箱多用于品牌机。

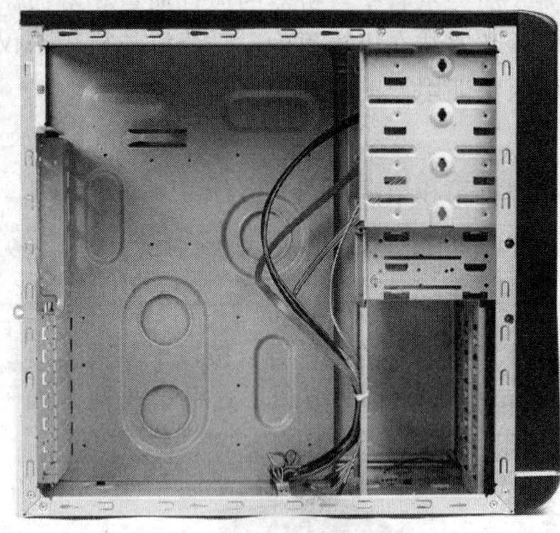
图1-37 ATX 机箱

图1-38 Micro ATX 机箱

一般情况下，ATX 型机箱都兼容 Micro ATX 型结构的主板。

## 2. 了解电源的性能参数

电源也称为电源供应器，它提供计算机中所有部件所需要的电能，如图 1-39 所示。电源功率的大小，电流和电压是否稳定，将直接影响计算机的工作性能和寿命；电源的接口类型将决定是否能使用特定的设备。所以在选择电源之前应了解其性能参数。

(1) 额定功率。电源的额定功率是指电源在持续正常工作中可以提供的最大功率，单位为瓦（W）或千瓦（kW），它是主机正常稳定工作的保障，一般情况下该值应大于主机在持续工作时的功率。

图1-39 电源

(2) 最大功率。指电源在单位时间内所能达到的最大输出功率。最大功率越大，电源所能负载的设备也就越多，但在此功率下并不能保证持续稳定的工作，而且会加快电源的老化。所以选择电源时尽量以额定功率为准。

【操作步骤】

## 1. 选购机箱的步骤和要点

机箱的品牌较多，外观样式也多种多样，除了根据个人喜好选择中意的机箱外观以外，还应掌握以下选购方法。

(1) 确定机箱的种类。ATX 机箱由于体积大，内部空间充足，便于散热，而且价格普遍要便宜一些，一般情况下若无特殊要求则尽量选择 ATX 机箱；Micro ATX 机箱由于体积小，散热条件没有 ATX 机箱好，一般适用于喜欢时尚外观而且主机配置不高的用户。

(2) 查看机箱的扩展性。如果需要经常添加硬件设备或升级，就需要一个空间足够大、扩展性好、各种驱动器仓位较多的机箱。另外，拆装方式也要尽量简便，例如选择免螺丝固定的机箱。

(3) 注意机箱的做工。选购机箱时应该选择结实耐用、做工精良的机箱。好的机箱应该坚固，不容易变形，有些机箱在内部有横撑杠，能够大幅度增加机箱的抗变形能力。选购时还要检查机箱板材的边缘是否光滑，有无锐边、毛刺等。

一般情况下尽量选择大品牌的机箱，其质量和做工都较好，如多彩、爱国者、金河田等。

#### 2. 选购电源的步骤和要点

目前市面上出售的电源基本上都是 ATX 电源，其额定功率一般从 200W 到 500W 甚至更高。选择电源时，原则上是功率越大越好，但另一方面，功率越大的电源搭配的电源风扇转速也相应越高，噪音也会随之增加。因此，电源的功率最好与所选配件供电需求匹配，略有超出，保留升级潜力即可。

(1) 确定电源的功率。主机中的耗电部件主要有 CPU、显卡、硬盘、光驱等。对一般的用户，只安装一个硬盘和一个光驱，且对电源没有特殊的要求，一般选择最大功率为 300W 左右的电源即可。但如果安装多个硬盘和光驱，或使用一些利用主机 USB 接口供电的设备时，就应该选择更大功率的电源。

(2) 感受电源重量。电源的重量不能太轻，一般来说，电源额定功率越大，重量应该越重。尤其是一些通过安全标准的电源，会额外增加一些电路板零组件，以增进安全稳定性，重量自然会有所增加。在购买时可拿在手上感受一下电源的重量，一般重量越重质量也越好。

(3) 查看电源的质量认证。在选购时一定要注意电源是否通过国家的“CCC”认证，没有通过认证的电源在各个方面都没有保证，在选购时必须注意。

(4) 选择大品牌的产品。大品牌的电源产品质量比较有保证，目前市场上较好的电源品牌有航嘉、长城、多彩、金河田等，选购时可尽量选择这些厂家的电源。

## （九） 选购鼠标和键盘

鼠标和键盘是计算机主要的输入设备，其质量的好坏直接影响操作者使用时的舒适度，特别是对于需要长时间使用鼠标和键盘的用户，好的设计可有效保护用户双手的健康，所以应引起注意。

**【实训内容】**

了解鼠标和键盘的分类和特点，并掌握鼠标和键盘的选购方法。

**【实训准备】**

#### 1. 了解鼠标的分类

鼠标的分类方法很多，通常可按照接口类型和工作原理来分类。

(1) 按接口类型分类。从鼠标的接口类型来看，目前市场上的鼠标主要有 PS/2 鼠标、USB 鼠标和无线鼠标。PS/2 鼠标通过一个六针微型 DIN 接口与计算机相连，接口颜色通常为绿色，如图 1-40 所示。USB 鼠标支持热插拔，连接和使用方便，是现在流行的鼠标接口，如图 1-41 所示。无线鼠标采用红外、蓝牙等无线技术与主板实现通信，使用更加方便，如图 1-42 所示。

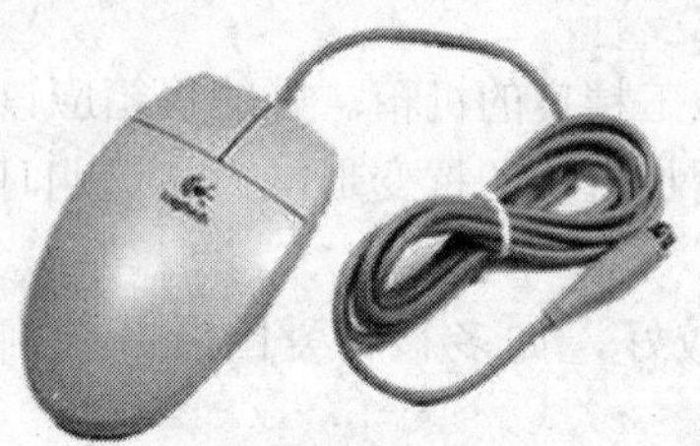

图1-40 PS/2 鼠标

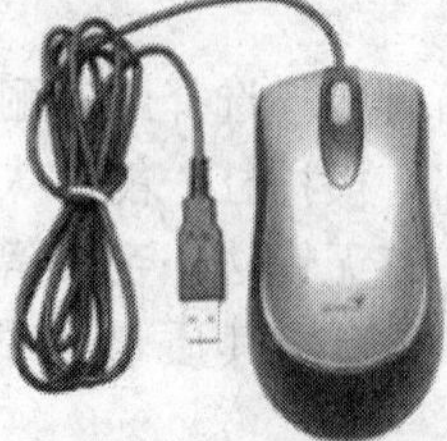

图1-41 USB 鼠标

图1-42 无线鼠标

(2) 按工作原理分类。从工作原理来看，鼠标通常可分为机械式鼠标、光电式鼠标和激光式鼠标。机械式鼠标使用滚珠作为传感介质，现在市场上已无此类产品，只在一些较老的计算机上还有使用，如图 1-43 所示。光电式鼠标使用 LED 光作为传感介质，是目前应用最广泛的鼠标类型，如图 1-44 所示。激光式鼠标使用激光作为传感介质，相比光电式鼠标具有更高的精度和灵敏度，如图 1-45 所示。

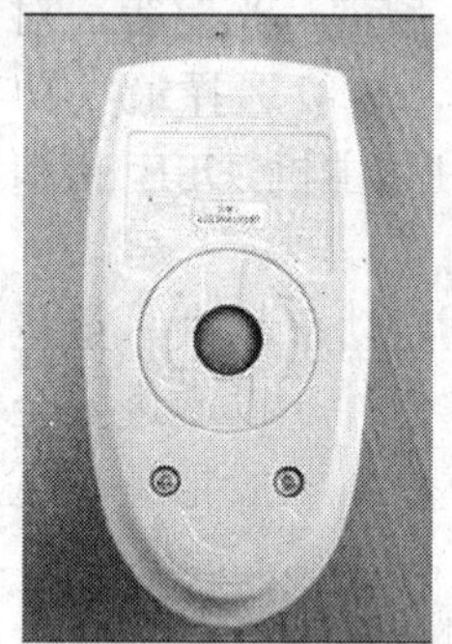

图1-43 机械式鼠标

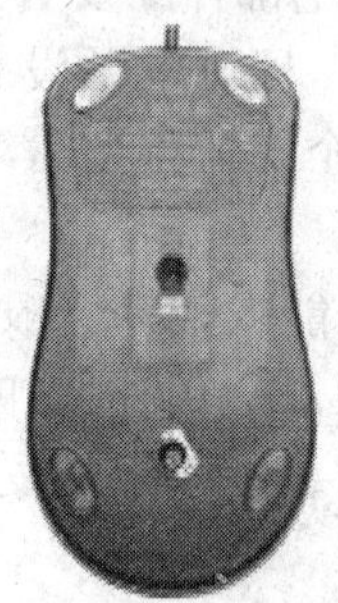

图1-44 光电式鼠标

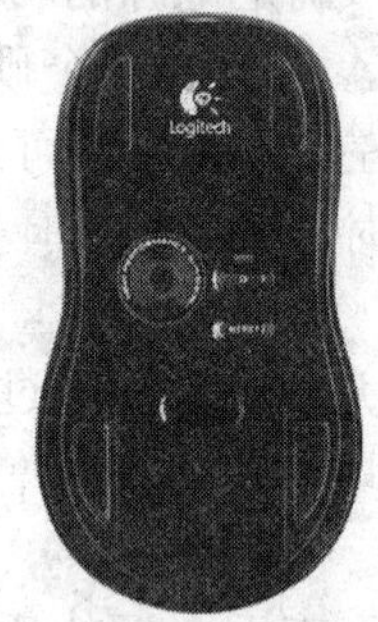


图1-45 激光式鼠标

## 2. 了解键盘的分类

键盘作为最基本的输入设备，通常可按以下分类。

(1) 按接口类型分类。与鼠标一样，目前市场上的键盘接口主要有 PS/2 键盘、USB 键盘和无线键盘。其中 PS/2 键盘的接口颜色通常为紫色。

(2) 按功能分类。从键盘的功能来看，通常可将键盘分为标准键盘和多功能键盘。标准键盘只具备基本的文字符号输入功能，通常有 101 至 107 个按键，如图 1-46 所示。多功能键盘除了具备基本的输入功能外，还带有多媒体按键或鼠标控制功能等，如图 1-47 所示。

图1-46 标准键盘

图1-47 多功能键盘

【操作步骤】

下面分别介绍鼠标和键盘的选购步骤及要点。

1. 鼠标的选购步骤和要点

鼠标是可视化操作系统下重要的输入设备，目前使用的鼠标主要是光电鼠标，在选购时可采用以下方法。

(1) 感受鼠标的手感。手感包括鼠标的大小是否合适，握在手中是否舒适，鼠标表面材质是否舒适，移动是否方便等，在选购时可握在手中操作一会，以实际感受一下操作的舒适度。

(2) 确定鼠标的接口。对于鼠标接口的选择通常没有特殊要求，只是 USB 接口的鼠标支持热插拔，使用更加方便，在选购时可尽量选择使用 USB 接口的鼠标。

2. 键盘的选购步骤和要点

键盘质量的好坏直接影响用户进行输入时的速度和舒适度，选购键盘时可采用以下方法。

(1) 注意按键手感。键盘的手感对于键盘性能非常重要，手感好的键盘可以使用户迅速而流畅地打字，并且在打字时不至于使手指、关节和手腕过于疲劳。

检测键盘手感非常简单，用适当的力量按下按键，感觉其弹性、回弹速度、声音等几个方面的因素。手感好的键盘应该弹性适中、回弹速度快而无阻碍、声音低、键位晃动幅度较小。

(2) 注意生产工艺和质量。键盘的生产工艺和质量关系到键盘能否长时间稳定地工作。检查的时候，首先用手抚摸键盘的表面和边缘，然后观察按键上的字母和数字，看是否清晰。此外，还要留意字母和数字是使用激光刻写的，还是使用油墨印刷的。

拥有较高生产工艺和质量的键盘表面和边缘平整、无毛刺，同时键盘表面不是普通的光滑面，而是经过研磨的表面。按键字母则是使用激光刻写上去的，非常清晰和耐磨。而普通印刷和激光刻写有很大区别，首先是印刷的字母会微微凸起，其次字母边缘会由于油墨的原因而有一些毛刺。

(3) 注意使用的舒适度。键盘的使用舒适度也很重要，特别是对于那些需要长时间进行文字输入的用户来说，一个使用舒适的键盘是必不可少的。建议需要长时间打字的用户选用人体工程学键盘，这种键盘虽然价格稍贵，但是可以让手指和手腕不会因为长时间弯曲而出现劳损。

(4) 注意选择键盘接口。对于键盘接口的选择应该以方便实用为原则，其中 USB 接口键盘的最大特点是安装方便，但有些主板在启动时并不支持 USB 接口的键盘，因此在选购时要注意查看主板说明书。而无线接口的键盘则更加方便，可随意摆放位置，但它价格稍贵，因此用户可以根据自己的实际情况进行选择。

另外，用户在选择鼠标和键盘时也可以选择鼠标键盘的套件。

## （十） 选购音箱

当前个人计算机迅速普及，而其强大的多媒体功能也在逐渐影响和转变大众休闲娱乐的方式。音箱作为多媒体应用的一种重要输出设备，如图 1-48 所示，它的性能高低直接决定了多媒体声音的播出效果和听觉感受。

图1-48 音箱

【实训内容】

了解音箱的性能参数，并掌握音箱的选购方法。

【实训准备】

音箱性能的高低是由其各项参数共同决定，所以在选购音箱之前，首先应了解其各项性能参数的真实含义。下面介绍音箱的几项重要性能参数。

1. 功率

功率决定音箱所能发出的最大声音强度。主要有两种标注方式：额定功率和峰值功率。

(1) 额定功率：是指在额定频率范围内给扬声器一个规定了波形的持续模拟信号，扬声器能够长时间正常工作的最大功率值。

(2) 峰值功率：是指在扬声器不发生损坏的条件下瞬间能达到的最大功率值。

2. 失真度

失真度是指声音的电信号转换为声波信号过程中的失真程度，用百分数表示，值越小越好，一般允许的范围是 10%以内。建议最好选购失真度在 5%以下的音箱。

3. 信噪比

信噪比是指音箱回放的正常声音信号与无信号时噪声信号的比值，用分贝（dB）表示。信噪比数值越高，噪音越小。一般音箱的信噪比不能低于 80dB，低音炮的信噪比不能低于 70 dB。

4. 阻抗

阻抗是指输入信号的电压与电流的比值。音箱的输入阻抗一般分为高阻抗和低阻抗两类，高于 16Ω 的是高阻抗，低于 8Ω 的是低阻抗，而太高和太低都不好，一般选购标准阻抗为 8Ω 的音箱。

【操作步骤】

音箱的品牌很多，且没有一个明确的设计技术标准，所以在选购音箱时主要应根据实地感受进行选择。另外可参照以下方法进行选择。

1. 查看音箱做工

质量好的音箱通常外形流畅平滑、色泽细腻均匀。在选购时可查看音箱箱体的各结合处是否均匀紧密；音箱上的标记或花纹是否精致、端正、清晰；音箱上的按钮和插孔的位置是否分配合理；如果允许打开音箱，则可以查看内部各零件和布线等是否简洁合理。由此可初步判断音箱的档次和质量。

### 2. 用手测试音箱质量

用手敲击箱体，发出的声音铿锵有力，说明音箱材质质量较好；试着旋转音箱上的旋钮，质量好的音箱其旋钮应该阻力较小、自然顺畅；拿在手上掂量一下音箱的重量，质量较好的音箱其选料更好，内部电路器件更多，重量通常也较重。

### 3. 试听音箱效果

用音箱播放音乐，将音量调节至最大，然后离开一尺的距离，此时应无明显的噪音；播放轻柔的音乐以感受音质是否清晰流畅；播放快节奏高分贝的音乐来检测音箱是否有足够的功率来体现震撼的音效而无明显失真；慢慢地调节音量，要保证音量增加和减小均匀自然；另外，在关闭音箱时质量好的音箱应无较大的冲击声。

### 4. 确定选购木质音箱还是塑料音箱

通常木质音箱由于在厚度、板材以及密度方面可以有更多选择，从而有效降低了箱体本身谐振对回放声音的干扰，使声音更纯净。但由于各厂家在对成本的考虑以及技术与加工水平方面的不同，同样是木质音箱也会有很大差别。

而塑料音箱不仅在价格上有较大优势，还可以有各种时尚漂亮的外观，若厂家技术水平较好，则在音质方面也并不会低于木质音箱，如图 1-49 所示。

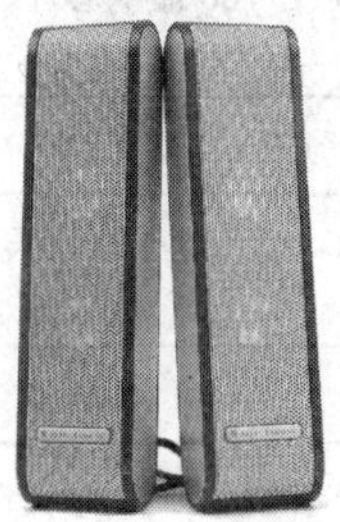

奥特蓝星 XT1

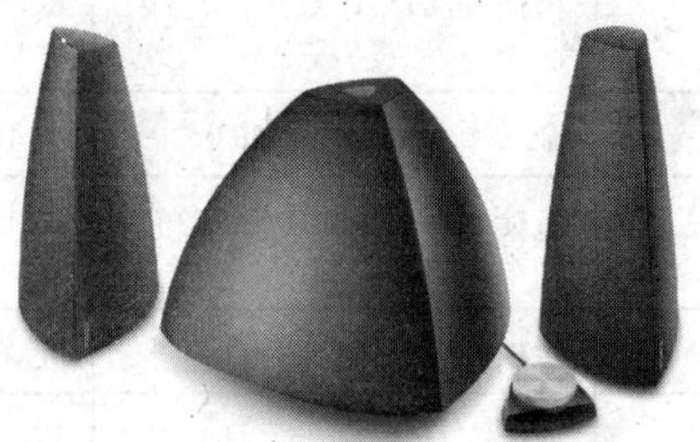

漫步者 e3350

图1-49　具有漂亮外观的塑料音箱

### 5. 考虑空间大小

空间的大小对音箱回放声音的音质也有较大影响，应根据居室空间的大小选购功率适宜的音箱，对于普通的 20m$^2$ 左右的房间，60W 功率（即有效输出功率为 30W×2）的音箱就已经足够。

另外在音箱的体积方面还应考虑电脑桌空间的大小以及携带是否方便，笔记本电脑用户可选购时尚小巧的便携式音箱，如图 1-50 所示。

奥特蓝星 iM7

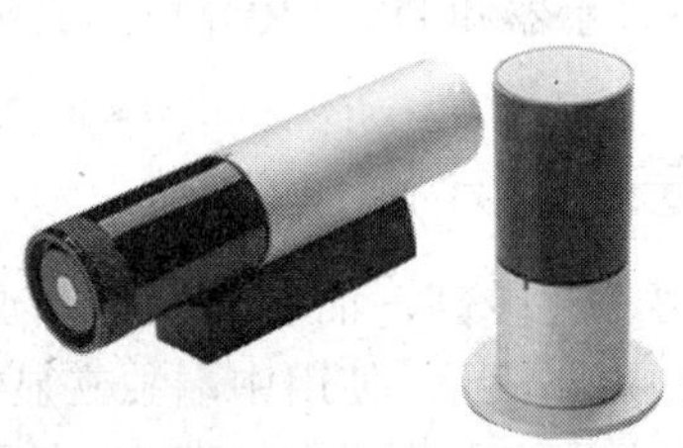

漫步者 Ramble

三星 PLEOMAX PSP-5000

图1-50　具有时尚外观的便携式音箱

# 任务三 主流配置方案分析

计算机的各种配件通常都拥有低端、中端和高端等多种不同档次的型号和产品，加上产品的品牌较多，在确定配置方案时也有多种组合方式，下面将拟定3套分别属于3个不同层次的配置方案，并作简要分析。

## （一） 普通办公配置方案分析

一般来说，普通办公用机对性能要求不高，所以CPU可选用低端产品，显卡可使用主板集成，内存够用即可，通常外设较少，电源功率要求不高，由此拟定如表1-6的配置方案。

表1-6 普通办公用机配置方案

| 配件类别 | 产品名称 | 主要参数 | 目前参考报价 |
| --- | --- | --- | --- |
| CPU | Intel 赛扬双核 E1200（盒） | 主频1600MHz，总线频率800MHz，二级缓存512KB，接口类型LGA 775 | 270元 |
| 主板 | 梅捷 SY-N73V-RL | LGA 775插槽，总线频率1066MHz，支持DDR2 800/667内存，集成NVIDIA GeForce7100显卡芯片（VGA接口），集成声卡网卡 | 280元 |
| 内存 | 金士顿1GB DDR2 667 | 类型DDR2，容量1024MB，工作频率667MHz | 65元 |
| 硬盘 | 希捷160G 7200.10 8M（串口/散） | Serial ATA接口，单碟容量160GB，盘片数1张，缓存8MB | 265元 |
| 显卡 | 主板集成 | 无 | 0元 |
| 显示器 | 美格 WB94K | LCD液晶显示器，19英寸16：10宽屏，最佳分辨率1440×900，亮度300 cd/m$^2$，对比度1000：1，D-sub（VGA）接口 | 670元 |
| 光驱 | 华硕 DVD-E818A3 | DVD-ROM，缓存容量198 KB | 115元 |
| 机箱和电源 | 大水牛 A0707（带电源） | 机箱结构ATX/MicroATX，电源功率240W | 190元 |
| 鼠标和键盘 | 网际快车 K-400（精巧版） | 有线光电，PS/2接口 | 45元 |
|  |  | 价格总计： | 1900元 |
| 备注：此价格来源于“中关村在线”2009年10月报价 |  |  |  |

该配置方案价格适宜，性能对于日常办公绰绰有余，硬盘容量也较大，可满足大量文件表格的存储要求，采用宽屏液晶显示器和DVD-ROM也可满足一般的娱乐视听享受。

## （二） 家庭娱乐配置方案分析

家庭娱乐用机一般对性能要求比较高，而且在图形图像方面也希望有较高的画质和效果，因此CPU可选择AMD的中端产品，使用中端独立显卡，内存使用双通道，而机箱和显示器也可选择外观时尚漂亮的产品，由此拟定如表1-7的配置方案。

表 1-7　　家庭娱乐用机配置方案

| 配件类别 | 产品名称 | 主要参数 | 目前参考报价 |
|---|---|---|---|
| CPU | AMD 速龙 II X2 245（45nm/盒） | 主频 2900MHz，总线频率 2000MHz，二级缓存 2MB，接口类型 Socket AM3 | 440 元 |
| 主板 | 华硕 M4A78 | Socket AM2/AM2+/AM3 插槽，支持 HT3.0 总线，支持双通道 DDR2 1200(OC)/1066/800/667/533 内存,最大支持 16GB，显卡插槽 PCI-E 2.0 16X，集成声卡网卡 | 560 元 |
| 内存 | 金邦 1GB DDR2 1066(白金条) | 2 条，类型 DDR2，容量 1024MB，工作频率 1066MHz，带散热片 | 2×110 元 |
| 硬盘 | 希捷 500G 7200.11 32M（串口/盒） | Serial ATA 接口，单碟容量 250GB，盘片数 2 张，缓存 32MB | 380 元 |
| 显卡 | 影驰 9600GSO 加强版 | 图形芯片 GeForce 9600GSO，显存频率 1600MHz，显存 384MB，总线接口 PCI Express 2.0 16X，24 针 DVI-I 接口/15 针 D 型（VGA）接口 | 499 元 |
| 显示器 | 三星 T190+ | LCD 液晶显示器，19 英寸 16：10 宽屏，最佳分辨率 1440×900，亮度 300 cd/m$^2$，动态对比度 50000：1，接口类型 D-Sub/DVI-D（支持 HDCP 协议），宽普兼容 | 1190 元 |
| 光驱 | 三星 TS-H662A | DVD 刻录机，缓存容量 2MB，最大刻录速度 22 倍速，最大读取速度 48 倍速 | 185 元 |
| 机箱和电源 | 金河田 SOHO 系列 7611B 机箱+金河田传奇 ATX-S410 电源 | 机箱结构 ATX/Micro ATX，电源额定功率 300W，最大功率 400W | 500 元 |
| 鼠标和键盘 | 罗技光电高手 1000 套装 | 有线光电，PS/2 接口 | 135 元 |
| | | 价格总计： | 4109 元 |

备注：此价格来源于“中关村在线”2009 年 10 月报价

该配置方案性能显著，足以应对大多数大型游戏和高级视听享受。其中，CPU 较高的主频和总线频率，且还有一定的超频空间；显卡和显示器都采用 DVI 接口，使图像数据失真少，画质更好，并且三星 T190+显示器具有漂亮时尚的外观和宽普兼容功能，不管是从外观上还是功能上都给人以舒适的感受；500GB 的硬盘足以存放较多的多媒体文件；采用 DVD 刻录机，允许用户方便地从光驱安装大型游戏，或将一些经典的游戏和电影刻盘保存；机箱外观稳重而不失华丽，电源额定功率达到 300W，即使对 CPU 进行超频也绰绰有余。

## （三）图形图像处理配置方案分析

图形图像处理用机一般对性能要求很高，尤其是对于需要进行大型三维渲染的场合，不仅数据计算量大，对画质的要求也较高，因此可选择 Intel 酷睿 2 双核高端 CPU 和高端显卡。在内存方面也应配置较大容量的内存以存储计算过程中的大量数据，同样也应尽量选择较大容量的硬盘。为了获得较好的画质和较大的可视面积，显示器也应选择画面效果较好且屏幕较大的产品。由于使用高端 CPU、高端显卡以及大容量的内存和硬盘，所以对机箱的散热要求和电源的功率要求也较高。由此拟定如表 1-8 所示配置方案。

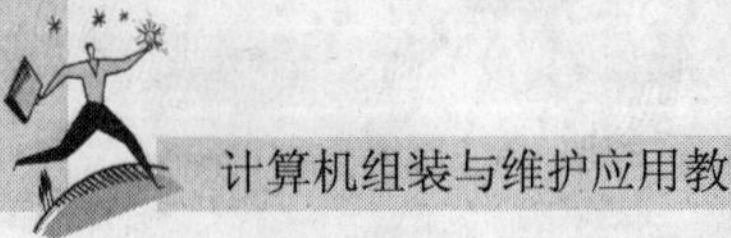



表 1-8　　图形图像处理用机配置方案

| 配件类别 | 产品名称 | 主要参数 | 目前参考报价 |
|---|---|---|---|
| CPU | Intel 酷睿 2 四核 Q9550（盒） | 主频 2830MHz，总线频率 1333MHz，二级缓存 12MB，接口类型 LGA 775，45nm | 1560 元 |
| 主板 | 华硕 P5Q3 | LGA 775 插槽，总线频率 1600MHz，支持双通道 DDR3 1800/1600/1333/1066 内存，最大支持 16GB，显卡插槽两条 PCI-E 2.0 16X 显卡插槽，集成声卡网卡 | 1388 元 |
| 内存 | 金邦 2GB DDR3 1600（白金条） | 2 条，类型 DDR3，容量 2048MB，工作频率 1600MHz，带散热片 | 2×340 元 |
| 硬盘 | 希捷 1TB 7200.11 32M（串口/盒） | Serial ATA 接口，单碟容量 334GB，盘片数 3 张，缓存 32MB，支持 NCQ 技术 | 580 元 |
| 显卡 | XFX 讯景 GTX285 | 图形芯片 Geforce GTX 285，显存频率 2500MHz，显存 1024MB，总线接口 PCI Express 2.0 16X ，双 24 针 DVI-I 接口 | 2499 元 |
| 显示器 | 三星 XL2370 | LED 液晶显示器，23 英寸 16:9 宽屏，最佳分辨率 1920×1080，亮度 250 cd/m$^2$，动态对比度 5 000 000：1，接口类型 DVI-D/HDMI（支持 HDCP 协议），宽普兼容 | 2600 元 |
| 光驱 | 三星 TS-H663B | DVD 刻录机，缓存容量 2MB，最大刻录速度 22 倍速，最大读取速度 48 倍速，SATA 接口 | 199 元 |
| 机箱和电源 | Tt Armor Jr VC3000BWS 机箱+酷冷至尊战斧 500 电源 | 机箱结构 ATX/Micro ATX，双散热风扇，电源额定功率 460W，最大功率 500W | 780+360 元 |
| 鼠标和键盘 | 罗技无影手 Wave 无线键鼠套装 | 无线激光，精心的舒适感设计 | 699 元 |
| | | 价格总计： | 11345 元 |

备注：此价格来源于“中关村在线”2009 年 10 月报价

此配置方案足以满足大多数图形图像处理的要求，并且留有可升级的空间，如主板支持双显卡并支持最大 16GB 的内存，可根据需要增加显卡和内存；主板上有 8 个 SATAII 接口，机箱具有 6 个 3.5 英寸仓位和 5 个 5.25 英寸仓位，在外存扩展方面也有较大空间；使用三星最新的 LED 液晶显示器，在色彩还原度上足以满足专业要求；采用舒适的无线鼠标和键盘，可使工作变得更加轻松。

## 小结

本实训项目主要介绍了根据实际需求确定计算机配置方案的方法和原则，并详细介绍了计算机各种配件的选购方法。选购计算机配件需要长期的经验积累，再加上配件更新换代速度较快，所以应多了解最新的硬件信息，多收集硬件识别与选购的资料，逐步熟悉和掌握计算机硬件的选购方法和技巧。

## 习题

1. 查看当前使用的计算机的主板，分析其具有哪些升级空间。
2. 制定两套计算机的选购方案，一套主要用于办公，另一套用于娱乐。
3. 到本地电脑城或电子商城实地了解各种主要计算机配件价格，比较各种产品之间的差异。

# 项目二 组装计算机

在项目一中对计算机各类硬件的结构、特点、用途和选购做了全面的介绍。本项目将介绍如何组装计算机，从实际操作中学习组装计算机的原理和相关知识。

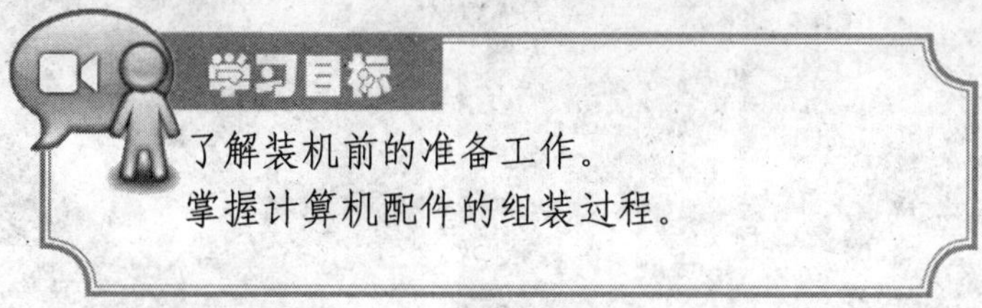


## 任务一 装机前的准备

**【实训内容】**

了解装机前必要的准备工作，掌握装机时的注意事项。

**【实训准备】**

首先根据用户需求，制定装机方案，购买装机所需要的配件，主要有 CPU、主板、内存、显卡、硬盘、光驱、机箱、电源、键盘、鼠标、显示器、各种数据线、电源线等。

**【操作步骤】**

### 1. 准备材料和环境

(1) 电源插座：由于计算机系统中需要向显示器、主机、音箱等设备供电，所以要有一个多功能的电源插座，以方便测试机器时使用。

(2) 器皿：计算机在安装和拆卸的过程中有许多螺钉及一些小零件需要随时取用，所以要有一个小器皿用来盛装，以防丢失。

(3) 工作台：工作台可以是一张宽大且高度合适的桌子，并要放置在比较干净的环境中。

### 2. 准备工具

在计算机组装前，要准备一些工具，如螺丝刀、尖嘴钳、镊子、防静电的手套、毛刷、万用表等，如图 2-1 和图 2-2 所示。

(1) 螺丝刀：应尽量选用带磁性的螺丝刀，这样可以降低安装的难度。

(2) 尖嘴钳：主要用来拧开一些比较紧的螺丝。比如在机箱内固定主板时，就可能用到尖嘴钳。

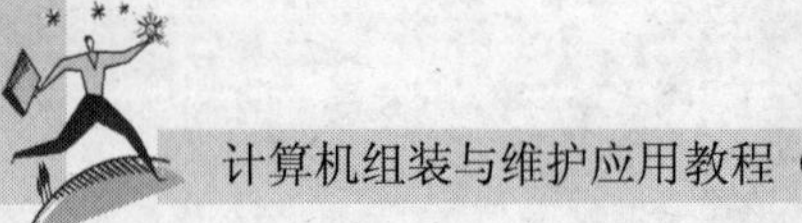


(3) 镊子：在插拔主板或硬盘上的跳线时需要用到镊子。

(4) 防静电手套：由于手上携带的静电很容易击穿晶体管，所以在操作时需要带上防静电手套。

(5) 毛刷：主要用来清理主机板和接口板卡上装有元器件的小缝隙处，以避免碰损元器件。

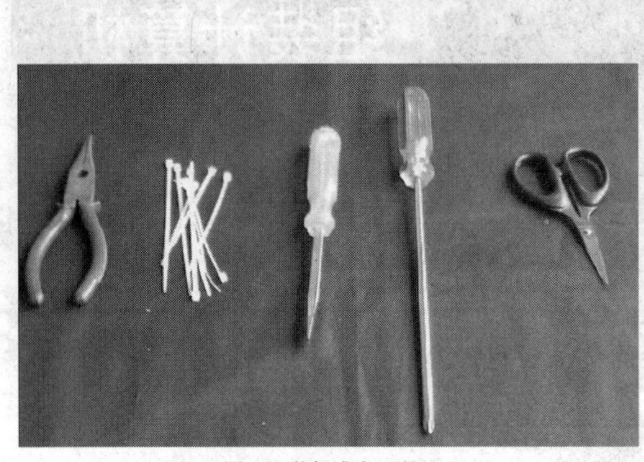
图2-1 装机准备工具

图2-2 万用表

### 3. 清点并认识各部件

在装机之前，应当仔细辨认所购买的产品，其品牌、规格和计划购买的是否一致，说明书、防伪标志是否齐全，各种连线是否配套等，装机后再测试检验。如发现异常情况，应当及时找商家退换。

### 4. 注意事项

在组装计算机时，要遵守操作规程，并注意以下事项。

(1) 防止静电。由于气候干燥、衣物相互摩擦等原因，很容易产生静电，而这些静电可能损坏设备，从而带来严重的后果。因此，最好在装机前用手触摸地板或洗手以释放掉身上携带的静电。

(2) 防止液体进入。在装机时要严禁液体进入计算机内部的板卡上，因为这些液体会造成短路使器件损坏。

(3) 测试前，建议只装必要的设备，如主板、处理器、散热片与风扇、硬盘、光驱以及显卡。其他配件如声卡、网卡等，待确认必要设备没问题后再装。

(4) 未安装使用的元器件需放在防静电包装袋内。

(5) 注意保护元器件和板卡，避免损坏。

(6) 装机时不要先连接电源线；通电后不要触摸机箱内的部件。

## 任务二 组装计算机配件

组装计算机时最好事先制订一个组装流程，使自己明确每步的工作，从而提高组装的效率。组装一台计算机的流程不是唯一的，图 2-3 所示为常见的组装步骤。

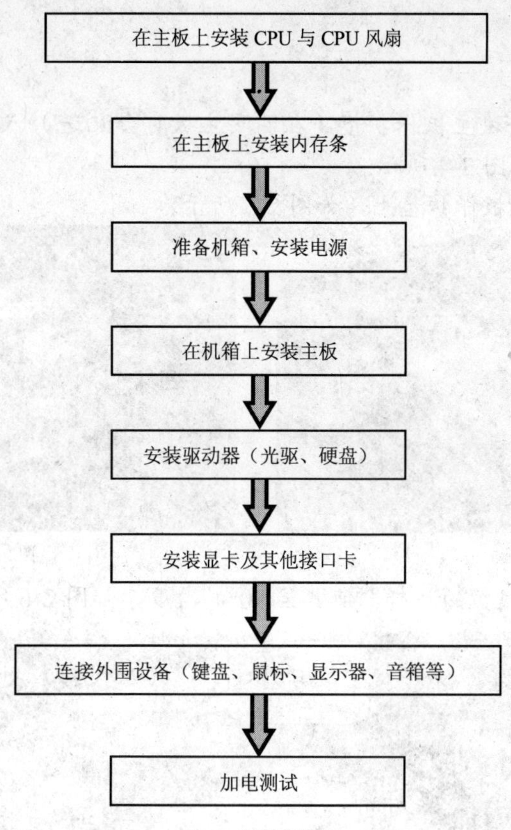


图2-3　装机流程图

**【实训内容】**

根据以下配置进行计算机的组装，熟悉和掌握计算机的组装过程。

- CPU：AMD Athon(tm) 64 X2 Dual Core Processor 4800+2.5 GHz
- 内存：超胜 DDR2 800　1GBX2
- 硬盘：希捷 SATA 160GB
- 主板：昂达 570S
- 显卡：迪兰恒进 2600 256MB
- 光驱：DVD 刻录光驱
- 机箱：金河田
- 电源：长城 双动力电源 350P4(775)
- 集成声卡和网卡

## （一）　安装 CPU 和 CPU 风扇

CPU 在计算机系统中占有最重要的地位，而在组装计算机时，它通常也是第一个进行安装的配件。CPU 风扇是 CPU 的散热系统，也需要在安装好 CPU 后一并安装。

**【实训准备】**

准备配件及材料：主板、CPU、CPU 风扇。

【操作步骤】

1. 安装 CPU

(1) 首先在桌面上放置一块主板保护垫（在购买主板时会配送），这样做是为了保护主板上的器件不受损害，如图 2-4 所示。

(2) 然后将主板放置到主板保护垫上，如图 2-5 所示。

图2-4 主板保护垫

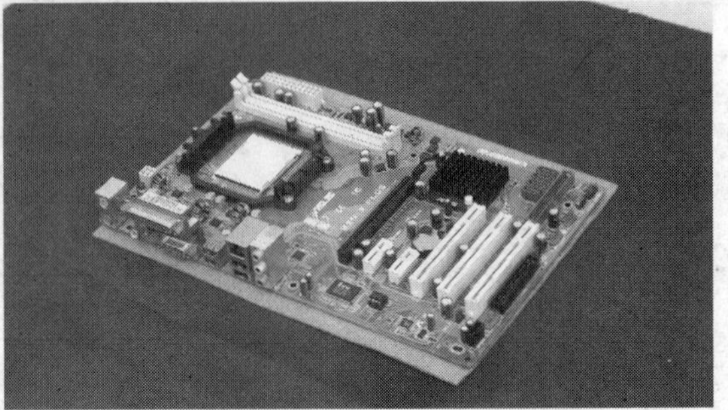

图2-5 放置主板

(3) 拉起主板上 CPU 插槽旁的拉杆，使其呈 90°的角度，如图 2-6 所示。

图2-6 拉起拉杆

(4) 将 CPU 安装到主板的 CPU 插槽上，安装时注意观察 CPU 与 CPU 插槽底座上的针脚接口是否相对应，如图 2-7 所示。

图2-7 针脚相对

(5) 稍用力压 CPU 的两侧，使 CPU 安装到位，如图 2-8 所示。

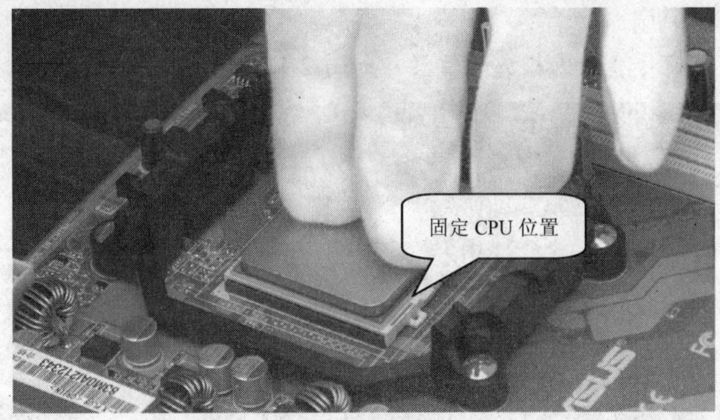


图2-8　固定 CPU 位置

(6) 放下底座旁的拉杆，如图 2-9 所示，直到听到“咔”的一声轻响表示已经卡紧，最终效果如图 2-10 所示。

图2-9　放下拉杆

图2-10　CPU 安装完成

(7) 在 CPU 背面涂上导热硅脂，不需要太多，涂上一层即可。它主要的作用是填充 CPU 和散热器之间的空隙并传导热量，使 CPU 的热量尽快散去，这样才能使 CPU 更加稳定地工作。

如果选购的是盒装 CPU，则会附带一个原装的 CPU 散热器，该散热器的底部已经涂了一层导热硅脂，这时就没有必要再在 CPU 上涂一层了。

2. 安装 CPU 风扇

(1) 将 CPU 散热风扇对准主板相应的位置，如图 2-11 所示。

图2-11 放置风扇

(2) 把扣具的一端扣在 CPU 插槽的凸起位置，如图 2-12 所示。然后固定另一端扣具，如图 2-13 所示。注意，此时切不可用力过大，否则会损坏 CPU。

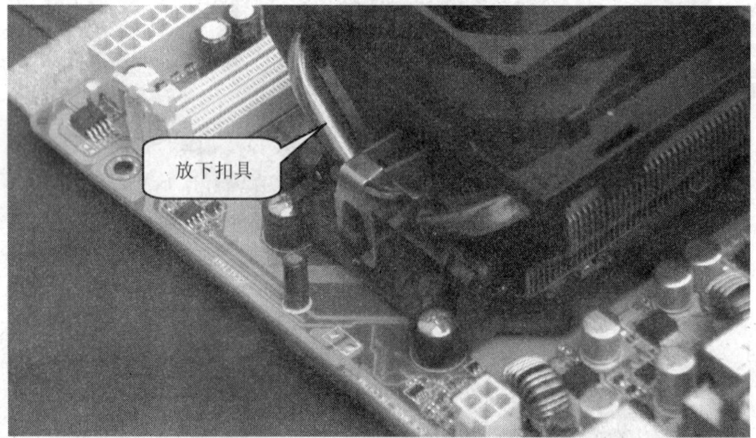


图2-12 放下扣具

图2-13 固定扣具

(3) 将CPU风扇电源线插入主板相应接口，如图2-14所示。

图2-14　连接风扇电源线

## （二）　安装内存条

**【实训准备】**

准备配件及材料：主板、两根内存条。

**【操作步骤】**

(1) 将需要安装内存的内存插槽两侧的塑胶夹脚（通常也称为“保险栓”）往外侧扳动，使内存条能够插入，如图2-15所示。

图2-15　扳动塑胶夹脚

(2) 拿起内存条，将内存条引脚上的缺口对准内存插槽内的凸起部分，如图2-16所示。

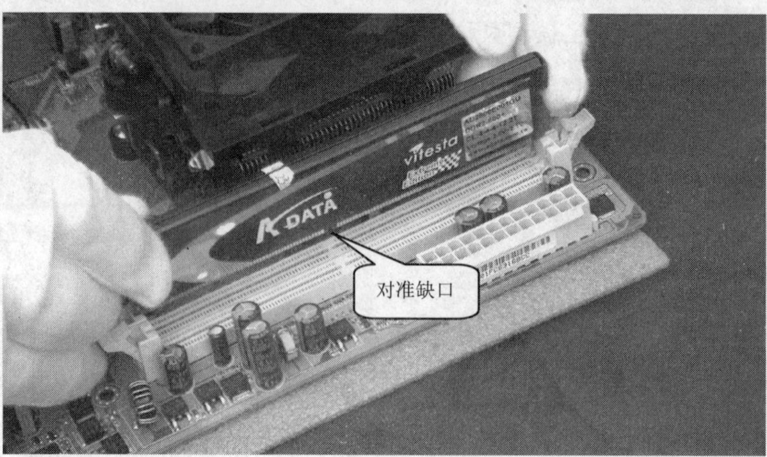


图2-16 对准缺口

(3) 稍微用力垂直向下压，将内存条插到内存插槽并压紧，直到内存插槽两端的保险栓自动卡住内存条两侧的缺口，如图 2-17 所示。

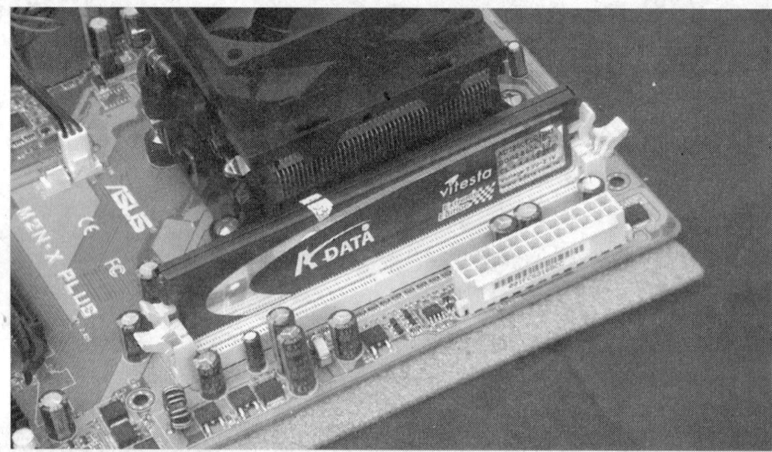


图2-17 插好的内存条

(4) 安装第 2 根内存条，操作同上。最终效果如图 2-18 所示。

图2-18 双内存条安装完成

说明　安装第 2 根内存条时要选择与第 1 根内存条所插入的插槽相同颜色的插槽。本例中只有两个内存插槽，因此不必选择，但是读者在安装自己的计算机时，一定要分清楚。如果是安装两根内存条，一定要选择相同颜色的插槽，如全部选择黄色插槽或全部选择红色插槽，如图 2-19 所示。

图2-19　双通道内存插槽

至此，内存安装完成。

## （三）　安装电源

**【实训准备】**

准备配件及材料：机箱、机箱电源以及螺钉。

**【操作步骤】**

(1)　将电源置入机箱内，如图 2-20 所示。

图2-20　将电源置入机箱

(2)　依次使用 4 个螺钉将电源固定在机箱的后面板上，注意第一次不要拧得太紧，如图 2-21 所示。

图2-21　安装电源螺钉

(3) 把螺钉全部安上后再将4个螺钉依次拧紧，如图2-22所示。

图2-22　拧紧螺钉

## （四）安装主板

**【实训准备】**

准备配件及材料：主板、机箱以及各种工具和螺钉。

**【操作步骤】**

(1) 安装机箱内的主板卡钉底座，并将其拧紧，如图2-23所示。

图2-23　安装主板卡钉底座

(2) 依次检查各个卡钉位是否正确，如图 2-24 所示。

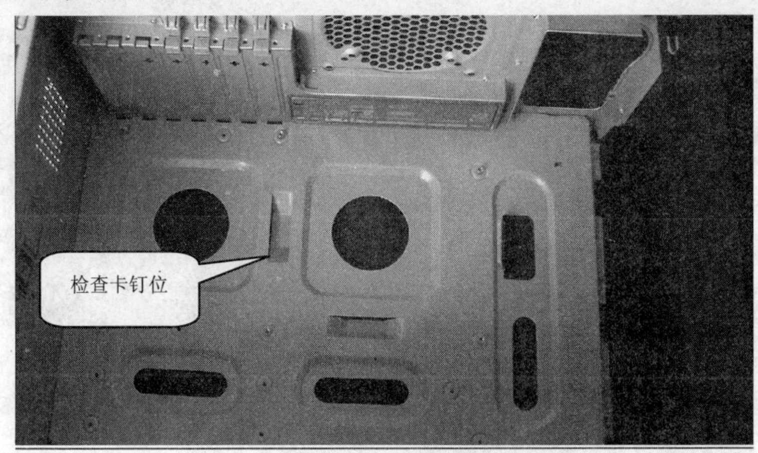


图2-24　卡钉底座

(3) 注意主板上的螺钉孔，如图 2-25 所示。

图2-25　主板的螺钉孔

(4) 将主板放入机箱内，注意螺钉孔一定要对齐到卡钉位处，如图 2-26 所示。

图2-26　将主板放入机箱

(5) 将主板固定在机箱内，采用对角固定的方式安装螺钉，不要一次将螺钉拧紧，而应该在主板固定到位后依次拧紧各个螺钉，如图 2-27 所示。

图2-27 拧紧各个螺钉

## （五） 安装硬盘

**【实训准备】**

准备配件及材料：机箱、硬盘、数据线以及螺钉。

**【操作步骤】**

(1) 安装硬盘自带的滑槽，如图 2-28 所示。安装完成后的结果如图 2-29 所示。

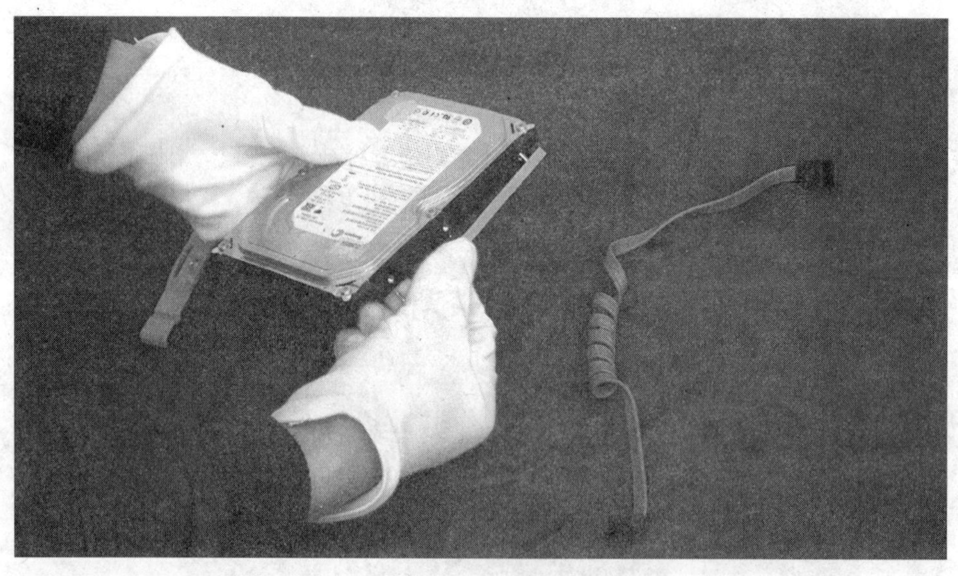

图2-28 安装滑槽

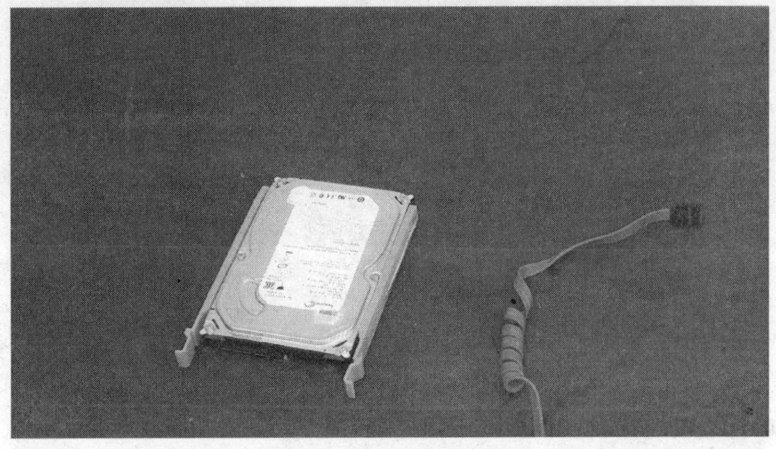

图2-29　安装完滑槽后的硬盘

(2)　将硬盘安装到机箱内，如图 2-30 所示。

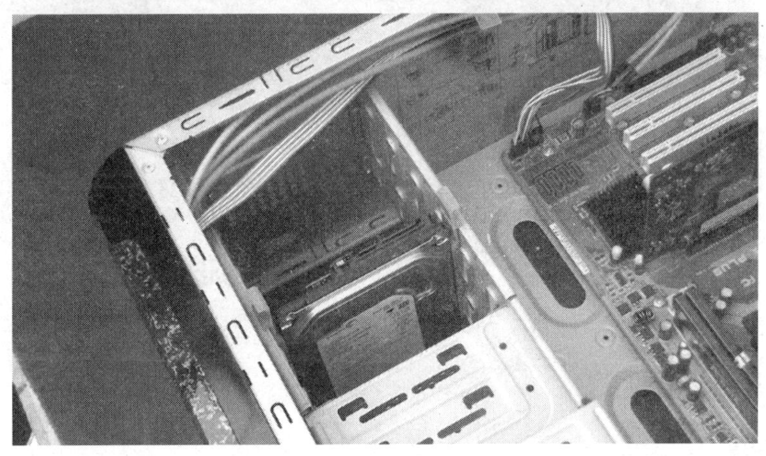

图2-30　将硬盘安装到机箱内部

(3)　连接硬盘和主板间的数据线，一端接硬盘的数据端口，数据线的接口如图 2-31 所示。连接完成后的结果如图 2-32 所示。

图2-31　连接硬盘上的数据端口

图2-32　硬盘数据端口连接完成

(4)　将数据线的另一端连接到主板上，连接完成后的结果如图 2-33 所示。

图2-33　将硬盘数据线连接到主板上

## （六）　安装光驱

**【实训准备】**

准备配件及材料：机箱、光驱、数据线以及螺钉。

**【操作步骤】**

(1)　拆除机箱正面的光驱外置挡板，如图 2-34 所示。

图2-34　拆除外置挡板

(2)　将光驱安装到机箱内，如图 2-35 所示。

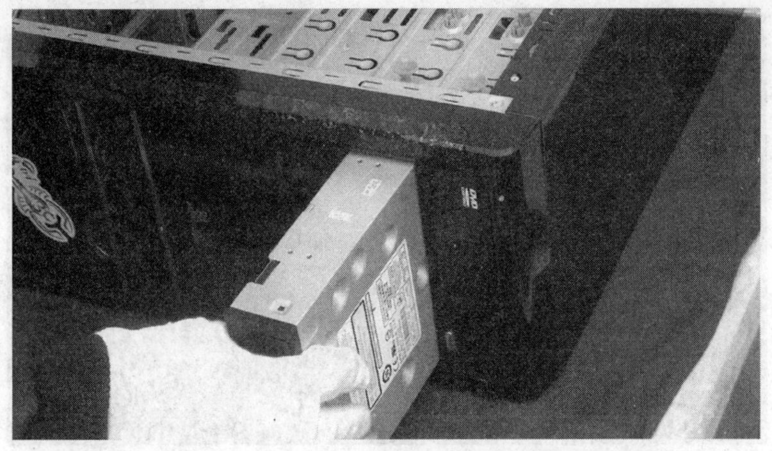

图2-35　将光驱安装到机箱内

(3) 固定光驱，注意操作时前后的塑料扣具都要扣稳，如图 2-36 所示。

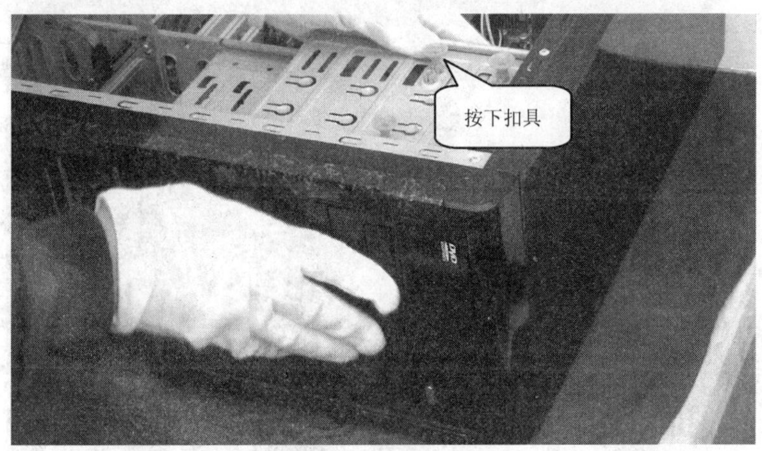


图2-36　固定光驱位置

(4) 连接光驱和主板间的数据线，一端接光驱的数据端口，连接光驱的数据线端口如图 2-37 所示。连接完成后的结果如图 2-38 所示。

图2-37　连接光驱的数据线端口

图2-38 连接光驱完成

(5) 将数据线的另一端连接到主板上，连接到主板的数据线接口如图 2-39 所示。连接完成后的结果如图 2-40 所示。

图2-39 连接到主板上的光驱数据线端口

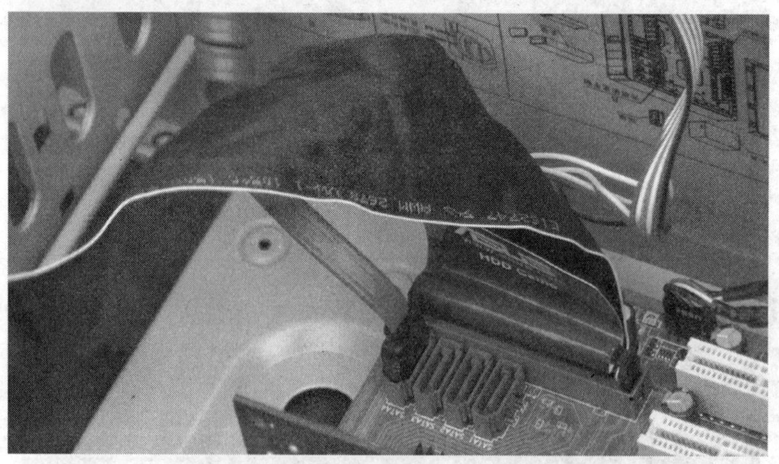
图2-40 连接主板完成

## （七） 安装显卡

**【实训准备】**

准备配件及材料：机箱、显卡以及螺钉。

**【操作步骤】**

(1) 将显卡安装到显卡插槽中，并将其接口与机箱后置挡板上的接口对齐，如图 2-41 所示。

图2-41　对齐显卡接口

(2) 稍稍用力将显卡插入至插槽中，如图 2-42 所示。

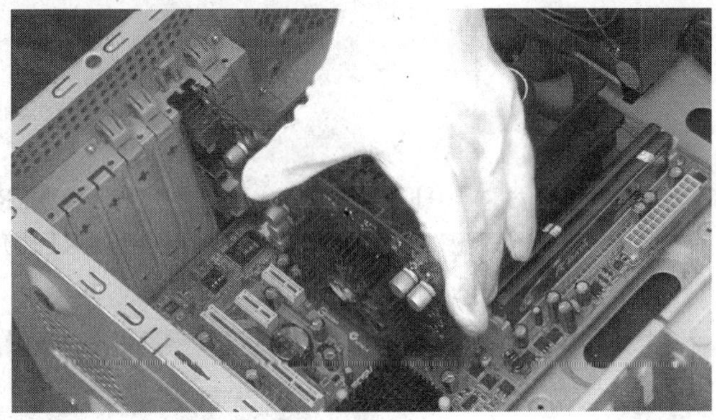

图2-42　插入显卡

(3) 扳动塑料扣具，将显卡进行初步固定，如图 2-43 所示。

图2-43　初步固定显卡

(4) 最后用螺钉对显卡进行固定，结果如图 2-44 所示。

图2-44 用螺钉固定显卡

## （八） 安插连接线

**【实训准备】**

理顺各连接线。

**【操作步骤】**

(1) 安装前置面板线。依次将硬盘灯（H.D.D LED）、电源灯（POWER LED）、复位开关（RESET SW）、电源开关（POWER SW）以及蜂鸣器（SPEAKER）前置面板连线插到主板相应接口中，它们各自的外观如图 2-45 所示，插入后的效果如图 2-46 所示。

图2-45 前置面板线

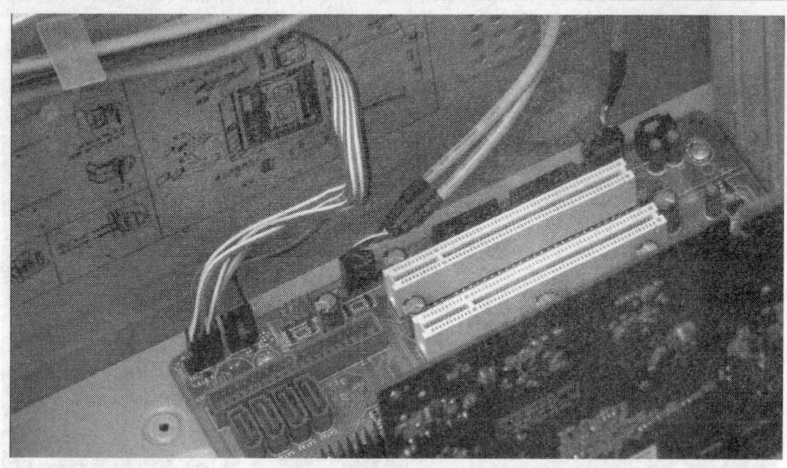

图2-46　连接前置面板线

说明：在连接前置面板线时，用户应对照主板说明书进行连线安插，以免出错。

(2)　主板电源线如图 2-47 所示，其安插完成后的结果如图 2-48 所示。

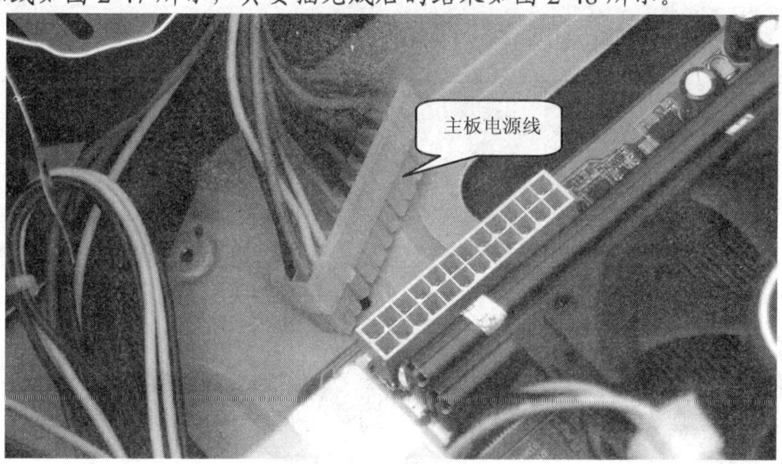


图2-47　主板电源线

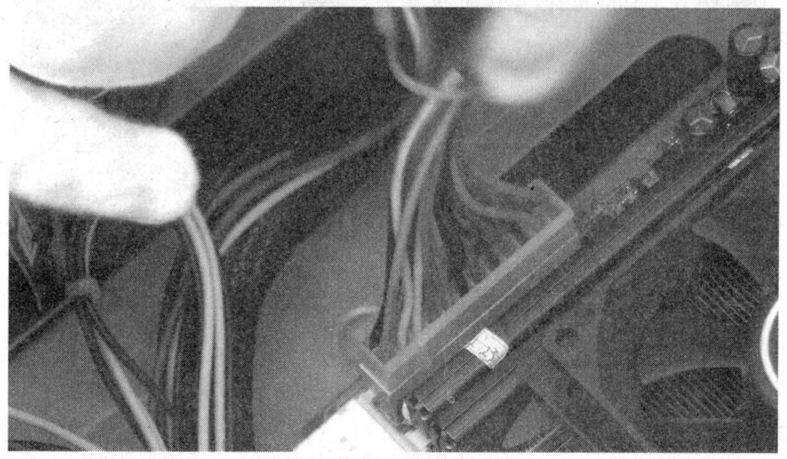

图2-48　主板电源线安插完成

(3) 安插CPU电源线，如图2-49所示。

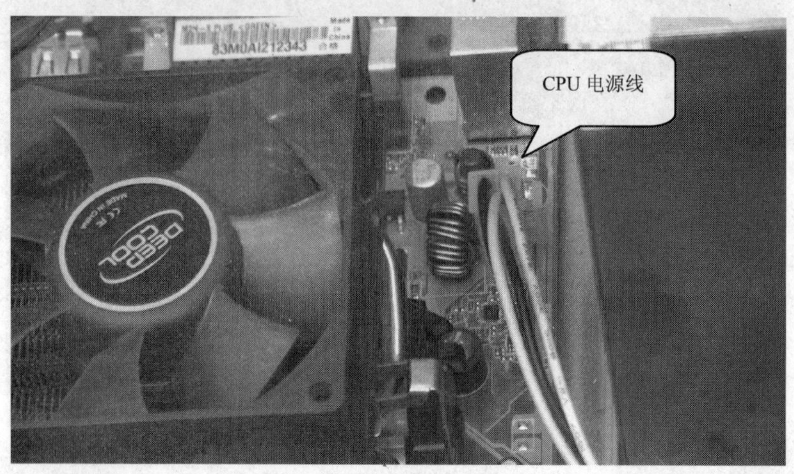


图2-49 安插CPU电源线

(4) 硬盘电源线的接口如图2-50所示。硬盘电源线安插完成后的结果如图2-51所示。

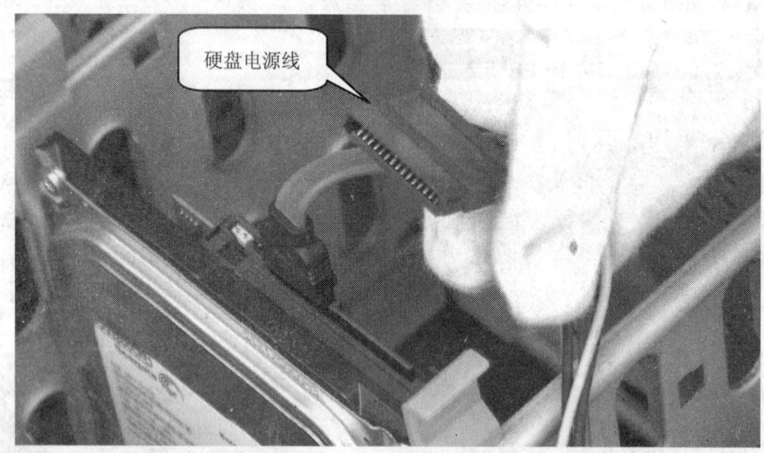


图2-50 硬盘电源线接口

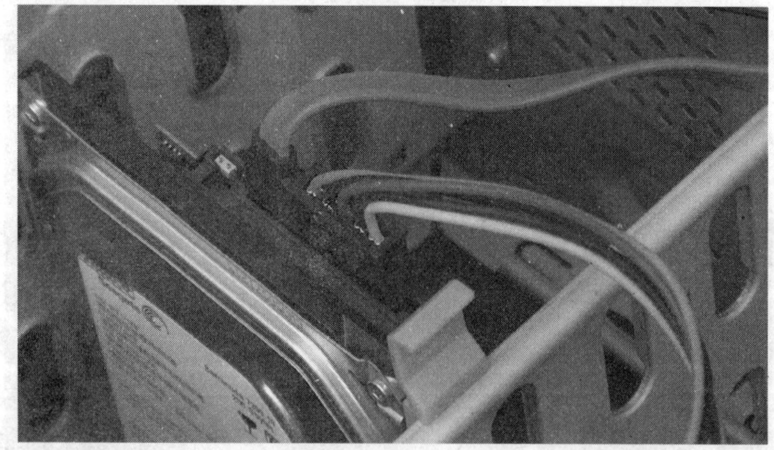

图2-51 硬盘电源线安插完成

(5) 光驱电源线的接口如图 2-52 所示。光驱电源线安插完成后的结果如图 2-53 所示。

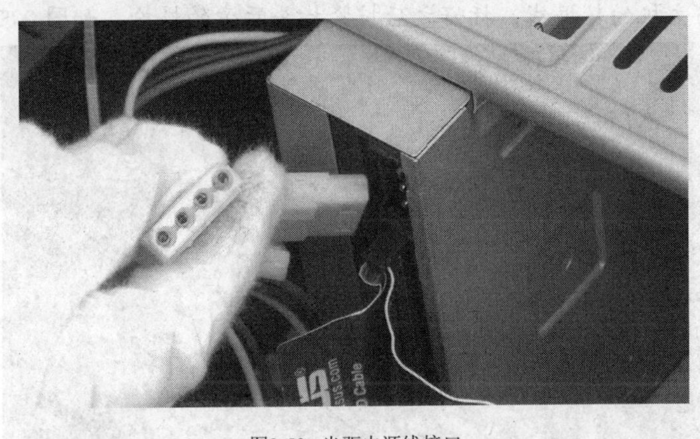

图2-52　光驱电源线接口

图2-53　光驱电源线安插完成

## （九） 连接外围设备

**【实训准备】**

准备好需要连接的外围设备：一个 PS/2 接口的键盘、一个 USB 接口的鼠标和一台液晶显示器，如图 2-54 所示。

图2-54　需要连接的外设

【操作步骤】

(1) 插接显示器与主机的数据线，插好之后拧紧插头两旁的螺栓，如图 2-55 所示。

图2-55 连接显示器与主机的数据线

(2) 插接键盘的 PS/2 接口到主机后置面板上的紫色 PS/2 接口上，如图 2-56 所示。

图2-56 插接键盘的 PS/2 接口

(3) 插接鼠标的 USB 接口到主机后置面板上的 USB 接口上，如图 2-57 所示。

图2-57 插接鼠标的 USB 接口

说明

目前很多鼠标和键盘使用的都是 USB 接口，只需将它们插入机箱后面的 USB 接口即可使用。如果是 PS/2 接口，则键盘对应的接口颜色是紫色，而鼠标对应的接口颜色是绿色。

### （十） 检查测试

**【实训准备】**

当计算机组装完成后，要针对如下几个方面进行认真检查。

(1) 检查 CPU 风扇、电源是否安装好。

(2) 检查在安装的过程中，是否有螺钉或者其他金属杂物遗落在主板上。这一点一定要仔细检查，否则很容易导致主板被烧毁。

(3) 检查内存条的安装是否到位。

(4) 检查所有的电源线、数据线和信号线是否已连接好。

**【操作步骤】**

(1) 对组装完成的计算机进行检查。

(2) 接通电源，启动计算机，观察电源灯是否正常点亮，如果能点亮，并听到“嘟”的一声，且显示器屏幕上显示自检信息，这表示计算机的硬件工作正常；如果不能点亮，就要根据报警的声音检查内存、显卡或其他设备的安装是否正确；如果完全没有反应，则需检查电源线是否接好，前置面板线是否插接正确。

(3) 如果测试均没有问题，则说明计算机的硬件安装完成，将计算机关机并关闭电源，盖上前后机箱盖并用螺钉固定，然后将机箱的 4 个塑料扣具固定。

说明：要使计算机最终运行起来，还需要安装操作系统和驱动程序，这些内容将在后面的项目中作详细介绍。

## 小结

本项目主要以一台计算机的组装过程为主线，详细介绍了计算机组装的主要步骤及各种计算机配件的安装方法，特别是 CPU、CPU 风扇、主板、硬盘、光驱等设备的安装方法。读者应该特别注意分清硬盘、光驱之间数据线和电源线不同之处，这是一个在实践中经常遇到也十分容易出错的地方。

## 习题

1. 选取几种不同品牌、不同芯片组的主板，比较不同主板支持的 CPU 类型、跳线和各种接口的不同之处。
2. 将一台计算机的各个配件全部拆开，然后重新组装复原。
3. 根据硬盘和光驱的跳线设置，将一台计算机组装成双硬盘、双光驱（最好一个是 CD-ROM，一个是 CD-RW）的计算机。

计算机用户在使用计算机的过程中，都会接触到BIOS（Basic Input Output System，基本输入输出系统），它是被固化到计算机主板上的 ROM 芯片中的一组程序，掉电后不会丢失数据。它为计算机提供最底层的、最直接的硬件设置和控制，在计算机系统中起着非常重要的作用。掌握BIOS的基本设置，有助于用户更好地维护系统的稳定性并提升系统性能。

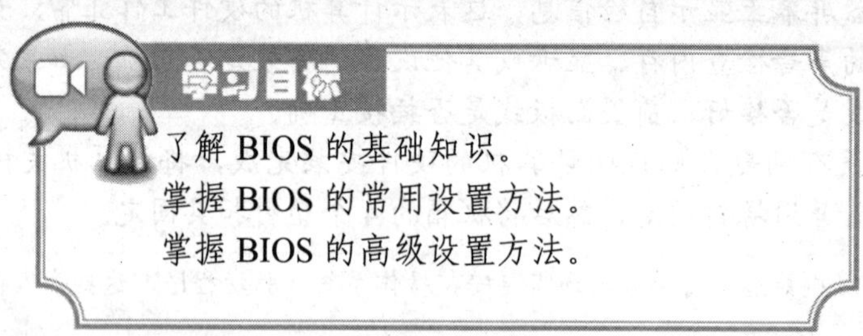


## 任务一 了解 BIOS 设置及进入方法

**【实训内容】**

了解 BIOS 的基本知识，掌握常见品牌的 BIOS 进入方法，以及进入 Phoenix-Award BIOS 的操作方法。

**【实训准备】**

在了解BIOS设置的进入方法之前，需要先了解BIOS的基本知识，进行必要的知识准备。

### 1. 认识 BIOS 的主要功能

若计算机系统没有 BIOS，那么所有的硬件设备都不能正常运行，BIOS 的管理功能在很大程度上决定了主板性能的优越性。BIOS 的管理功能主要包括以下 4 个方面。

(1) BIOS 系统设置程序。BIOS ROM 芯片中装有系统设置程序，主要用于设置 CMOS RAM 中的各项参数，并保存 CPU、软盘和硬盘驱动器等部件的基本信息，可在开机时按键盘上的某个键进入其设置状态。

(2) BIOS 中断服务程序。BIOS 中断服务程序实质上是计算机系统中软件与硬件之间的一个可编程接口，主要用于在程序软件功能与计算机硬件之间实现衔接。

(3) POST 上电自检。计算机接通电源后，系统首先由 POST 程序对计算机内部的各个设备进行检查，通常完整的 POST 自检包括对 CPU、基本内存、扩展内存、主板、BIOS ROM、CMOS RAM、并口、串口、显卡、软盘和硬盘子系统、键盘等进行测试。

(4) BIOS 系统自启程序。系统完成 POST 自检后，BIOS ROM 就首先按照系统 CMOS 设置中保存的启动顺序有效地启动设备，读入操作系统引导记录，然后将系统控制权交给引导记录，并由引导记录来完成系统的启动。

### 2. 认识 BIOS 的分类

目前市场上 BIOS 的种类比较多，其中主流 BIOS 类型主要有两种，即 Phoenix-Award BIOS 和 AMI BIOS。

(1) Phoenix-Award BIOS。Phoenix-Award BIOS 是由 Phoenix 公司推出的 BIOS 产品，是目前市场上占有率最高的产品，该 BIOS 功能较为齐全，可支持许多新的硬件。

(2) AMI BIOS。AMI BIOS 是由 AMI 公司出品的 BIOS 产品，在早期计算机中占有很大的比重，后来由于绿色节能计算机的普及，而 AMI 公司又错过了这一机会，迟迟没能推出新的 BIOS 程序，使其市场占有率逐渐变少，不过现在仍有部分计算机采用该 BIOS 产品。

### 3. 掌握 BIOS 与 CMOS 的关系

互补金属氧化物半导体（CMOS）是指主板上一块可读写的 RAM 芯片，用来保存当前系统的硬件配置和用户对某些参数的设定。系统加电引导时，要读取 CMOS 信息，用来初始化机器各个部件的状态，它靠系统电源或后备电池来供电，关闭电源信息不会丢失。

CMOS RAM 是系统参数存放的地方，而 BIOS 中系统设置程序是完成参数设置的手段。因此，准确的说法应该是通过 BIOS 设置程序对 CMOS 参数进行设置，而平常所说的 CMOS 设置和 BIOS 设置是其简化说法。本实训中所讲的 BIOS 设置，都是指通过 BIOS 设置程序对 CMOS 参数进行设置。

### 4. BIOS 中英对照表

BIOS 有很多的设置功能，设置之前可以参照如表 3-1 所示的中英文对照表对 BIOS 参数进行设置。

表 3-1　　BIOS 参数设置中英文对照表

| BIOS 参数 | 意义 |
|---|---|
| Time/System Time | 时间/系统时间 |
| Date/System Date | 日期/系统日期 |
| Level 2 Cache | 二级缓存 |
| System Memory | 系统内存 |
| Primary Hard Drive | 主硬盘 |
| BIOS Version | BIOS 版本 |
| Boot Order/Boot Sequence | 启动顺序（系统搜索操作系统文件的顺序） |
| Diskette Drive | 软盘驱动器 |
| Internal HDD | 内置硬盘驱动器 |
| Floppy Device | 软驱设备 |
| Hard-Disk Drive | 硬盘驱动器 |

续表

| BIOS 参数 | 意义 |
| --- | --- |
| USB Storage Device | USB 存储设备 |
| CD/DVD/CD-RW Drive | 光驱 |
| CD-ROM Device | 光驱 |
| Cardbus NIC | Cardbus 总线网卡 |
| Onboard NIC | 板载网卡 |
| Boot POST | 进行开机自检时（POST）硬件检查的水平：设置为“Minimal”（默认设置），则开机自检仅在 BIOS 升级，内存模块更改或前一次开机自检未完成的情况下才进行检查。设置为“Thorough”，则开机自检时执行全套硬件检查 |
| Config Warnings | 警告设置：该选项用来设置在系统使用较低电压的电源适配器或其他不支持的配置时是否报警，设置为“Disabled”，则禁用报警，设置为“Enabled”，则启用报警 |
| Serial Port | 串口：该选项可以通过重新分配端口地址或禁用端口来避免设备资源冲突 |
| Infrared Data Port | 红外数据端口：使用该设置可以通过重新分配端口地址或禁用端口来避免设备资源冲突 |
| Num Lock | 数码锁定：设置在系统启动时数码灯（NumLock LED）是否点亮。设为“Disable”则数码灯保持灭，设为“Enable”则在系统启动时点亮数码灯。<br>键盘数码锁（Keyboard NumLock）：该选项用来设置在系统启动时是否提示键盘相关的错误信息 |
| Enable Keypad | 启用小键盘：当其值设置为“By NunLock”时，在 NumLock 灯亮时数字小键盘为启用状态；当其值设置为“Only By Key”时，数字小键盘为禁用状态 |
| Primary Password | 主密码 |
| Admin Password | 管理密码 |
| Hard-disk Drive Password(s) | 硬盘驱动器密码 |
| Password Status | 密码状态：该选项用来在 Setup 密码启用时锁定系统密码。可以将该选项设置为“Locked”并启用 Setup 密码以防止系统密码被更改。该选项还可以用来防止在系统启动时密码被用户禁用 |
| System Password | 系统密码 |
| Setup Password | Setup 密码 |
| Drive Configuration | 驱动器设置 |
| Diskette Drive A | 磁盘驱动器 A:如果系统中装有软驱，使用该选项可启用或禁用软盘驱动器 |
| Primary Master Drive | 第一主驱动器 |
| Primary Slave Drive | 第一从驱动器 |
| Secondary Master Drive | 第二主驱动器 |
| Secondary Slave Drive | 第二从驱动器 |

续 表

| BIOS 参数 | 意义 |
| --- | --- |
| Hard-Disk Drive Sequence | 硬盘驱动器顺序 |
| System BIOS Boot Devices | 系统 BIOS 启动顺序 |
| USB Device | USB 设备 |
| Memory Information | 内存信息 |
| Installed System Memory | 系统内存：显示系统中所装内存的大小及型号 |
| System Memory Speed | 内存速率：显示所装内存的速率 |
| CPU Information | CPU 信息 |
| CPU Speed | CPU 速率：显示启动后中央处理器的运行速率 |
| Bus Speed | 总线速率：显示处理器总线速率 |
| Processor 0 ID | 处理器 ID：显示处理器所属种类及模型号 |
| Cache Size | 缓存值：显示处理器的二级缓存值 |
| Integrated Devices (LegacySelect Options) | 集成设备 |
| USB Controller | USB 控制器：使用该选项可启用或禁用板载 USB 控制器 |
| Serial Port 1 | 串口 1：使用该选项可控制内置串口的操作。设置为“AUTO”时，如果通过串口扩展卡在同一个端口地址上使用了两个设备，内置串口自动重新分配可用端口地址。串口先使用 COM1，再使用 COM2，如果两个地址都已经分配给某个端口，该端口将被禁用 |
| Parallel Port | 并口：该域中可配置内置并口 |

### 5. 常见品牌的 BIOS 进入方法

BIOS 设置程序是储存在 BIOS 芯片中的，只有在开机时才可以进行设置，而根据 BIOS 的不同，其进入的方法也有所不同。一些常见品牌的 BIOS 进入方法如表 3-2 所示。

表 3-2　　常见品牌的 BIOS 进入方法

| 品牌 | 进入方法 | 品牌 | 进入方法 |
| --- | --- | --- | --- |
| Phoenix-Award BIOS | 按 Del 键 | DELL BIOS | 按 Ctrl+Alt+Enter 组合键 |
| AMI BIOS | 按 Del 键 | Phoenix BIOS | 按 F2 键 |
| MR BIOS | 按 Esc 键 | IBM 品牌机 | 按 F1 键 |
| Compaq BIOS | 按 F10 键 | —— | |

**【操作步骤】**

(1) 打开显示器的电源开关。

(2) 打开主机电源开关，启动计算机。

(3) BIOS 开始进行 POST 自检，出现如图 3-1 所示的画面。从中可以看出 BIOS（Phoenix-Award）、CPU（AMD Athlon64 X2）、IDE 接口、SATA 接口等信息。

```
Phoenix - Award WorkstationBIOS v6.00PG, An Energy Star Ally
Copyright (C) 1984-2007, Phoenix Technologies, LTD                ONDA
                                                                  昂达主板
ONDA NF570S Rev:1.11

Main Processor  : AMD Athlon(tm) 64 X2 Dual Core Processor 4800+ (200x12.5)
Memory Testing  :  2096064K OK                                   , 2 CPUs
CPU0 Memory information: DDR2 800  Dual Channel, 128-bit ,2T

NVMM  : 4.073.3709/04/07
IDE Channel 0 Master  : None
IDE Channel 0 Slave   : None

SATA Port 1          : ST3160815AS 3.AAD
SATA Port 3          : None
SATA Port 2          : None
SATA Port 4          : None

Press DEL to enter SETUP, ESC to Enter Boot Menu
11/26/2007-MCP65-6A61L0D1C-DA-C650D04F
```

图3-1 启动自检画面

(4) 不停地按 Del 键。

(5) 进入 CMOS 设置主菜单，如图 3-2 所示，中英文对照如表 3-3 所示。

```
Phoenix - Award WorkstationBIOS CMOS Setup Utility

► Standard CMOS Features        ► Frequency/Voltage Control
► Advanced BIOS Features          Load Fail-Safe Defaults
► Advanced Chipset Features       Load Optimized Defaults
► Integrated Peripherals          Set Supervisor Password
► Power Management Setup          Set User Password
► PnP/PCI Configurations          Save & Exit Setup
► PC Health Status                Exit Without Saving

Esc : Quit                       ↑ ↓ → ←   : Select Item
F10 : Save & Exit Setup

Time, Date, Hard Disk Type...
```

图3-2 CMOS 设置主菜单

表 3-3　　Phoenix-Award CMOS 设置主菜单中英文对照表

| CMOS 设置菜单 | 意义 | CMOS 设置菜单 | 意义 |
|---|---|---|---|
| Standard CMOS Features | 标准 CMOS 设置 | Frequency/Voltage Control | 外频/电压控制 |
| Advanced BIOS Features | 高级 BIOS 设置 | Load Fail-Safe Defaults | 加载默认设置 |
| Advanced Chipset Features | 高级芯片组设置 | Load Optimized Defaults | 加载最优默认设置 |
| Integrated Peripherals | 集成功能项 | Set Supervisor Password | 设置超级用户密码 |
| Power Management Setup | 电源管理设置 | Set User Password | 设置普通用户密码 |
| PnP/PCI Configurations | PnP/PCI 配置 | Save & Exit Setup | 保存并退出 |
| PC Health Status | 计算机健康状况 | Exit Without Saving | 退出不保存 |

# 任务二　掌握 BIOS 的常用设置方法

计算机用户平时常用到的设置主要是指禁止软驱显示设置、系统启动顺序设置、CPU 保护温度设置、BIOS 超级用户密码设置和恢复默认设置，下面将介绍具体的设置方法。

## （一）　设置禁止软驱显示

现在的计算机都不再使用软驱，但在【我的电脑】窗口中仍然会显示软盘图标，如图 3-3 所示。如果用户在打开盘符时不小心点到软盘图标，计算机会等待较长时间才能弹出没有安装软驱的提示，而期间计算机接近死机状态，为了不给用户带来不必要的麻烦，可以通过 BIOS 设置来禁止软驱的显示。

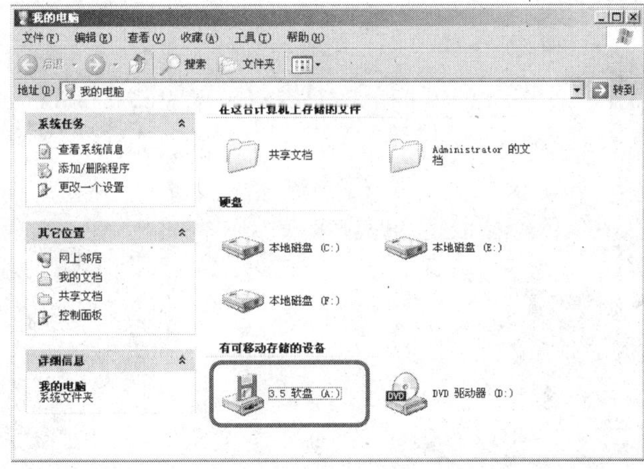


图3-3　软盘图标

【实训内容】

掌握通过 BIOS 设置来禁止软驱显示的操作方法。

【实训准备】

一台装有 Phoenix-Award BIOS 的计算机。

**【操作步骤】**

(1) 重启计算机，按Del键进入 CMOS 设置主菜单，用方向键移动光标到【Standard CMOS Features】选项，如图 3-4 所示。

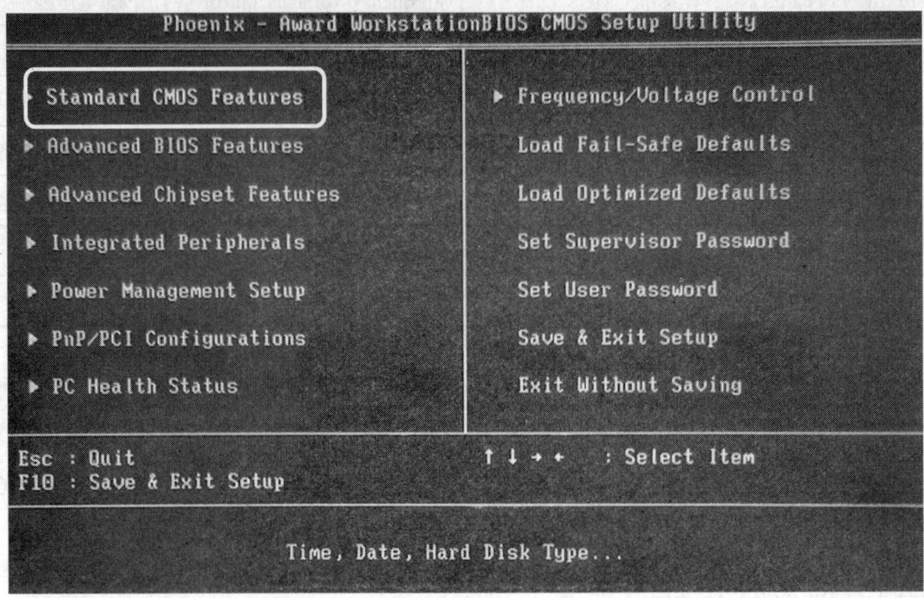


图3-4　CMOS 设置主菜单

(2) 按Enter键，进入标准 CMOS 设置界面，用方向键移动光标到【Drive A】选项，如图 3-5 所示。

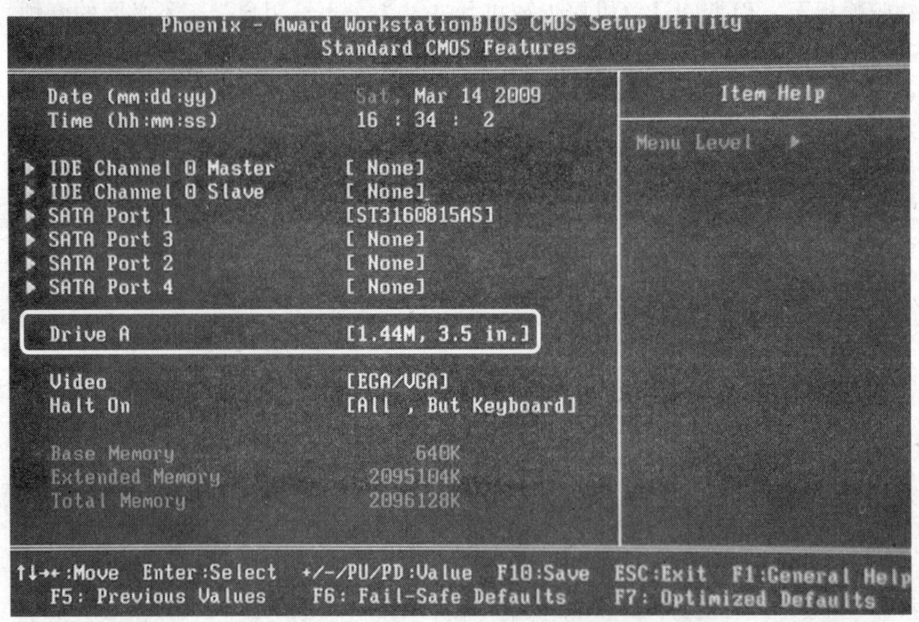


图3-5　选择【Drive A】选项

(3) 按Enter键，弹出【Drive A】对话框，用方向键选择【None】选项，如图 3-6 所示。

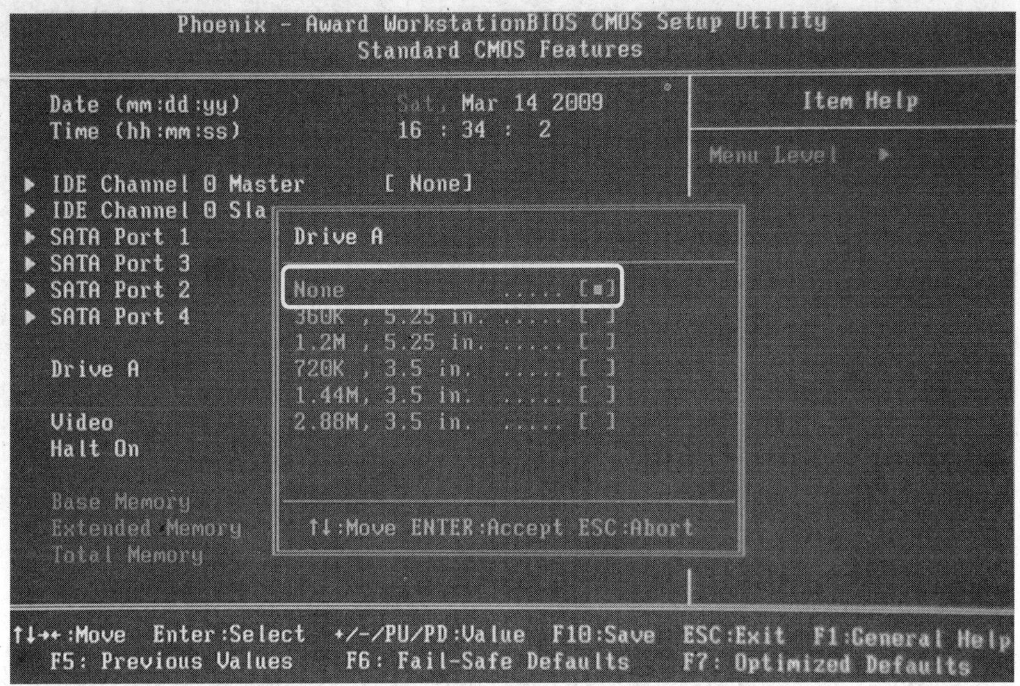


图3-6 选择【None】选项

(4) 按Enter键确认选择，效果如图 3-7 所示。

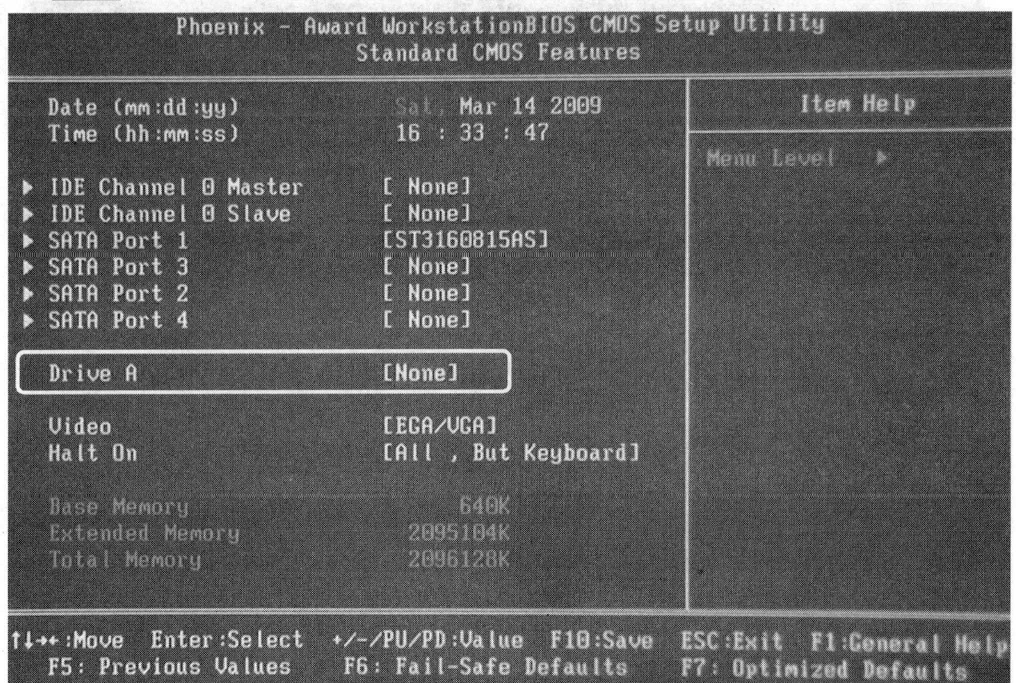


图3-7 设置后的效果

(5) 按Esc键，回到 CMOS 设置主菜单，用方向键移动光标到【Save & Exit Setup】选项，如图 3-8 所示。

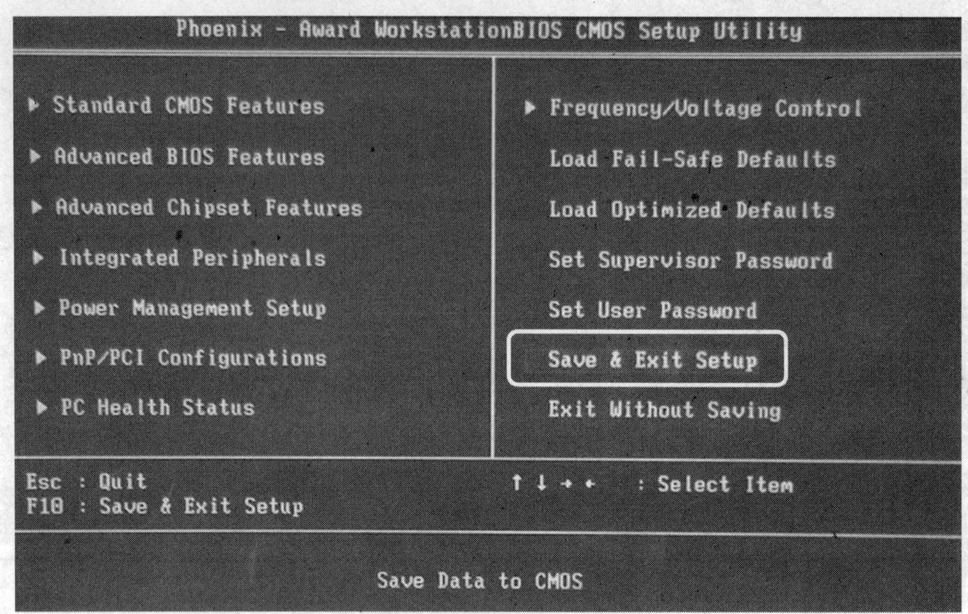


图3-8 选择【Save & Exit Setup】选项

(6) 按 Enter 键，弹出如图 3-9 所示的提示框，输入“Y”，按 Enter 键确认，从而保存设置并退出 BIOS 设置，再打开【我的电脑】窗口就看不见软盘图标了。

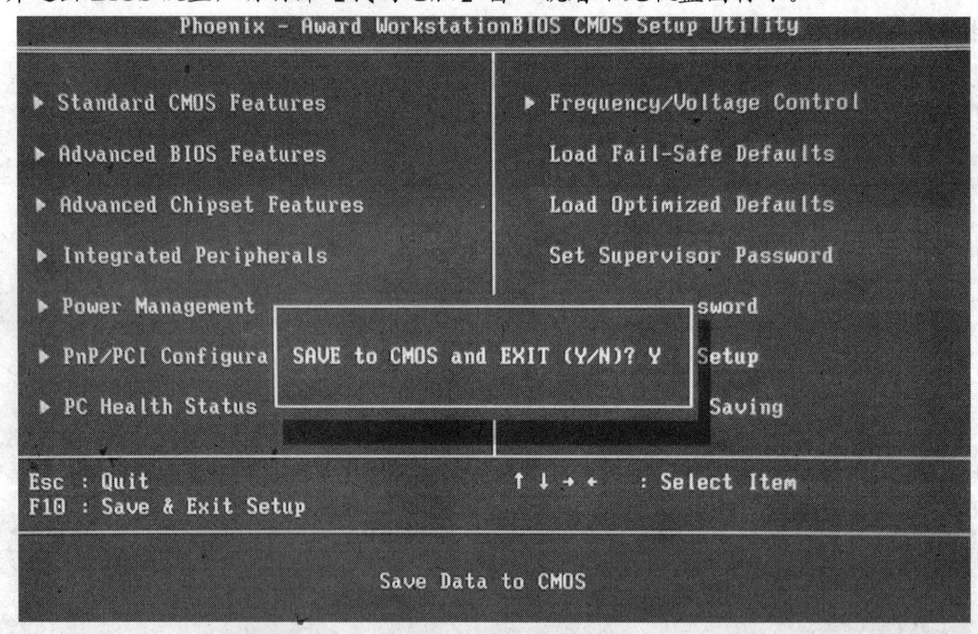


图3-9 保存设置

## （二） 设置系统从光驱启动

在计算机启动的时候，需要为计算机指定从哪个设备启动。常见的启动方式有从硬盘启动和光盘启动两种，在某些特殊的情况下需要指定软盘启动。在需要安装操作系统的时候，就要指定为从光盘启动。

**【实训内容】**

掌握通过 BIOS 设置将系统设置为光盘启动的操作方法。

**【实训准备】**

一台装有 Phoenix-Award BIOS 的计算机。

**【操作步骤】**

(1) 进入 CMOS 设置主菜单，用方向键移动光标到【Advanced BIOS Features】选项，如图 3-10 所示。

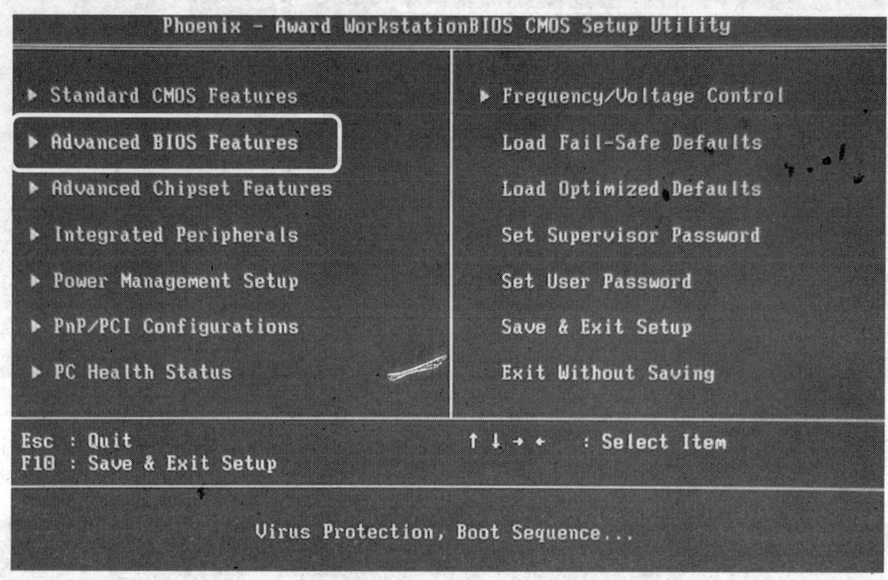


图3-10　选择【Advanced BIOS Features】选项

(2) 按 Enter 键，进入高级 BIOS 设置界面，如图 3-11 所示。

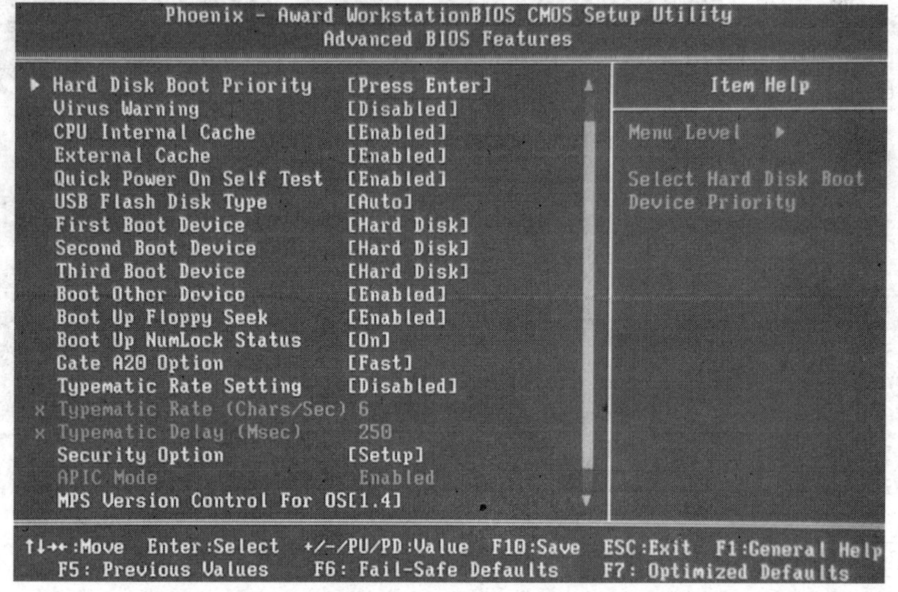


图3-11　高级 BIOS 设置界面

(3) 用方向键移动光标到【First Boot Device】（首选启动设备）选项，如图 3-12 所示。

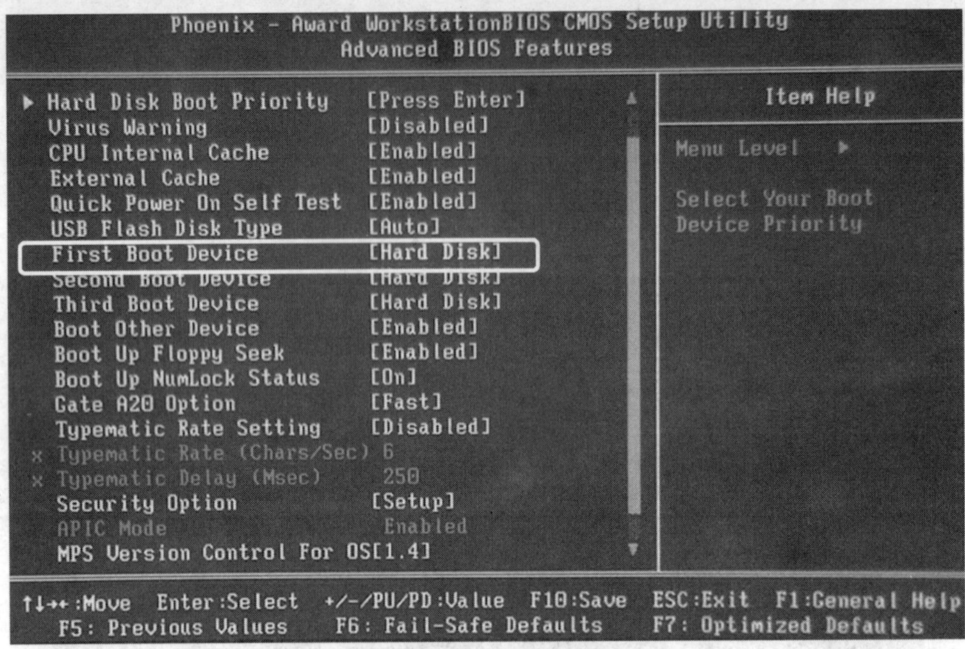

图3-12 选择【First Boot Device】选项

(4) 按Enter键，弹出【First Boot Device】对话框，用方向键选择【CDROM】选项，如图 3-13 所示。

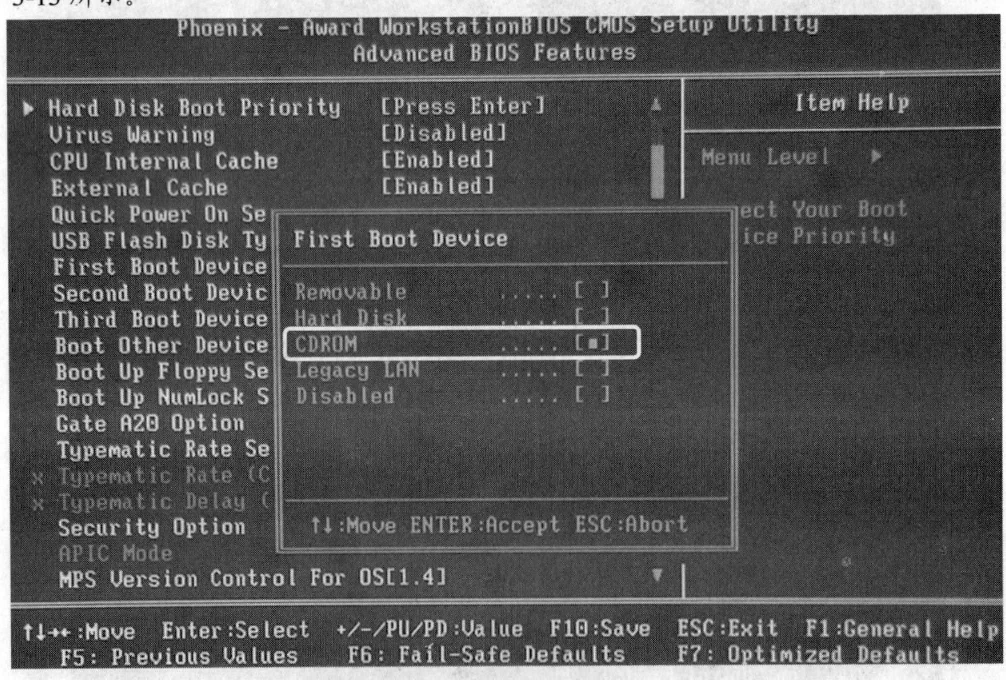

图3-13 选择【CDROM】选项

(5) 按Enter键确定选择，回到设置界面，效果如图 3-14 所示。

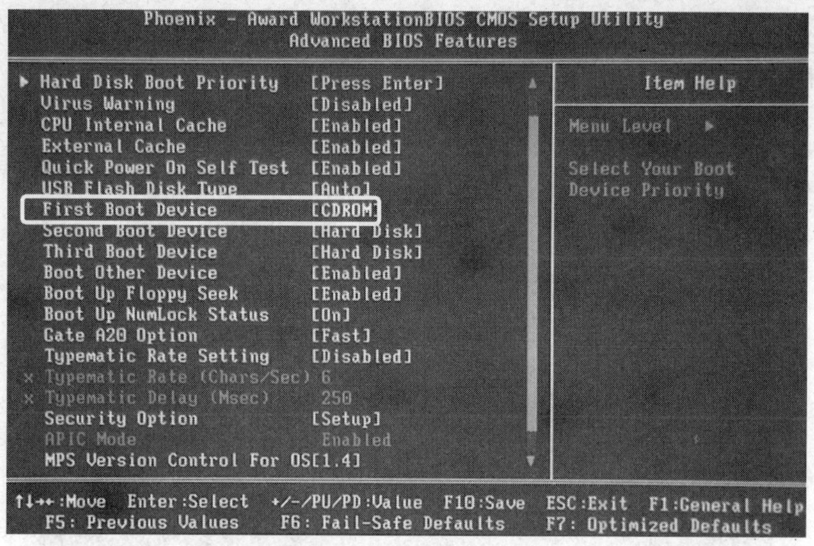


图3-14　设置为光驱启动

(6)　按F10键保存设置并退出。

## （三）　设置 CPU 保护温度

CPU 在运行过程中会产生热量，从而使 CPU 的温度升高，而温度过高会影响 CPU 的正常运作，甚至烧坏 CPU。为了防止 CPU 温度过高，可以通过 BIOS 设置一个 CPU 保护温度，当 CPU 达到或超过这个温度时，计算机就会自动关闭，从而保护 CPU 不至于被烧坏。

**【实训内容】**

掌握在 BIOS 中设置 CPU 保护温度的操作方法。

**【实训准备】**

一台装有 Phoenix-Award BIOS 的计算机。

**【操作步骤】**

(1)　进入 CMOS 设置主菜单，用方向键移动光标到【PC Health Status】选项，如图 3-15 所示。

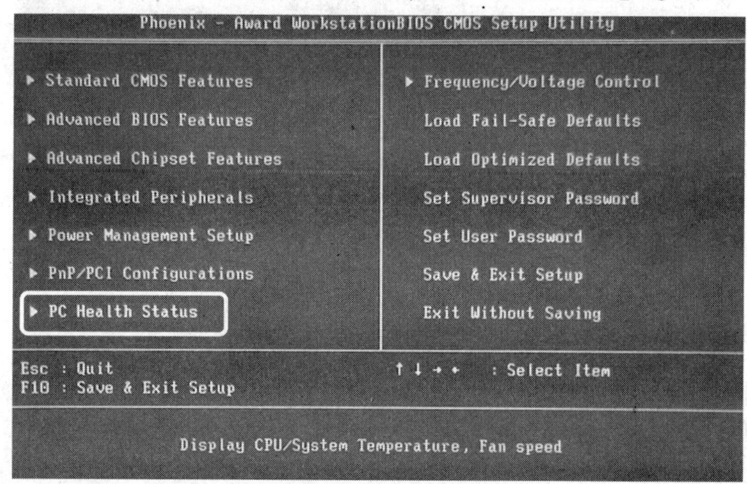


图3-15　选择【PC Health Status】选项

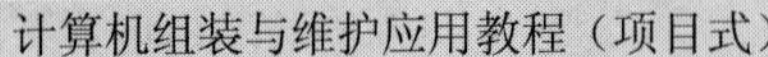



(2) 按 Enter 键，进入如图 3-16 所示的计算机健康状况设置界面，在该界面中可以查看系统温度和 CPU 温度。

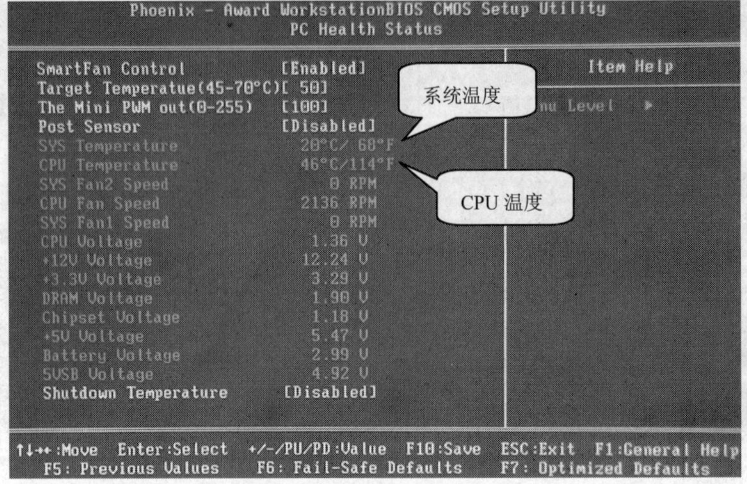


图3-16 计算机健康状况设置界面

(3) 用方向键移动光标到【Shutdown Temperature】选项，然后按 Enter 键，弹出【Shutdown Temperature】对话框，如图 3-17 所示。

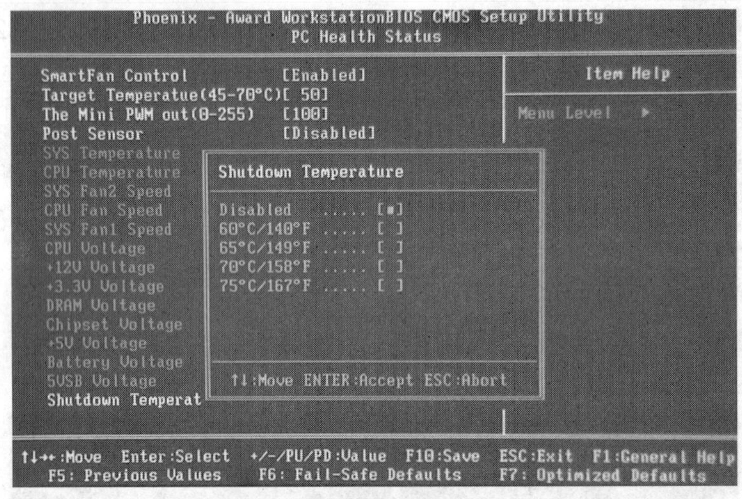


图3-17 温度选择

(4) 选择【75℃/167℉】选项，然后按 Enter 键确定。当 CPU 温度达到或超过 75℃时，计算机就会自动关闭。

(5) 按 F10 键保存设置并退出。

## （四） 设置 BIOS 密码

适当设置 BIOS 密码可以为计算机带来一定程度的保护。设置密码的目的，一是防止别人擅自更改 BIOS 设置；二是防止别人进入自己的计算机。针对这两种情况，可以分别设置进入 BIOS 的密码和开机密码。

**【实训内容】**

了解 BIOS 中的两种密码设置的区别，掌握设置 BIOS 密码的操作方法。

**【实训准备】**

BIOS 中有两种密码设置，它们的功能和区别如下所述。

- 普通用户密码。输入用户密码后能进入系统并查看 BIOS，但不能修改 BIOS 设置。
- 超级用户密码。输入超级用户密码后能进入系统，还能修改 BIOS 设置。

**【操作步骤】**

(1) 设置超级用户密码。

① 进入 CMOS 设置主菜单，使用方向键移动光标到【Set Supervisor Password】选项，如图 3-18 所示。

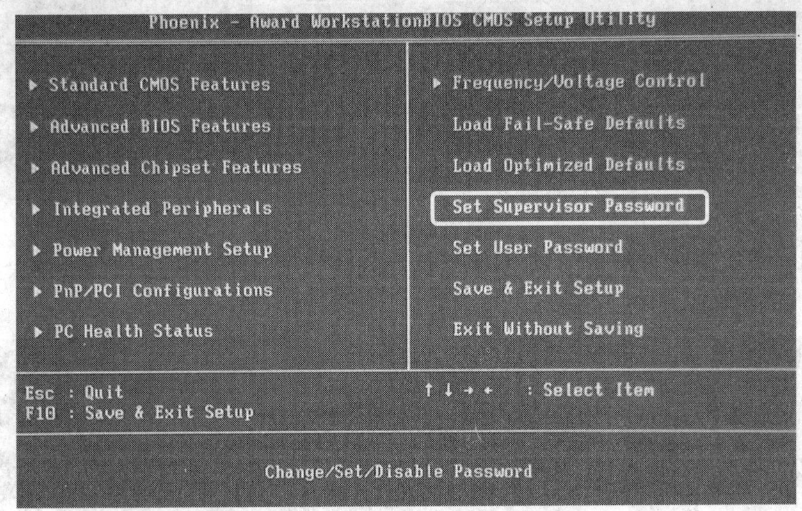


图3-18　选择【Set Supervisor Password】选项

② 按 Enter 键，在弹出的对话框中输入密码，如图 3-19 所示。输入的密码可以使用除空格键以外的任意 ASCII 字符，密码最长为 8 个字符，并且要区分大小写。

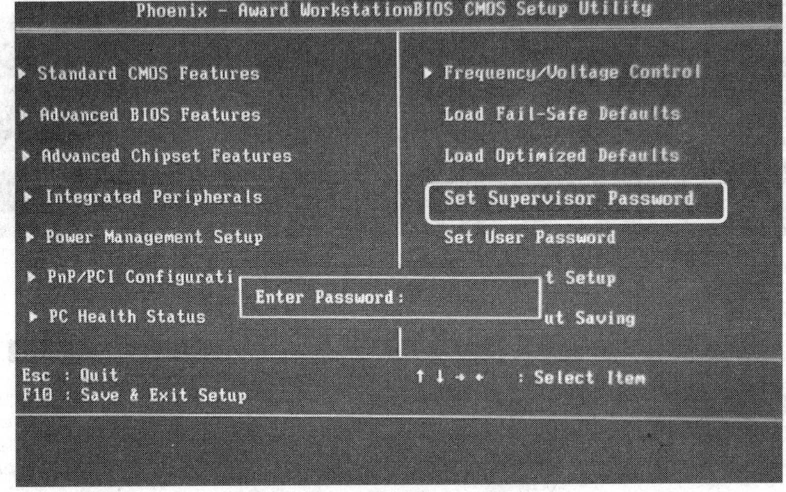


图3-19　设置超级用户密码

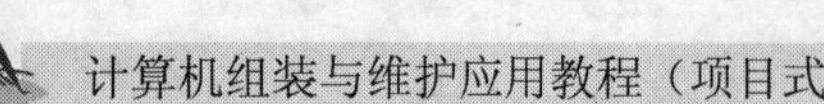



③ 按Enter键，弹出确认密码对话框，再次输入密码，如图 3-20 所示。

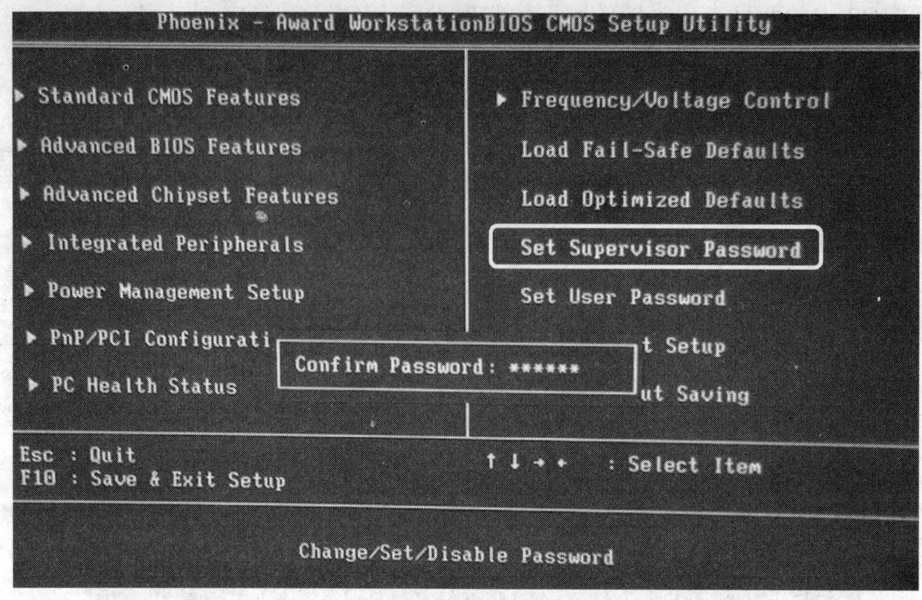


图3-20 确认密码

④ 按Enter键确认。然后按F10键保存退出，这样在进入 BIOS 的过程中就会提示用户输入密码，如图 3-21 所示。

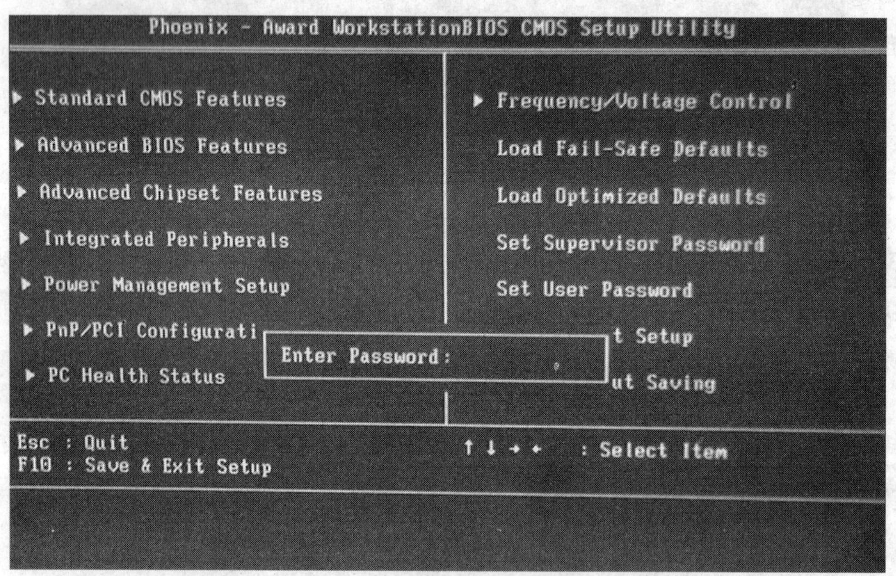


图3-21 进入 BIOS 要输入密码

(2) 设置开机密码。

① 进入 CMOS 设置主菜单，按方向键移动光标到【Advanced BIOS Features】选项，然后按Enter键，进入高级 BIOS 设置界面。

② 用方向键移动光标到【Security Option】选项，然后设置该项的值为“System”，如图 3-22 所示。这样，在开机的过程中就会提示用户输入开机密码，即上面步骤设置的密码，如图 3-23 所示。

```
Phoenix - Award WorkstationBIOS CMOS Setup Utility
Advanced BIOS Features

▶ Hard Disk Boot Priority      [Press Enter]    Item Help
  Virus Warning                [Disabled]
  CPU Internal Cache           [Enabled]        Menu Level  ▶
  External Cache               [Enabled]
  Quick Power On Self Test     [Enabled]        Select whether the
  USB Flash Disk Type          [Auto]           password is required
  First Boot Device            [CDROM]          every time the system
  Second Boot Device           [Hard Disk]      boots or only when you
  Third Boot Device            [Hard Disk]      enter setup
  Boot Other Device            [Enabled]
  Boot Up Floppy Seek          [Disabled]
  Boot Up NumLock Status       [On]
  Gate A20 Option              [Fast]
  Typematic Rate Setting       [Disabled]
x Typematic Rate (Chars/Sec)   6
x Typematic Delay (Msec)       250
  Security Option              [System]
  APIC Mode                    Enabled
  MPS Version Control For OS[1.4]

↑↓→←:Move  Enter:Select  +/-/PU/PD:Value  F10:Save  ESC:Exit  F1:General Help
  F5: Previous Values   F6: Fail-Safe Defaults   F7: Optimized Defaults
```

图3-22 设置【Security Option】选项的值

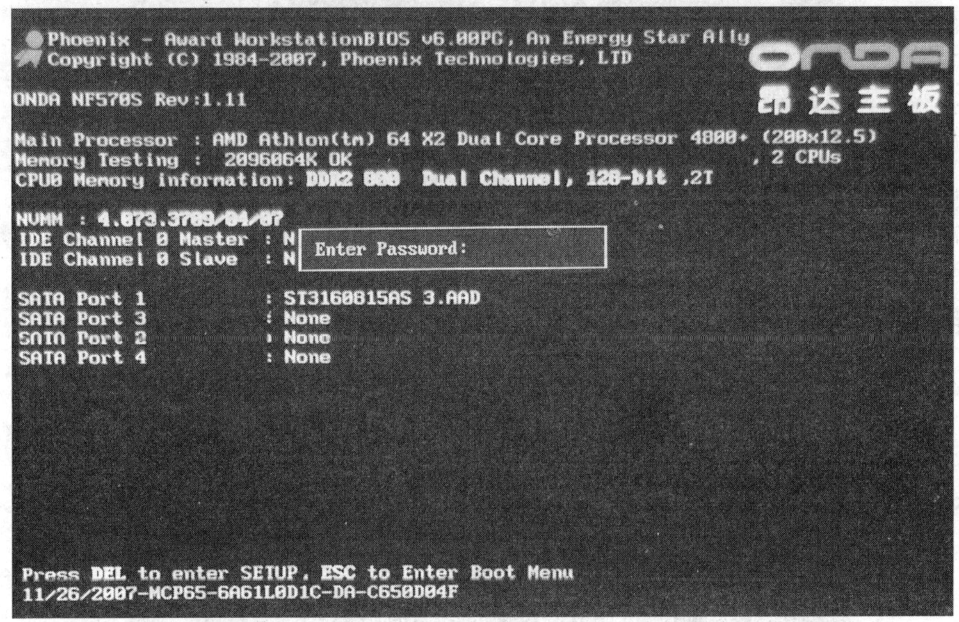


图3-23 开机输入密码

③ 按F10键保存设置并退出。

说明

输入密码进入 BIOS 后，选择【Set Supervisor Password】选项后按Enter键，弹出【Enter Password】提示框，如果需要修改密码，就输入新的密码，然后按Enter键，会弹出【Confirm Password】提示框，要求再输入一次新密码。如果想要取消密码，就直接按Enter键，系统会显示【Invalid Password Press Any Key to Continue】提示框。

## （五） 恢复最优默认设置

当 BIOS 设置不正确，从而导致计算机无法正常工作时，可以将 BIOS 恢复到默认设置。BIOS 恢复默认设置分为恢复最原始的默认设置和恢复最优化的默认设置。

**【实训内容】**

掌握将 BIOS 恢复为最优默认设置的操作方法。

**【实训准备】**

一台装有 Phoenix-Award BIOS 的计算机。

**【操作步骤】**

(1) 进入 CMOS 设置主菜单，用方向键移动光标到【Load Optimized Defaults】选项，如图 3-24 所示。

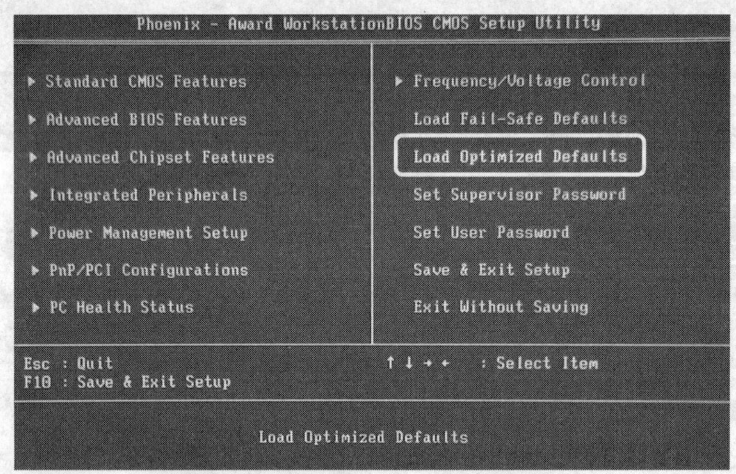


图3-24 选择【Load Optimized Defaults】选项

(2) 按 Enter 键，弹出如图 3-25 所示的提示框。

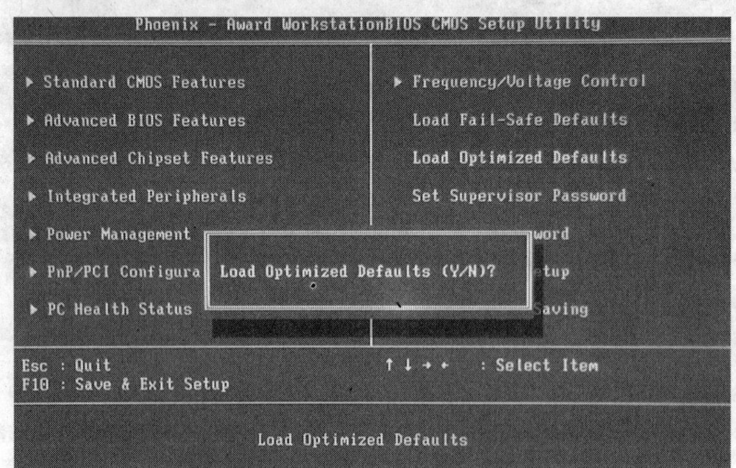


图3-25 恢复 BIOS 默认设置

(3) 在键盘上按 Y 键，然后按 Enter 键确定。

(4) 按F10键保存设置并退出。

## 任务三 掌握 BIOS 的高级设置方法

BIOS 为计算机提供最底层的、最直接的硬件设置和控制，通过 BIOS 设置还可以提高计算机相应硬件的性能，从而提高计算机的整体性能。下面将介绍常用的 BIOS 高级设置方法。

### （一） 设置键盘灵敏度

部分用户为了工作、娱乐或个人习惯需要较高的键盘灵敏度，如果在控制面板将其中的“重复延迟”（即按住一个键后，出现第 1 个字符到出现第 2 个字符间的时间）和“重复率”两项设置到最高还不能满足用户的要求，那么就需要通过 BIOS 设置进一步提高“重复延迟”。

**【实训内容】**

掌握通过 BIOS 设置提高键盘灵敏度的操作方法。

**【实训准备】**

一台装有 Phoenix-Award BIOS 的计算机。

**【操作步骤】**

(1) 进入 CMOS 设置主菜单，用方向键移动光标到【Advanced BIOS Features】选项，如图 3-26 所示。

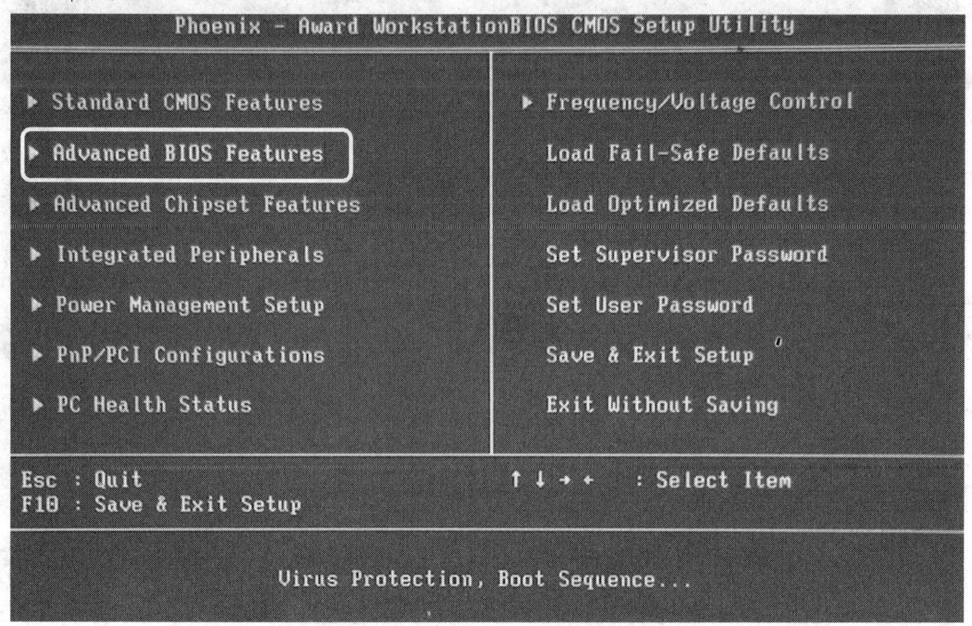


图3-26 选择【Advanced BIOS Features】选项

(2) 按Enter键，进入高级 BIOS 设置界面，用方向键移动光标到【Typematic Rate Setting】（击键速率设置）选项，设置其值为“Enabled”，如图 3-27 所示。

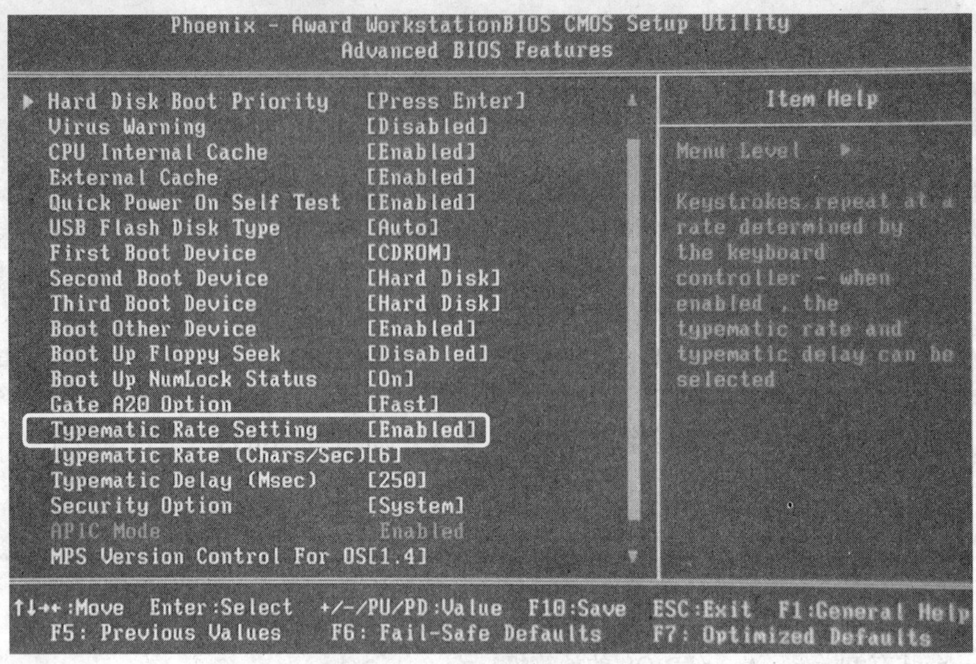


图3-27 将击键速率设置为“Enabled”

(3) 用方向键移动光标到【Typematic Rate （Chars/Sec）】（击键率设置）选项，设置其值为“30”， 如图 3-28 所示。

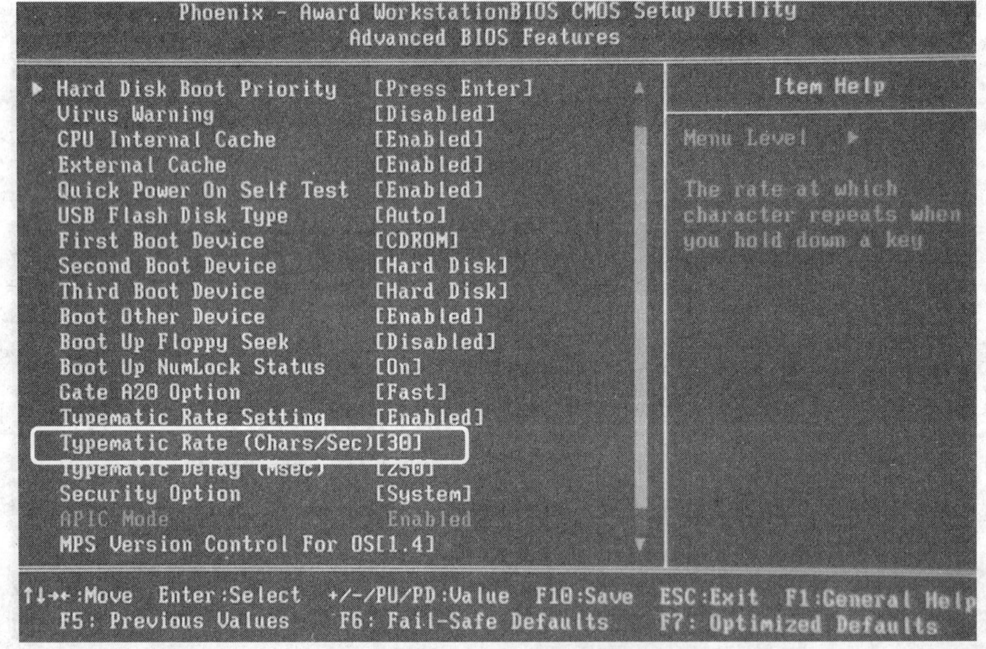


图3-28 将击键率设置的值设置为“30”

(4) 用方向键移动光标到【Typematic Delay （Msec）】（击键延时设置）选项，设置其值为“250”，如图 3-29 所示。

(5) 按F10键保存设置并退出。

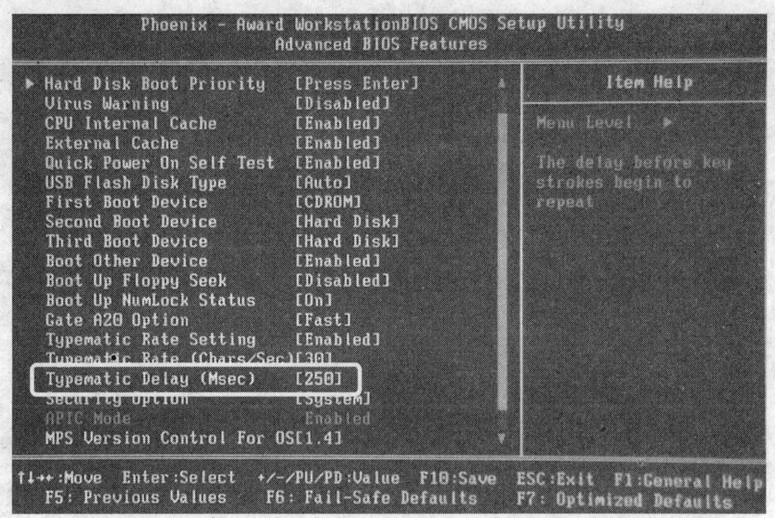


图3-29 将击键延时设置的值设置为“250”

## （二） 设置 CPU 超频

CPU 超频，是指人为地将 CPU 的工作频率提高，即提高 CPU 的主频，使它在高于其额定频率的状态下稳定工作。

**【实训内容】**

掌握通过 BIOS 设置来提高 CPU 的外频，从而达到超频目的的操作方法。

**【实训准备】**

CPU 的主频是外频和倍频的乘积。例如，一块 CPU 的外频为 100MHz，倍频为 8.5，可以计算得到它的主频＝外频×倍频＝100MHz×8.5 = 850MHz。所以要提高 CPU 的主频可以通过改变 CPU 的倍频或者外频来实现。

**【操作步骤】**

(1) 进入 CMOS 设置主菜单，用方向键移动光标到【Frequency/Voltage Control】选项，如图 3-30 所示。

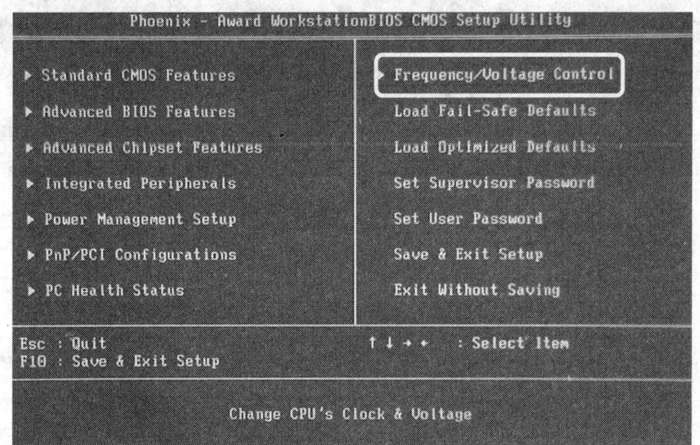


图3-30 选择【Frequency/Voltage Control】选项

(2) 按Enter键，进入系统频率和电压控制的设置界面，如图 3-31 所示。

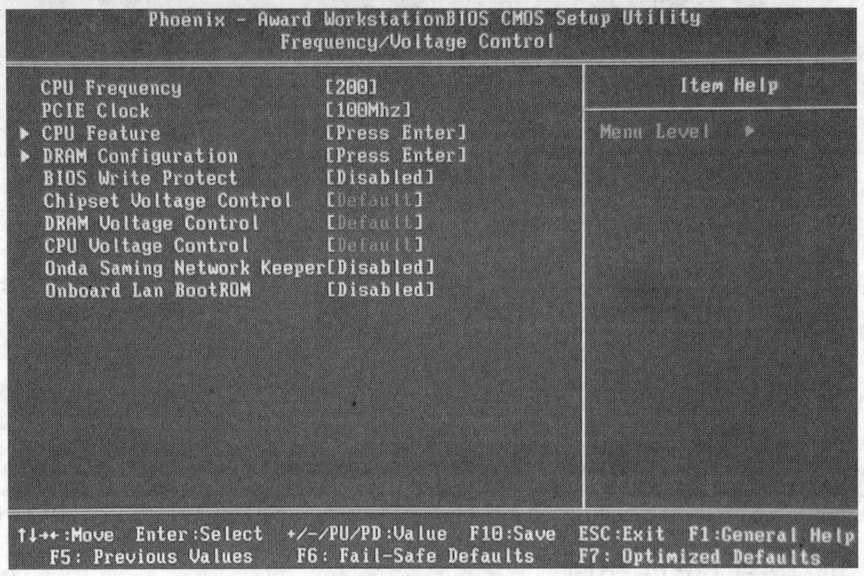


图3-31　系统频率和电压控制的设置界面

(3) 使用方向键移动光标到【CPU Frequency】选项，然后按Enter键，弹出 CPU 外频设置对话框，如图 3-32 所示。从中可知外频的最小值为 200MHz，最大值为 450MHz。

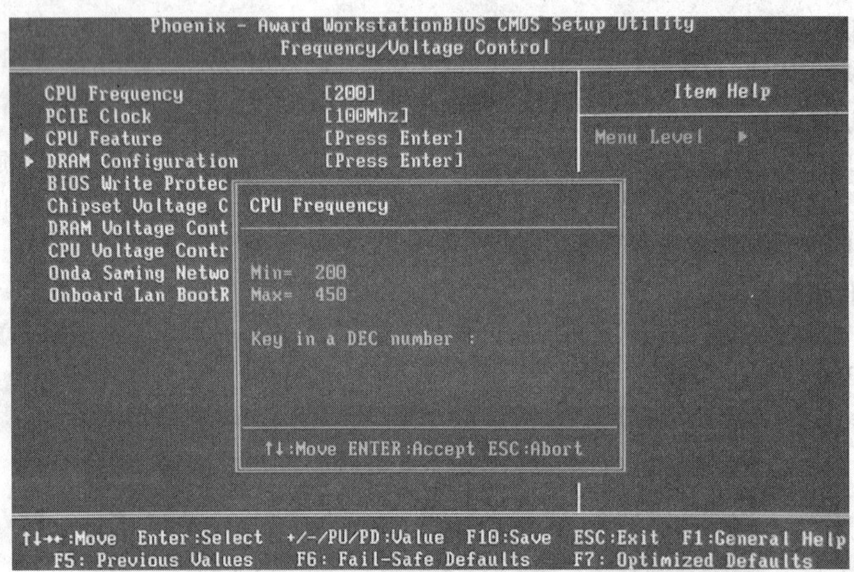


图3-32　CPU 外频设置对话框

(4) 在对话框中输入“220”，然后按Enter键确认。

(5) 按F10键保存设置并退出。

外频不是越大越好，它与计算机其他硬件的承受力有关，要根据计算机的整体性能设置。设置完成后，重新启动计算机试运行，如计算机运行不稳定，则应恢复到原来的设置。

## 小结

本项目介绍了计算机常用 BIOS 设置的操作方法，包括设置禁止软驱显示、设置系统从光盘启动、设置 CPU 保护温度、设置 BIOS 密码、恢复默认设置、设置键盘灵敏度、设置 CPU 超频等内容，通过对这些设置的学习，读者应对 BIOS 的常用功能有一个全面的认识。

## 习题

1. 进入一台计算机的 BIOS 设置界面。
2. 通过【Standard CMOS Features】选项中的【Halt On】（中断）选项，设置系统自检暂停参数为“All，But Keyboard”。
3. 设置系统引导顺序为从光盘启动。
4. 设置计算机的 CPU 保护温度。
5. 设置一个普通用户密码。

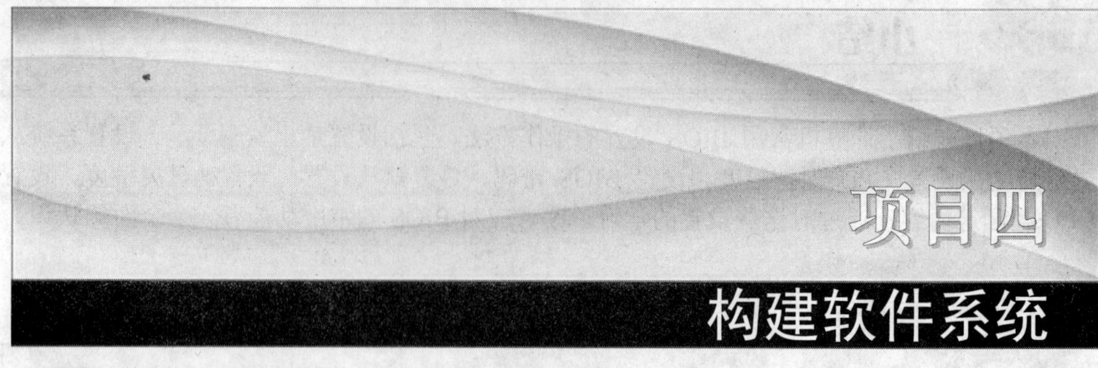


在完成计算机的组装以后，各种配件成功地组成一个完整的硬件系统，但是这时的计算机是一台“裸机”，还不能正常工作，必须配置一个软件环境才能运行。在计算机所有软件中，操作系统无疑是第一个需要安装的软件。本项目将从安装操作系统出发进行讲解，然后再对其他软件的安装进行介绍。

## 任务一 安装 Windows XP 操作系统

目前 Windows XP 操作系统是家用计算机中使用最广泛的系统，它具有系统稳定、操作简单、界面友好等优点，很适合普通用户的使用。在安装系统前需要准备一张 Windows XP 操作系统的安装光盘，下面将介绍安装系统的相关操作。

### （一） 分区和格式化硬盘

新硬盘在使用之前必须先进行分区，然后对各个分区进行格式化后才能存放数据，并进行正常的数据读写操作。

**【实训内容】**

掌握如何实现硬盘分区和格式化硬盘的方法。

**【实训准备】**

**1. 了解硬盘分区的基础知识**

硬盘的分区主要有主分区和扩展分区两部分。要在硬盘上安装操作系统，则该硬盘必须有一个主分区，主分区中包含操作系统启动所必需的文件和数据；扩展分区是除主分区以外的分区，但它不能直接使用，必须再将它划分为若干个逻辑分区才能使用。逻辑分区也就是平常在操作系统中所看到的 D、E、F 等盘。这 3 种分区之间的关系示意图如图 4-1 所示。

### 2. 了解分区格式的种类

分区格式是指文件命名、存储和组织的总体结构，通常又被叫为文件系统格式或磁盘格式。Windows 操作系统支持的分区格式主要有 FAT32 和 NTFS 两种。

- FAT32：这是目前使用最为广泛的分区格式，最大支持容量为 4GB 的文件，它采用 32 位的文件分配表，这样就使得磁盘的空间管理能力大大增强。
- NTFS：这是 Microsoft 公司为 Windows NT 操作系统设计的一种全新的分区格式，它的优点是安全性和稳定性极其出色，在使用中不易产生文件碎片，并且 NTFS 格式对所支持文件的容量不限。所以建议将系统分区设置为 NTFS 格式。

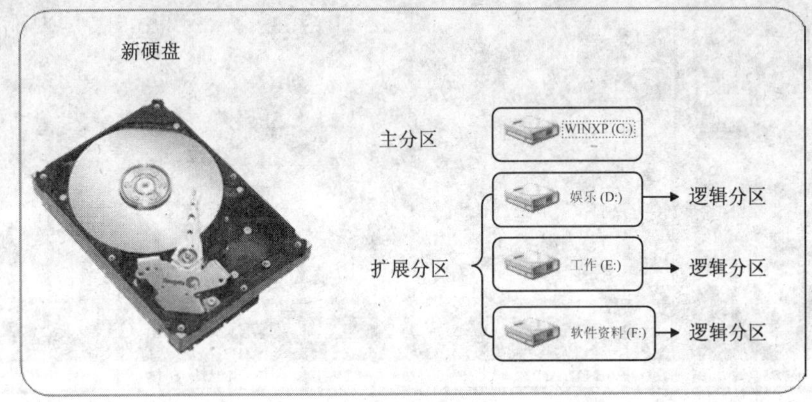


图4-1　3 种分区之间的关系

**【操作步骤】**

(1)　启动计算机进入 BIOS，将第一启动引导方式设置为从光盘启动，如图 4-2 所示。

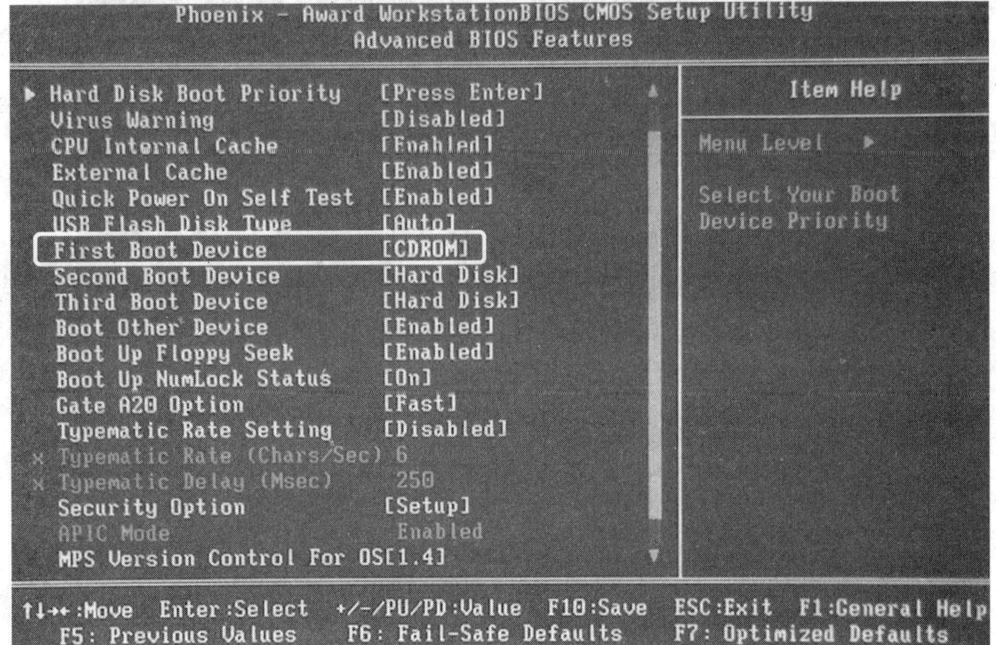


图4-2　设置为从光盘启动

(2) 将 Windows XP 操作系统安装光盘放入光驱，保存 BIOS 设置并重启计算机，计算机将自动从光盘启动，进入系统安装状态，如图 4-3 所示。

图4-3 光盘启动界面

(3) 启动完成后进入 Windows XP 操作安装程序选择界面，如图 4-4 所示，因为在硬盘分区和格式化操作后应进行 Windows XP 操作系统的安装，所以这里按 Enter 键。

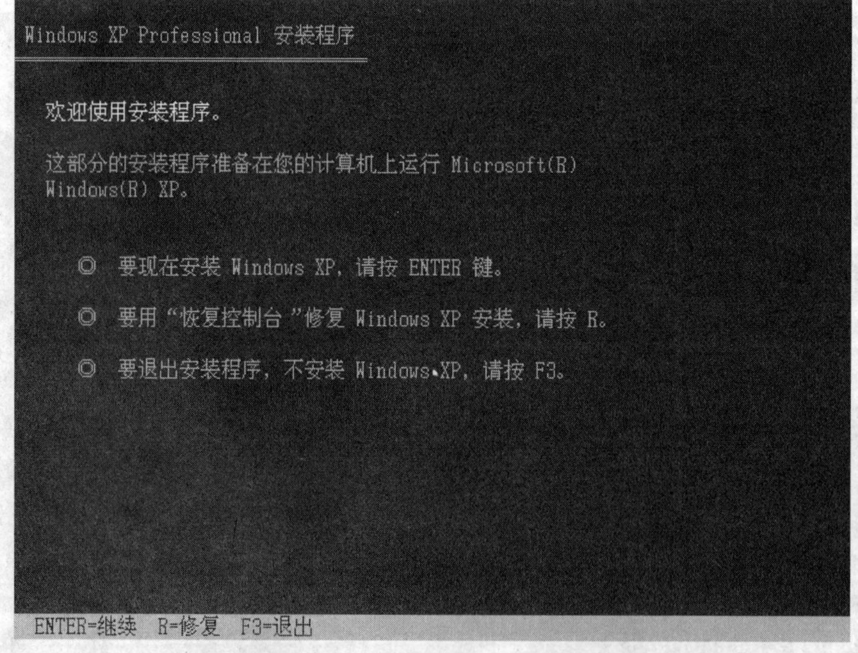


图4-4 Windows XP 操作系统安装程序选择界面

(4) 进入如图 4-5 所示的许可协议界面，按 F8 键表示继续安装，按 Esc 键表示退出安装程

序。如果在安装之前要查看协议，按 Page Down 键翻页，这里按 F8 键表示同意许可协议，然后继续安装程序。

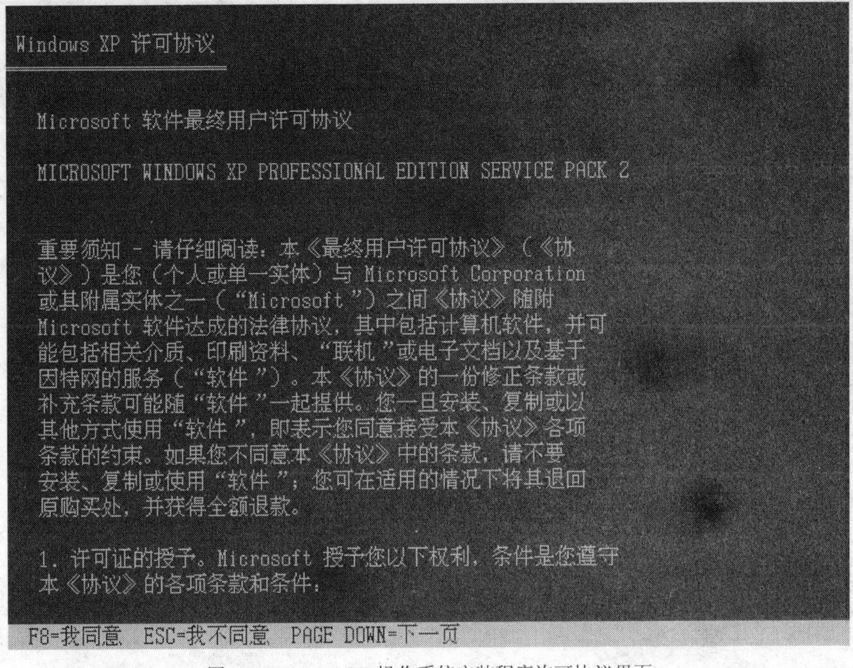


图4-5 Windows XP 操作系统安装程序许可协议界面

(5) 随即进入磁盘分区界面，如图 4-6 所示，由于是全新配置的计算机，所以这里就要对硬盘进行分区和分区格式化操作。

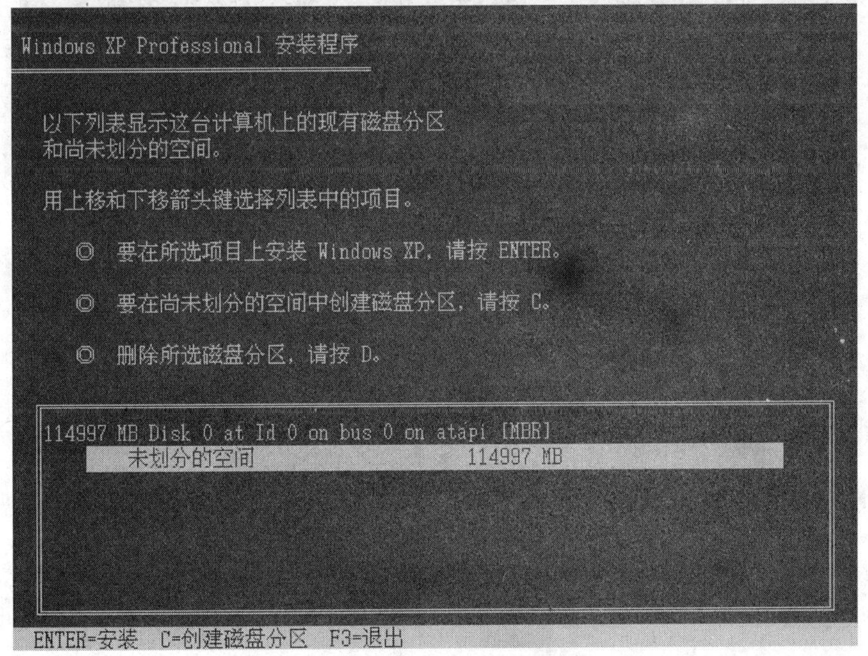


图4-6 磁盘分区界面（1）

(6) 使用方向键移动光标到【未划分的空间】，按键盘上的 C 键后，进入如图 4-7 所示的

创建分区界面。在【创建磁盘分区大小】文本框中输入所需的大小，如果不做修改，就是未划分空间的总大小。这里输入“10 000”，然后按 Enter 键。

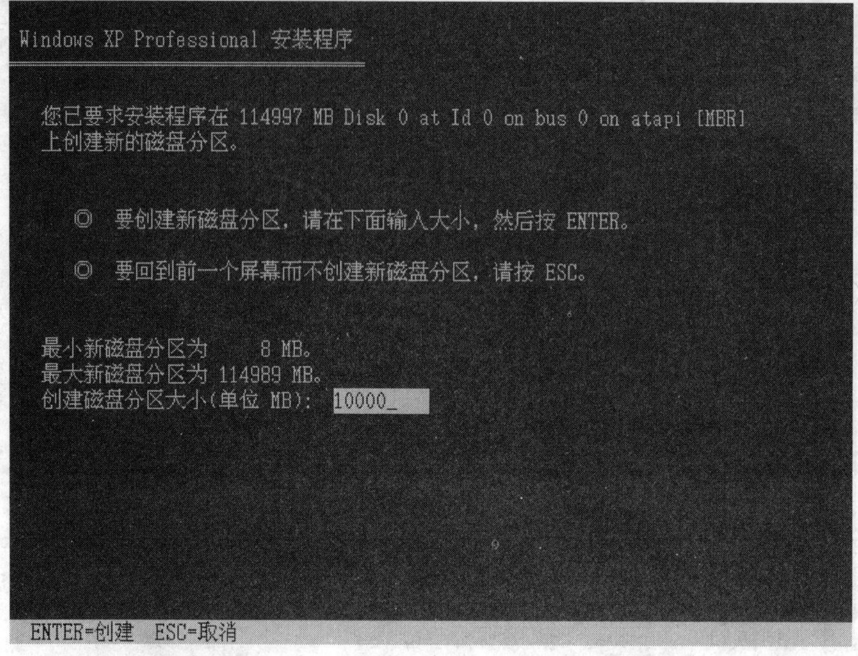


图4-7 创建分区界面

(7) 这时磁盘分区界面如图 4-8 所示，界面出现了刚刚划分出的 C 盘（分区 1）。

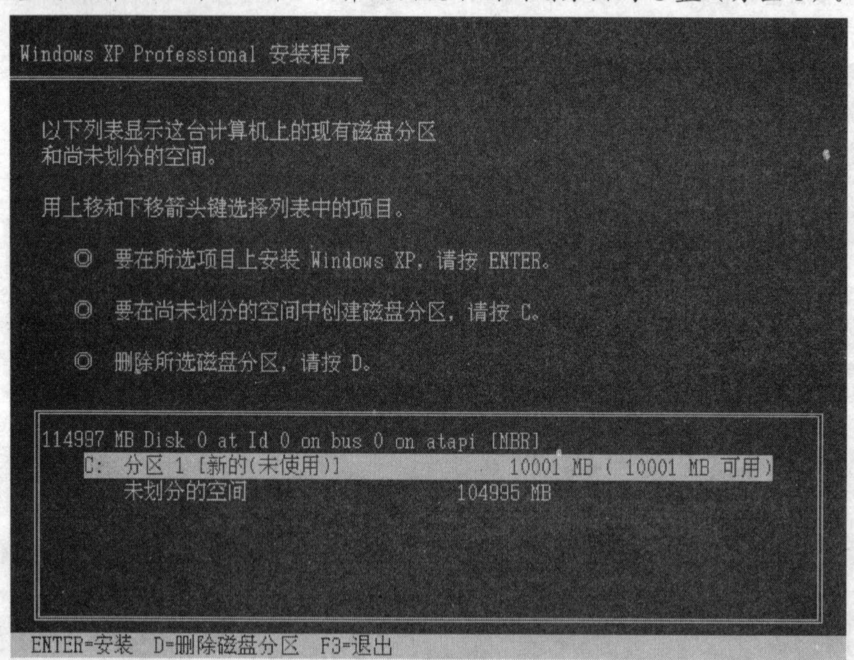


图4-8 磁盘分区界面（2）

(8) 使用同样方法创建 D 盘（30 004MB）、E 盘（30 004MB）、F 盘（44 979MB），最后得到如图 4-9 所示的界面。

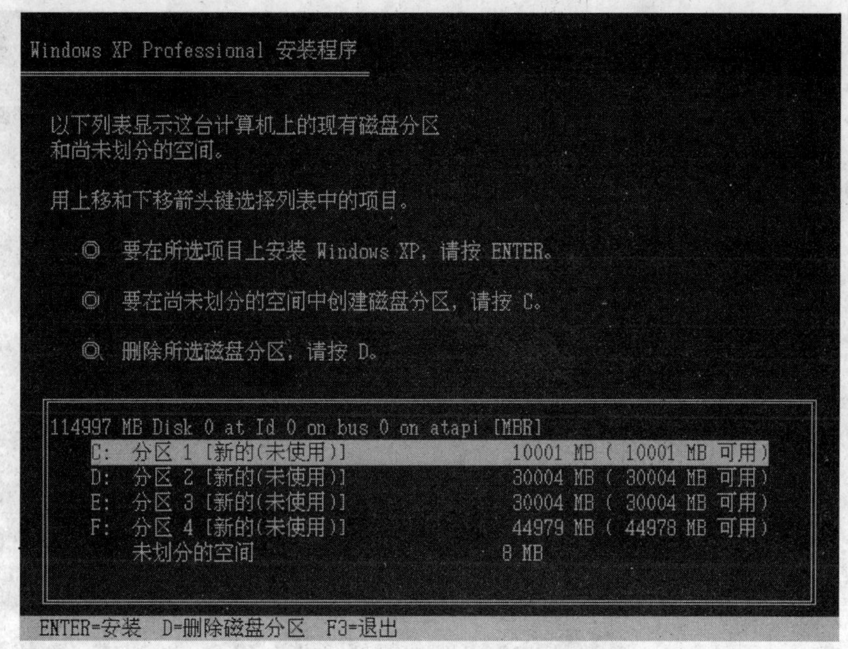


图4-9 磁盘分区界面（3）

(9) 至此，硬盘的分区已经完成，接下来是对分区进行格式化操作，使用键盘上的方向键将光标移动到 C 盘（分区 1）的位置，如图 4-9 所示，按 Enter 键，表示在 C 盘安装 Windows XP 操作系统，随后弹出安装程序的格式化界面，如图 4-10 所示。

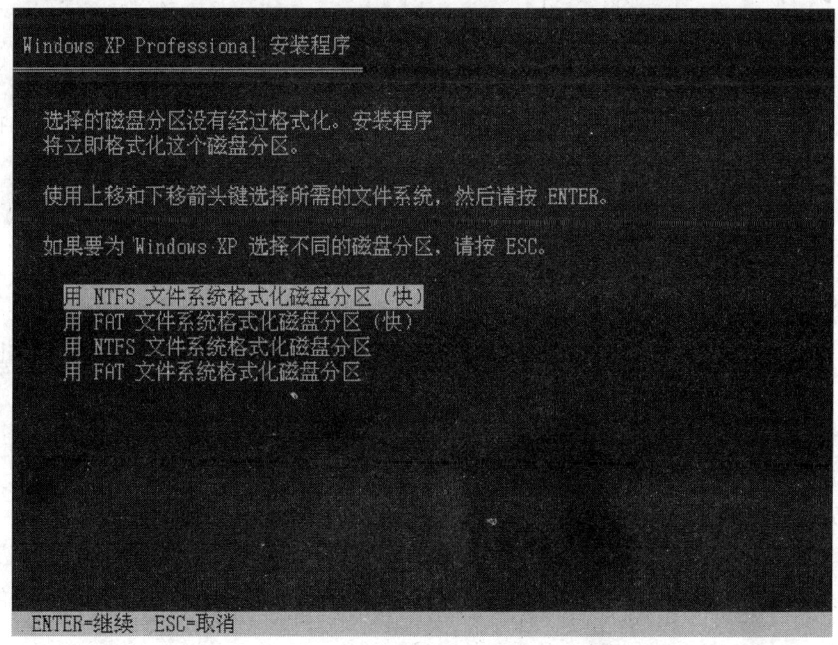


图4-10 选择分区格式化种类

(10) 根据个人需要选择格式化方式，这里选择“NTFS”分区方式，将光标移动到【用 NTFS 文件系统格式化磁盘分区（快）】选项，然后按 Enter 键。然后系统开始格式化分区，如图 4-11 所示。

Windows XP Professional 安装程序

请稍候，安装程序正在格式化

65531 MB Disk 0 at Id 0 on bus 0 on atapi [MBR] 上的磁盘分区

C: 分区 1 [新的(未使用)] 10001 MB ( 10001 MB 可用)。

安装程序正在格式化...

20%

图4-11 分区格式化过程

至此，硬盘分区和格式化操作完成。

## （二） 安装操作系统

Windows XP 操作系统的安装是前一个步骤的延续，现在操作系统的安装都比较容易，只要将磁盘的区域划分和格式化完成以后，后面的操作就水到渠成了。

**【实训内容】**

掌握 Windows XP 操作系统的安装方法。

**【实训准备】**

(1) 准备多张系统光盘，因为在安装操作系统时，有可能因为光盘中的程序出错而无法继续安装。

(2) 安装注意事项。

① 在安装操作系统时，将网线拔掉，以免在系统安装刚完成时计算机中毒。

② 在安装过程中，不要将光盘从光驱中取出，否则会出现中断现象。

③ 注意电源电压要稳定，因为在安装操作系统的过程中，硬盘一直在进行高速运转，如果不小心将电源突然断掉，这对硬盘的伤害是很大的。

**【操作步骤】**

(1) 硬盘分区和格式化完成后，安装程序开始复制安装文件，如图 4-12 所示。

(2) 安装程序复制文件完成后，系统将重启计算机，如图 4-13 所示。

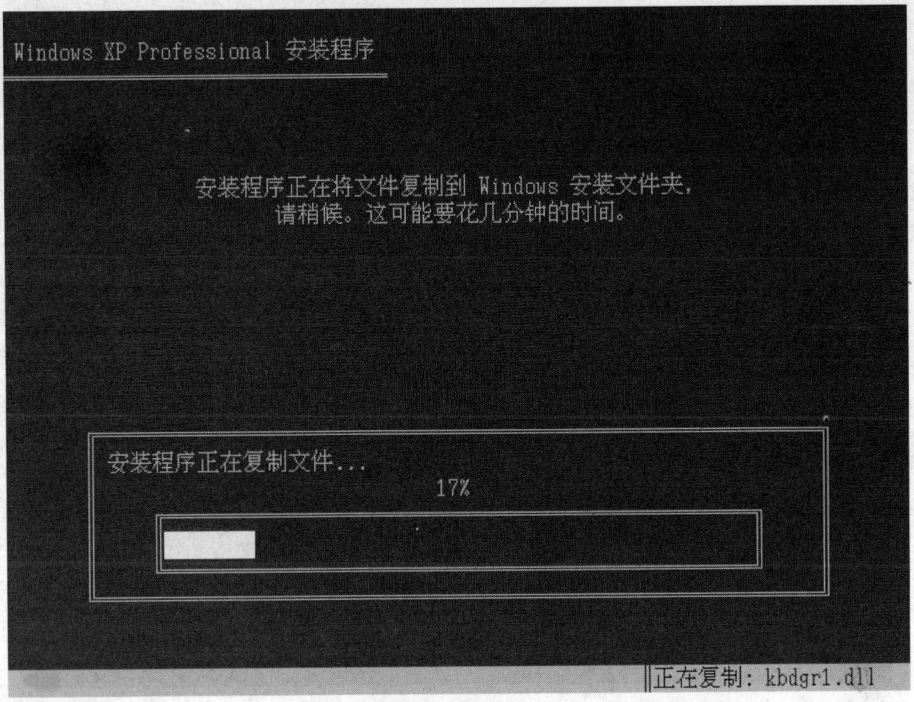

Windows XP Professional 安装程序

安装程序正在将文件复制到 Windows 安装文件夹，
请稍候。这可能要花几分钟的时间。

安装程序正在复制文件...
17%

正在复制：kbdgr1.dll

图4-12　开始复制文件

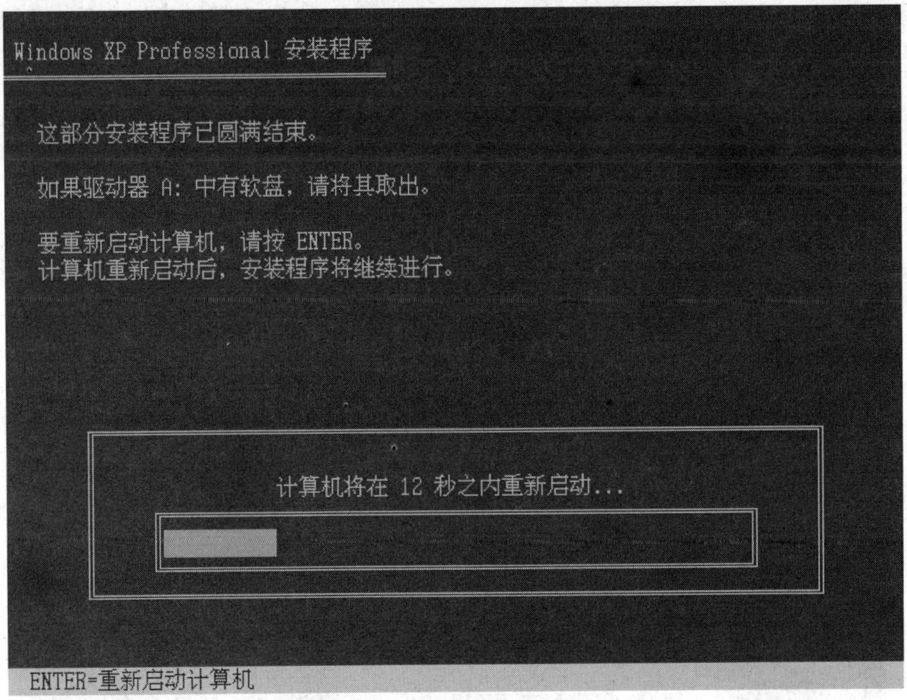

Windows XP Professional 安装程序

这部分安装程序已圆满结束。

如果驱动器 A：中有软盘，请将其取出。

要重新启动计算机，请按 ENTER。
计算机重新启动后，安装程序将继续进行。

计算机将在 12 秒之内重新启动...

ENTER=重新启动计算机

图4-13　重启计算机

(3) 重启计算机后，在开始界面上选择从硬盘启动计算机，然后进入操作系统安装界面，如图 4-14 所示。

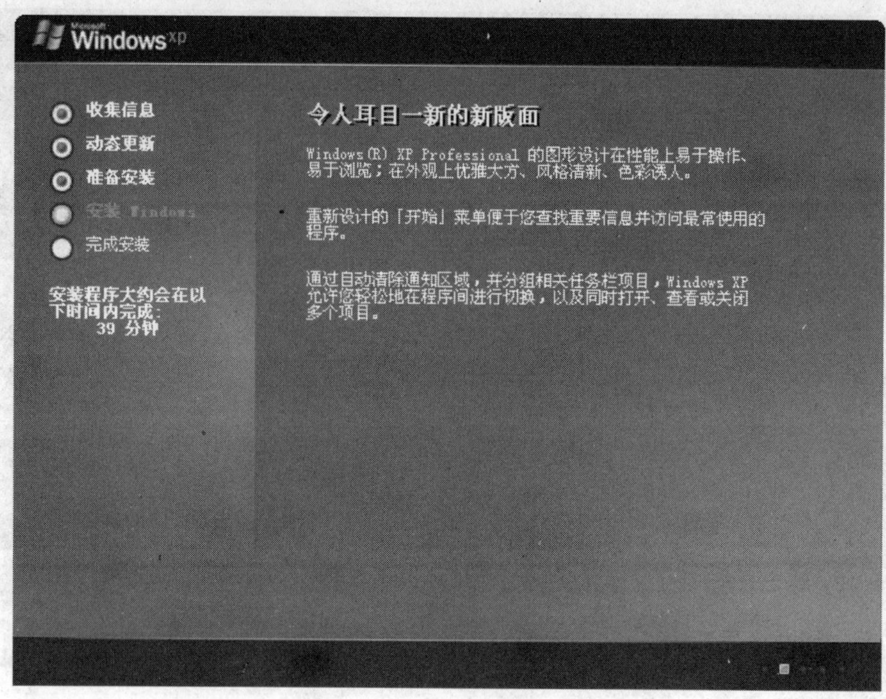


图4-14　安装 Windows XP 操作系统

(4) 安装过程中，安装程序将提示用户填写系统相关信息和用户相关信息等，如用户名、密码、时区及日期、网络连接情况等，如图 4-15 和图 4-16 所示。

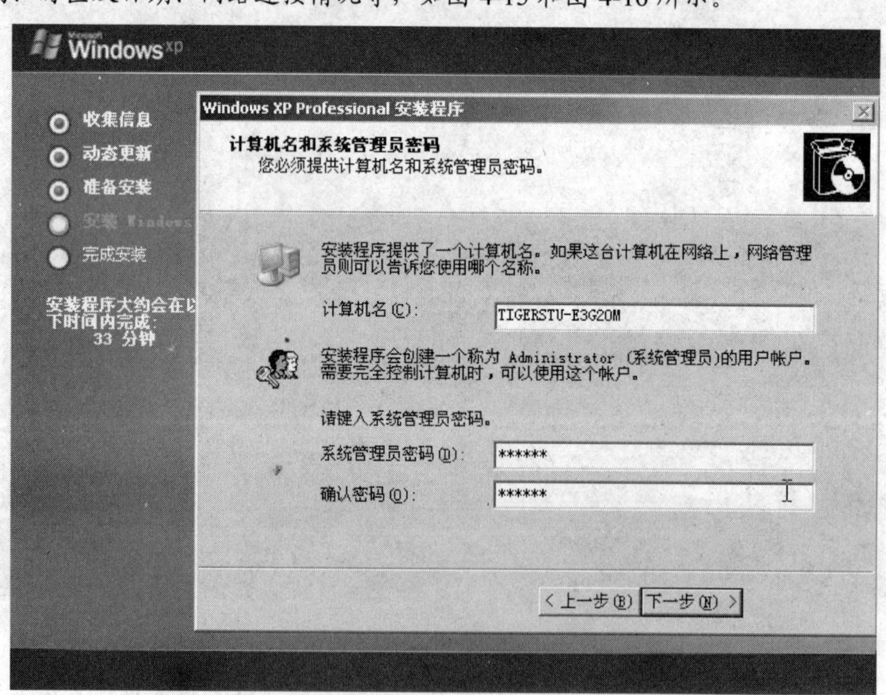


图4-15　设置计算机名和管理员密码

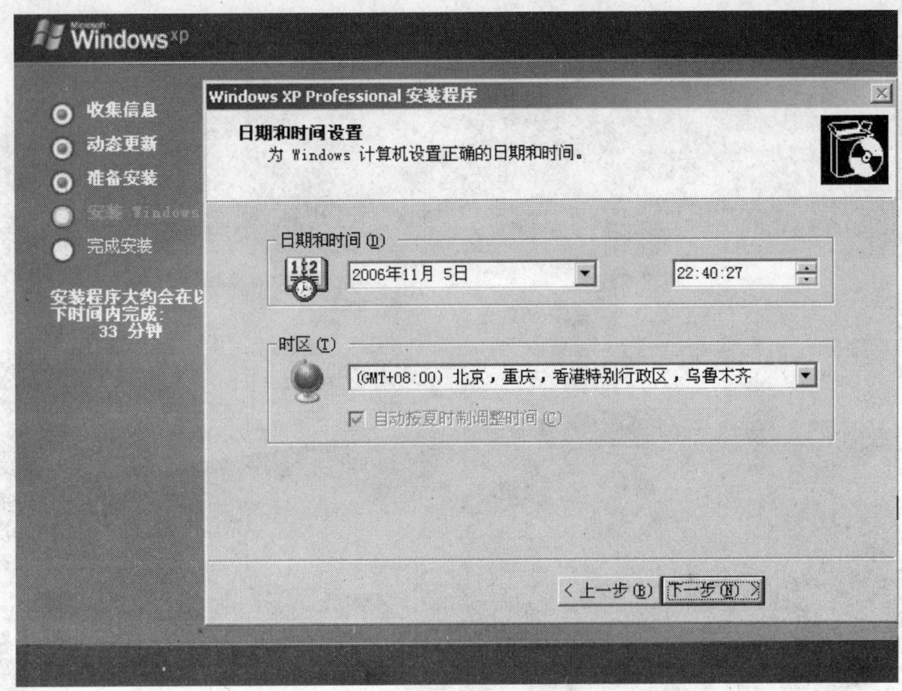


图4-16　设置日期/时间和时区

(5)　设置完成后，重启计算机，再次选择从硬盘启动，随后将出现 Windows XP 操作系统的登录界面，如图 4-17 所示。

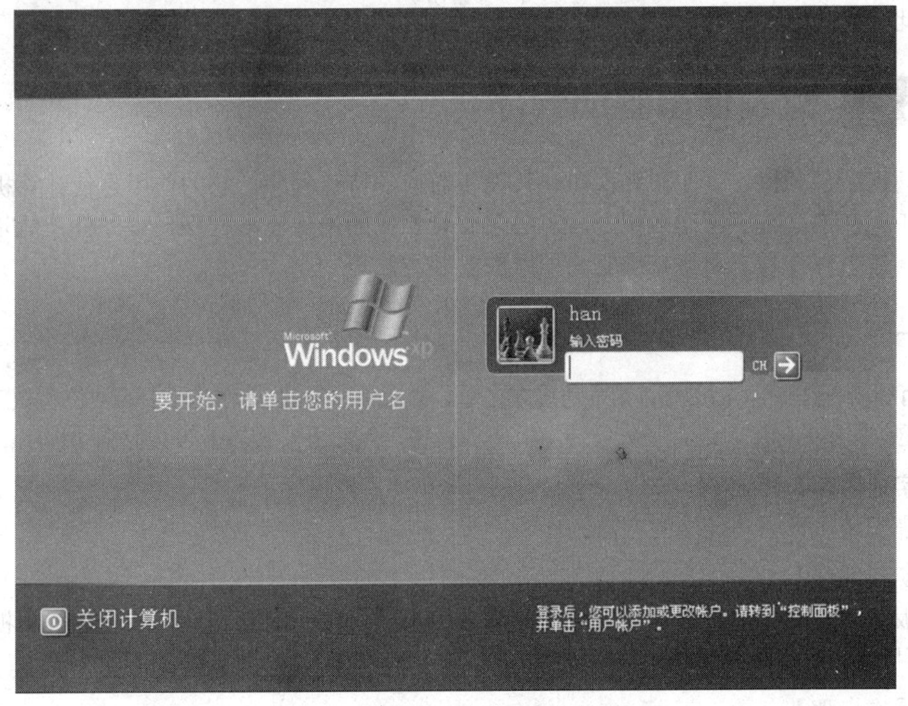


图4-17　Windows XP 操作系统登录界面

(6)　输入安装系统时设置的管理员密码登录系统，如图 4-18 所示。

图4-18 Windows XP 操作系统安装完成界面

至此，Windows XP 操作系统的安装全部完成。

# 任务二 安装设备驱动程序

驱动程序是一种可以使计算机和硬件设备通信的特殊程序，它的作用是使计算机各硬件能正常工作。在安装了操作系统之后，必须安装相应的硬件驱动程序，该硬件才能正常工作并发挥其最大性能。下面将介绍驱动程序的安装方法。

## （一） 安装主板驱动程序

所有驱动程序中，主板驱动无疑是重中之重，这是由主板在所有硬件中的地位所决定的。所以安装驱动程序的顺序，通常是先安装主板驱动程序，然后再安装显卡等其他驱动程序。

**【实训内容】**

掌握安装主板驱动程序的方法。

**【实训准备】**

主板驱动安装光盘的准备：一般情况下采用主板自带的配套光盘，该光盘和主板严格配套，并且还提供了必要的实用工具软件。

**【操作步骤】**

(1) 将计算机的主板驱动光盘放入光驱，通常光盘会自动运行安装程序，否则可打开光盘目录，手动运行安装程序，图 4-19 所示为安装程序界面。

图4-19　主板驱动程序安装界面

(2) 在如图 4-19 所示的界面中有 4 个选项，后 3 个选项是关于芯片组、声卡等单独的驱动程序，这里选择第 1 项，单击 ASUS InstAll - Drivers Installation Wizard 按钮。

(3) 安装过程中的设置保持默认即可。安装完成后，重启计算机。

(4) 用鼠标右键单击【我的电脑】图标，在弹出的快捷菜单中选择【属性】/【硬件】/【设备管理器】命令，打开如图 4-20 所示的【设备管理器】窗口，查看驱动程序是否安装成功。如果设备前面没有黄色问号，则说明主板驱动程序安装成功。

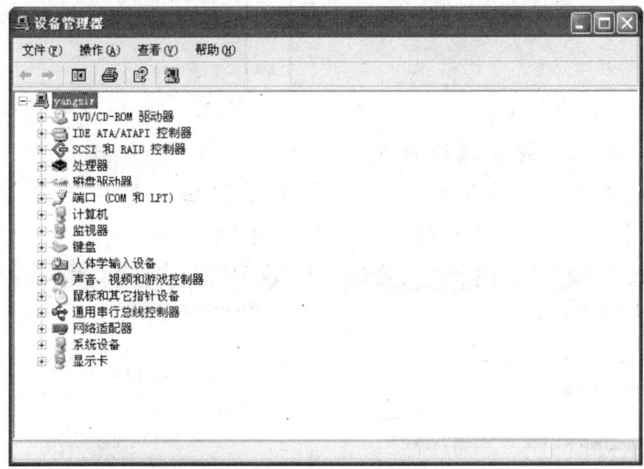


图4-20　【设备管理器】窗口

至此，主板驱动程序安装完成。

## （二）　安装显卡驱动程序

显卡对计算机显示的效果起着决定性的作用，如果没有正确安装显卡驱动程序，不仅会使硬件本身的性能无法发挥，而且也会对用户的眼睛造成伤害，所以安装匹配的显卡驱动程序是很有必要的。

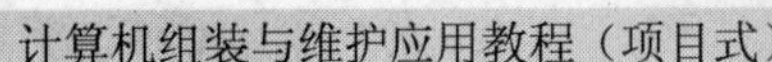


【实训内容】

掌握安装显卡驱动程序的方法。

【实训准备】

准备显卡驱动光盘：一般情况下采用厂商配套的驱动光盘。

【操作步骤】

(1) 将显卡驱动光盘放入光驱中。

(2) 用鼠标右键单击【我的电脑】图标，在弹出的快捷菜单中选择【属性】/【硬件】/【设备管理器】命令，打开【设备管理器】窗口，展开【显示卡】选项，可见视频控制器前面有黄色问号，表示其驱动程序没有安装，如图 4-21 所示。

(3) 双击【视频控制器（VGA 兼容）】选项，弹出【视频控制器（VGA 兼容）属性】对话框，如图 4-22 所示。

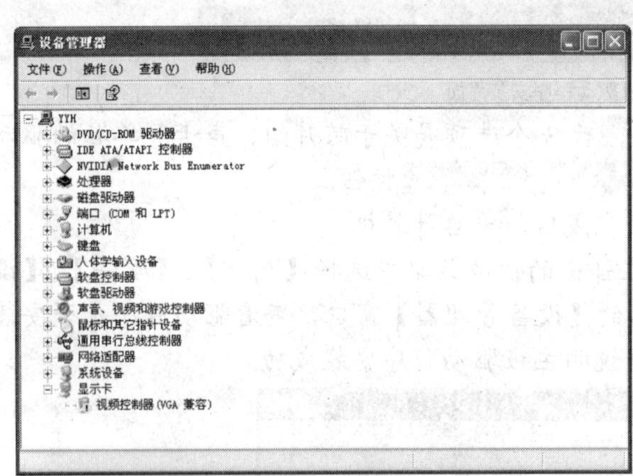


图4-21 未安装显卡驱动程序时的【设备管理器】窗口

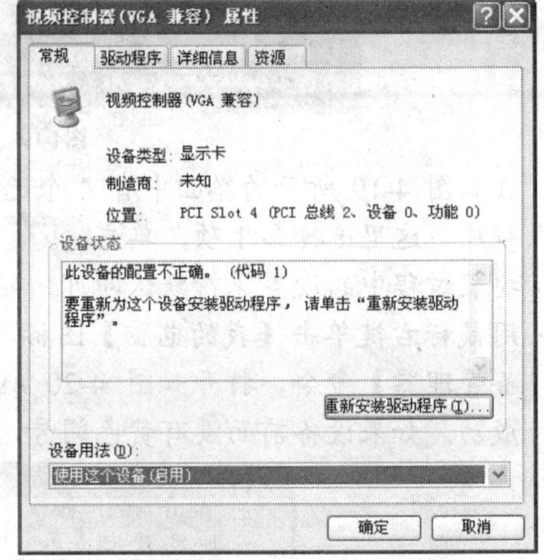


图4-22 【视频控制器（VGA 兼容）属性】对话框

(4) 单击重新安装驱动程序(I)...按钮，弹出【硬件更新向导】对话框，如图 4-23 所示。

(5) 选择【从列表或指定位置安装（高级）】单选按钮，然后单击下一步(N) >按钮，进入【请选择您的搜索和安装选项】向导页，如图 4-24 所示。

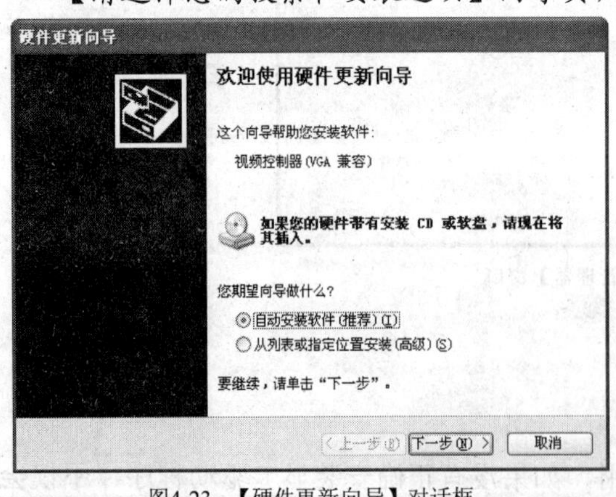


图4-23 【硬件更新向导】对话框

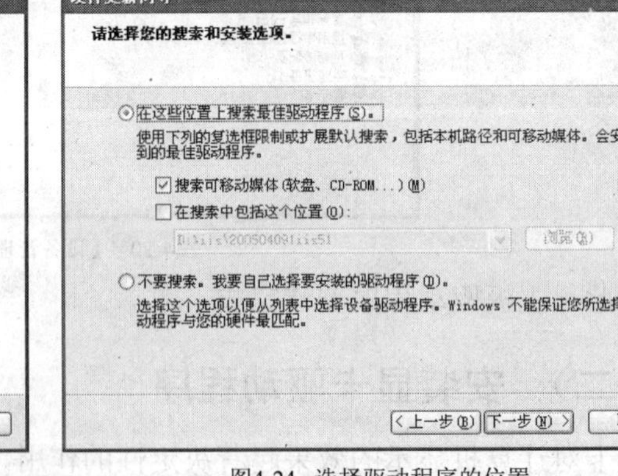


图4-24 选择驱动程序的位置

- 如果驱动程序是放在光盘中的，则勾选【搜索可移动媒体（软盘、CD-ROM…）】复选框。

- 如果驱动程序是放在硬盘的某个文件夹中的，则勾选【在搜索中包括这个位置】复选框，然后单击[浏览(R)]按钮，找到相应的文件夹。

(6) 单击[下一步(N) >]按钮，向导将会在指定的位置搜索驱动程序，如果找到驱动程序，会自动进行安装，最终效果如图 4-25 所示。

(7) 单击[完成]按钮，再次打开【设备管理器】窗口，查看显卡驱动程序是否安装成功，如图 4-26 所示，【显示卡】选项显示正常，说明本次驱动程序安装成功。

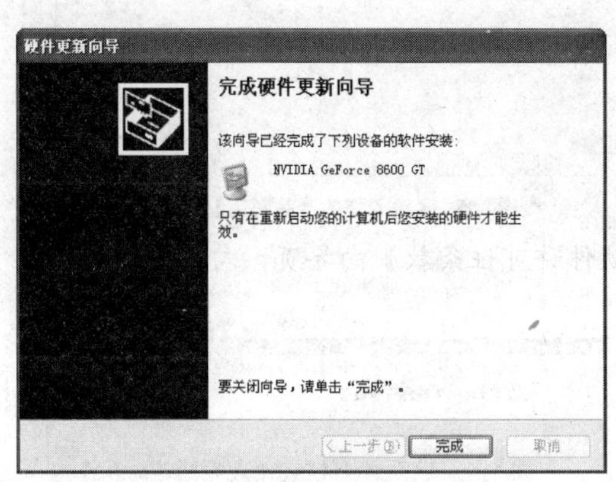


图4-25　完成安装

图4-26　成功安装显卡驱动程序后的【设备管理器】窗口

至此，显卡驱动程序安装完成。

# 任务三　安装与卸载常用软件

操作系统和驱动程序安装完成后，还需要为系统安装必要的应用软件，如压缩软件、办公软件、通信软件等，软件的安装与卸载原理大致相同，只要掌握一种软件的安装与卸载方法，便可触类旁通了。下面介绍 Office 办公软件的安装与卸载方法。

## （一）　安装 Office 软件

Microsoft Office 办公软件可以应用于 Microsoft Windows 和 Apple Macintosh 操作系统，与其他办公应用程序一样，它包括联合的服务器和基于互联网的服务。

**【实训内容】**

掌握 Office 软件的安装方法。

**【实训准备】**

准备一张 Office 2007 软件光盘或在网上下载相应的安装程序。

**【操作步骤】**

(1) 将 Office 2007 的安装光盘放入光驱中，单击【Office 2007】安装图标，系统自动进入如图 4-27 所示的安装界面。

(2) 随后进入如图 4-28 所示的【输入您的产品密钥】向导页，在文本框中输入正确的授权码。授权码一般都在光盘盒的背面，输入正确后会在文件框后面显示一个✔符号，如图 4-29 所示。

图4-27 Office 2007 的安装界面

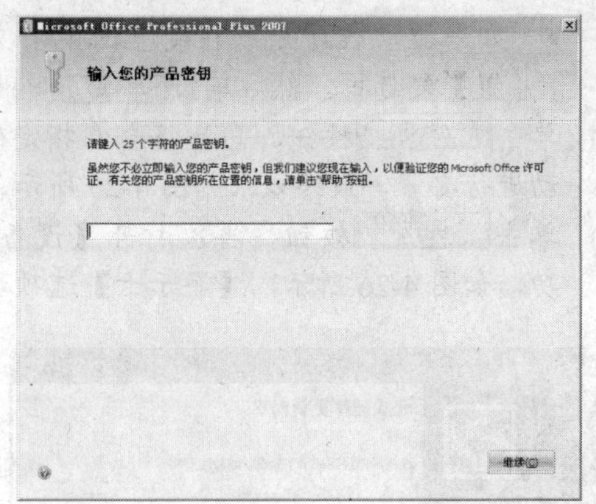


图4-28 【输入您的产品密钥】向导页

(3) 单击 继续(C) 按钮，将进入【阅读 Microsoft 软件许可证条款】向导页，勾选【我接受此协议的条款】复选框，如图 4-30 所示。

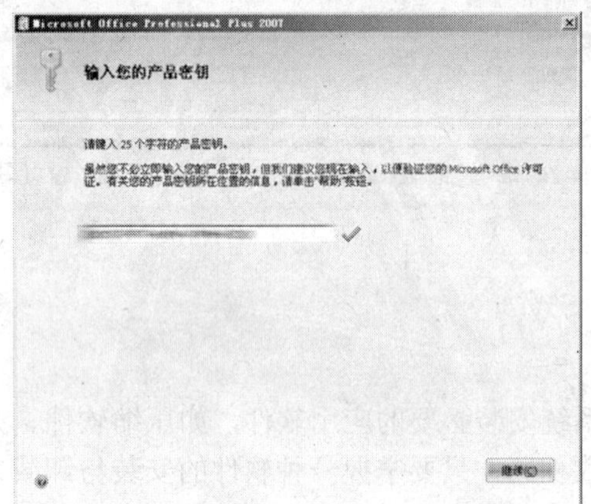


图4-29 输入正确的产品密钥

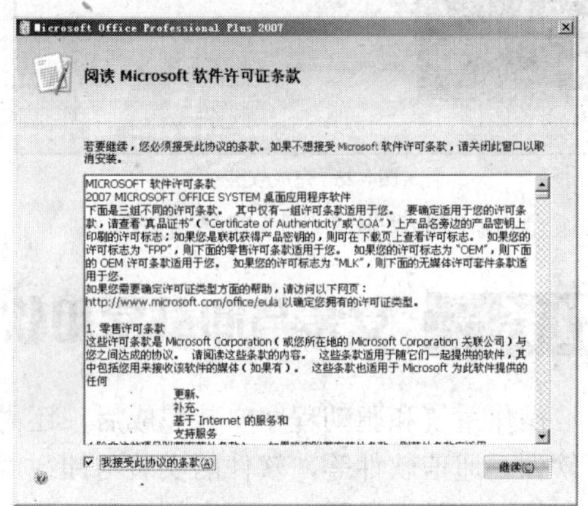


图4-30 【阅读 Microsoft 软件许可证条款】向导页

(4) 单击 继续(C) 按钮，将进入【选择所需的安装】向导页，Office 2007 为用户提供了默认安装和自定义安装两种安装模式，如图 4-31 所示。单击 立即安装(I) 按钮，Office 2007 将被默认安装至计算机“C:\Program Files\Microsoft Office”目录下，如图 4-32 所示。下面，我们将采用【自定义】安装模式进行讲解。

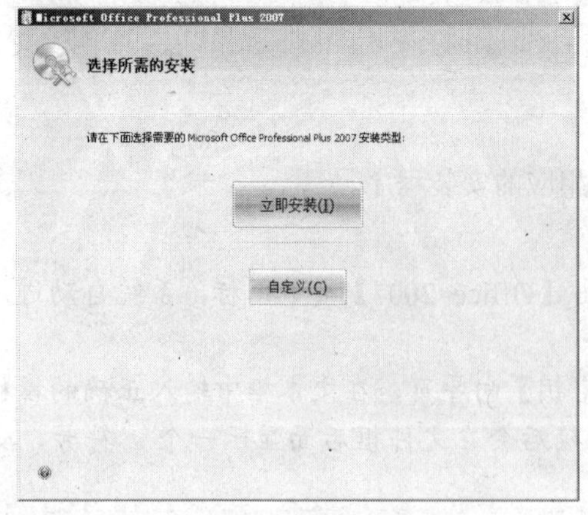


图4-31 【选择所需的安装】向导页

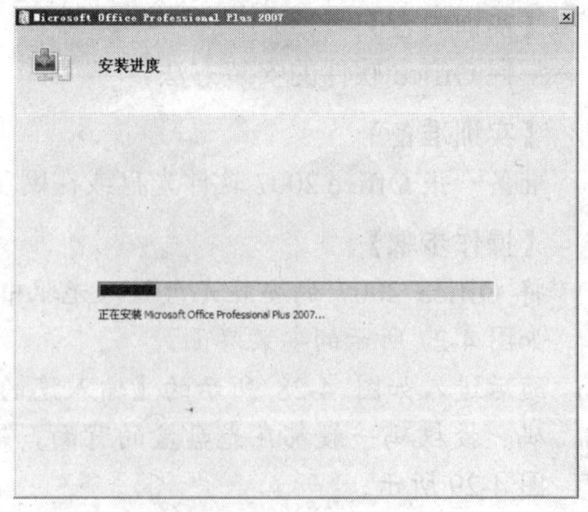


图4-32 默认安装方式

(5) 单击 自定义(C) 按钮，进入【自定义设置】向导页，如图 4-33 所示。这里包括 3 个选项卡，在【安装选项】选项卡中用户可以选择需要安装的软件组件；在【文件位置】选项卡中选择软件安装路径，如图 4-34 所示；在【用户信息】选项卡中可以输入用户信息，如图 4-35 所示。

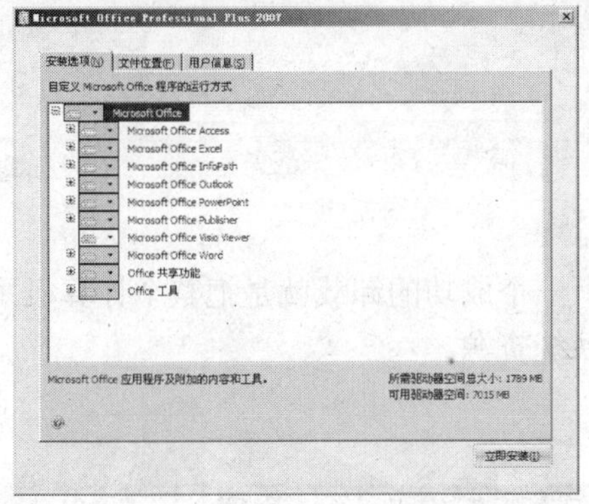


图4-33　【自定义设置】向导页

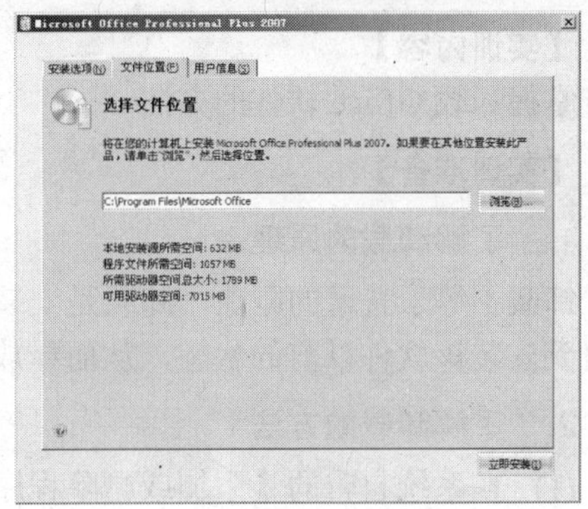


图4-34　【文件位置】选项卡

(6) 选择并填写完成后，单击 立即安装(I) 按钮，将开始安装软件并显示软件安装进度，如图 4-36 所示。

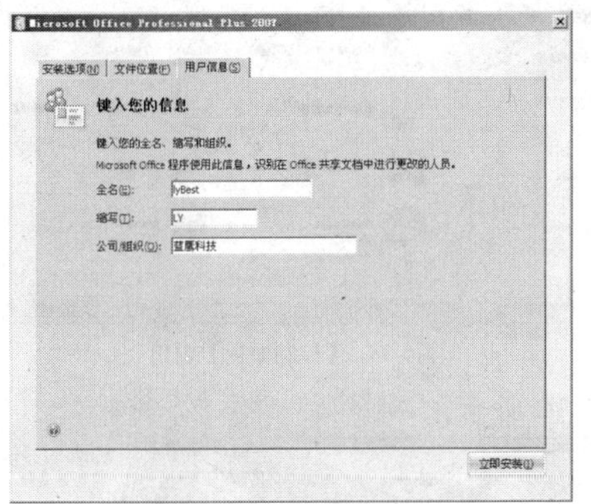


图4-35　【用户信息】选项卡

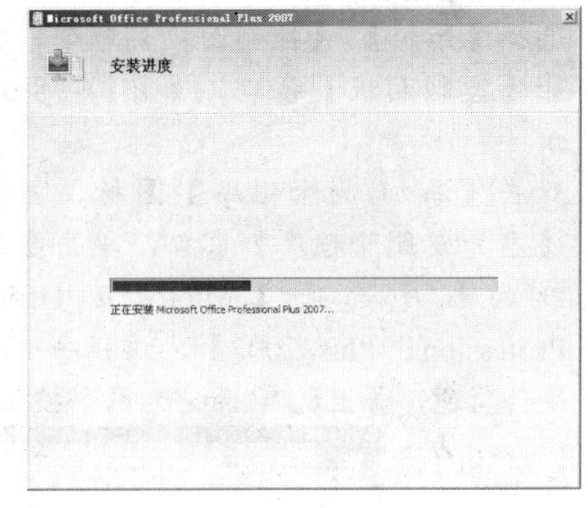


图4-36　安装进度

(7) 安装完成后显示安装成功界面，如图 4-37 所示。

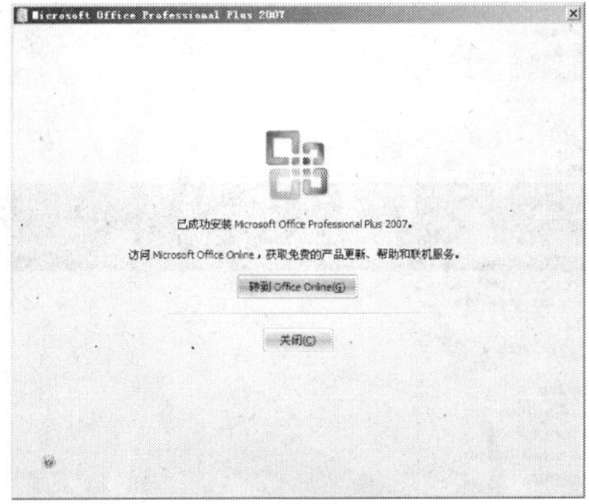


图4-37　安装成功界面

(8) 单击 关闭(C) 按钮，完成 Office 2007 软件的安装。

## （二） 卸载 Office 软件

在使用计算机时，有些软件只是暂时性的使用，以后将不会再次使用；或者该软件在使用时出现了程序故障，这就需要将它们卸载。

**【实训内容】**

掌握卸载 Office 软件的方法。

**【实训准备】**

**1. 了解卸载的原理**

卸载不等于普通的删除，卸载是安装的逆过程，一个成功的卸载就是把整个计算机系统恢复到安装该软件以前的状态，从而释放其占用的系统资源。

**2. 了解卸载的方法**

(1) 在系统自带的【添加或删除程序】窗口中进行卸载。

(2) 使用专业的卸载软件进行卸载。

**【操作步骤】**

(1) 选择【开始】/【控制面板】命令，打开【控制面板】窗口，如图 4-38 所示。

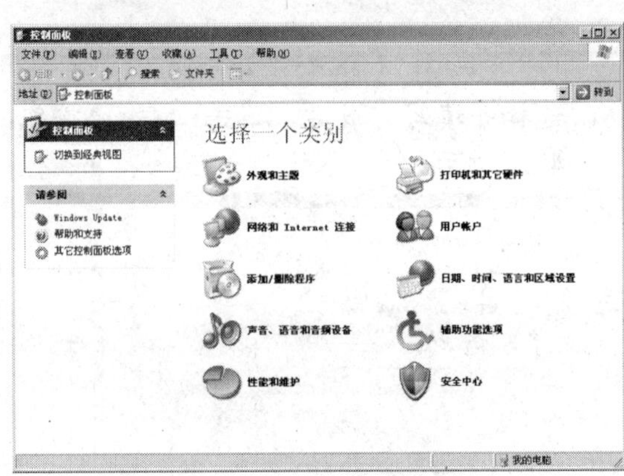


图4-38 【控制面板】窗口

(2) 双击【添加/删除程序】图标，打开【添加或删除程序】窗口，单击要卸载的程序选项【Microsoft Office Professional Plus 2007】，该程序项将变为蓝色，并出现更改和删除两个按钮，如图 4-39 所示。

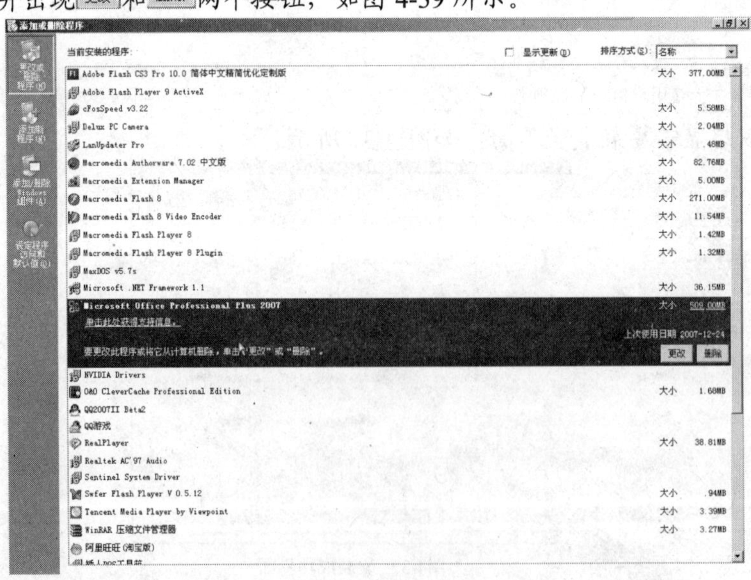


图4-39 【添加或删除程序】窗口

(3) 单击删除按钮，弹出如图 4-40 所示的卸载确认对话框。

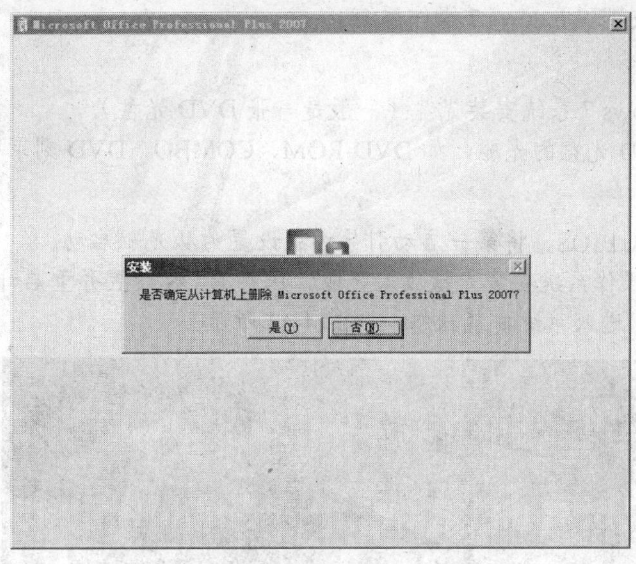


图4-40　卸载确认对话框

(4) 单击是(Y)按钮，程序开始卸载，如图 4-41 所示。

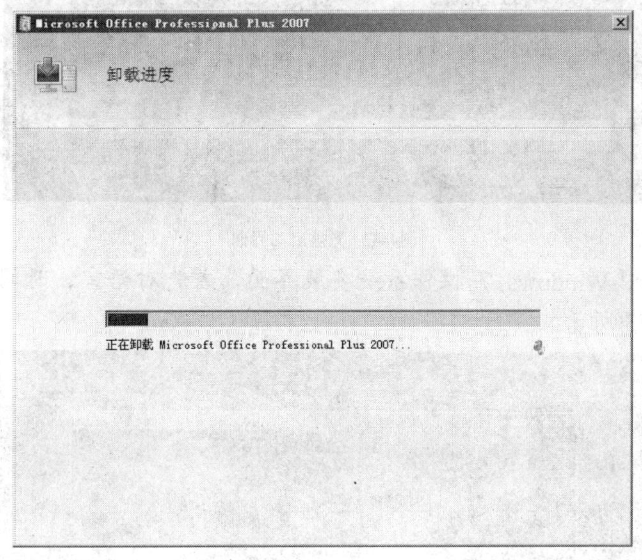


图4-41　卸载进度界面

(5) 卸载完成后。可以再回到【添加或删除程序】窗口，此时，其程序列表中已经没有【Microsoft Office Professional Plus 2007】选项了。

## 任务四　安装 Windows 7 操作系统

Windows 7 是 Microsoft 公司最新发布的一款操作系统，它的操作界面更漂亮，运行速度更快，是一款相当优秀的操作系统。下面就将介绍 Windows 7 操作系统的安装过程和安装步骤。

【实训内容】

通过安装光盘安装 Windows 7 操作系统。

【实训准备】

- 一张 Windows 7 系统安装光盘（一般是一张 DVD 光盘）。
- 能读取 DVD 光盘的光驱，如 DVD-ROM、COMBO、DVD 刻录机等。

【操作步骤】

(1) 启动计算机进入 BIOS，将第一启动引导方式设置为从光驱启动。

(2) 将 Windows 7 操作系统安装光盘放入光驱，保存 BIOS 设置并重启计算机，计算机将自动从光盘启动，进入系统安装状态，如图 4-42 所示。

图4-42 光盘启动界面

(3) 启动完成后进入 Windows 7 操作系统安装界面，首先对语言、时间和输入方法等进行设置，如图 4-43 所示。

图4-43 设置语言、时间和输入方法等

(4) 单击下一步(N)按钮，显示开始安装界面，如图 4-44 所示。

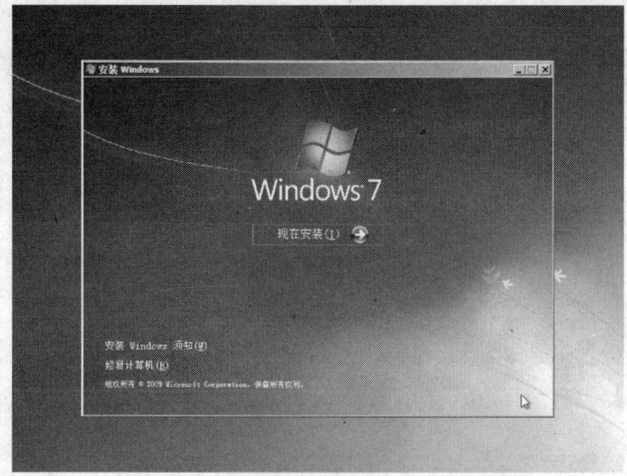


图4-44　开始安装界面

(5) 单击现在安装(I)按钮，将显示启动安装程序，如图 4-45 所示。

图4-45　启动安装程序

(6) 启动完成后显示许可条款界面，如图 4-46 所示。

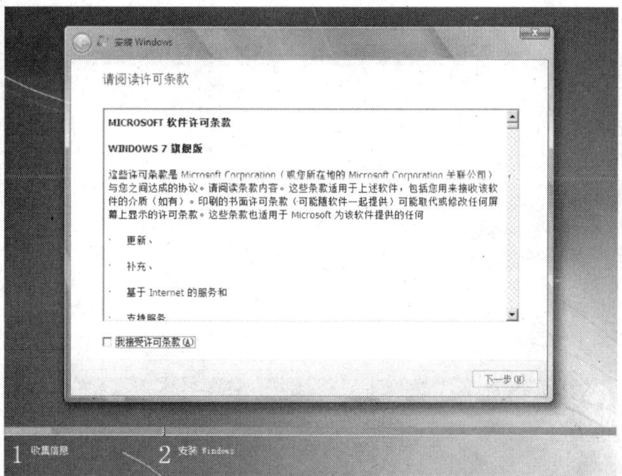


图4-46　许可条款界面

(7) 勾选【我接受许可条款】复选框，单击下一步(N)按钮，显示安装类型的选择界面，如图4-47所示。

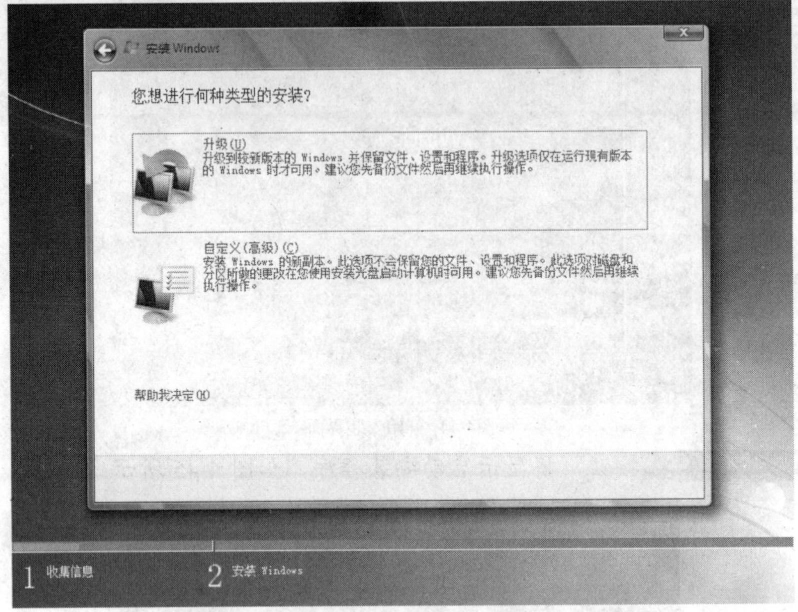


图4-47 安装类型选择界面

Windows 7 的安装类型有升级安装和自定义安装，其中升级安装为在计算机安装了Windows Vista 或 Windows 7 的早期版本的基础上，保留一些相关设置的安装，而自定义安装则是进行全新的安装。对于新装的计算机或初次使用 Windows 7 的用户建议使用自定义方式进行全新的安装。

说明

(8) 选择【自定义】安装方式，显示磁盘分区界面，如图4-48所示。

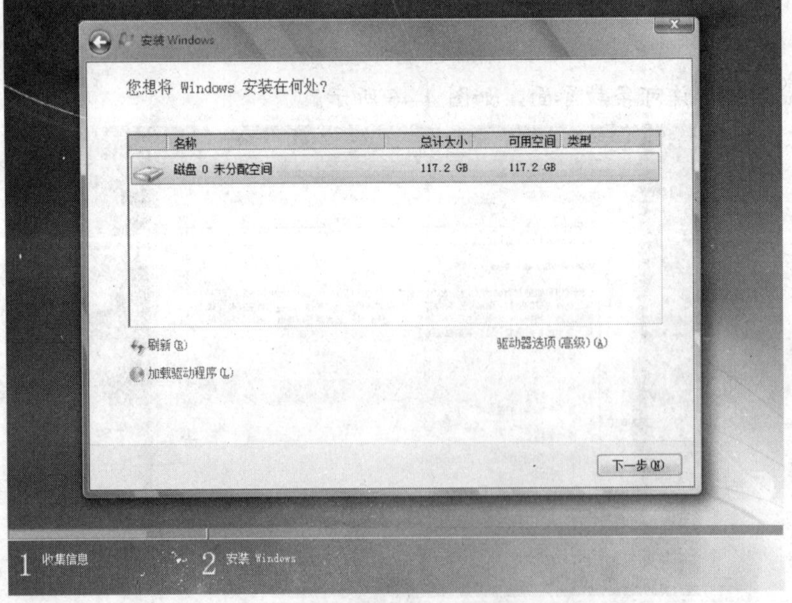


图4-48 磁盘分区界面

> **说明** 对于新装的计算机，通常需要对磁盘进行分区。若磁盘已有分区信息，则必须保证安装 Windows 7 的分区大小在 8GB 以上。另外，为了保证系统的正常运行，建议分区大小为 30GB 以上。

(9) 选择【驱动器选项（高级）(A)】选项，进行磁盘分区操作。选择【新建（E)】选项，在弹出的【大小】文本框中输入“30 000”，如图 4-49 所示。

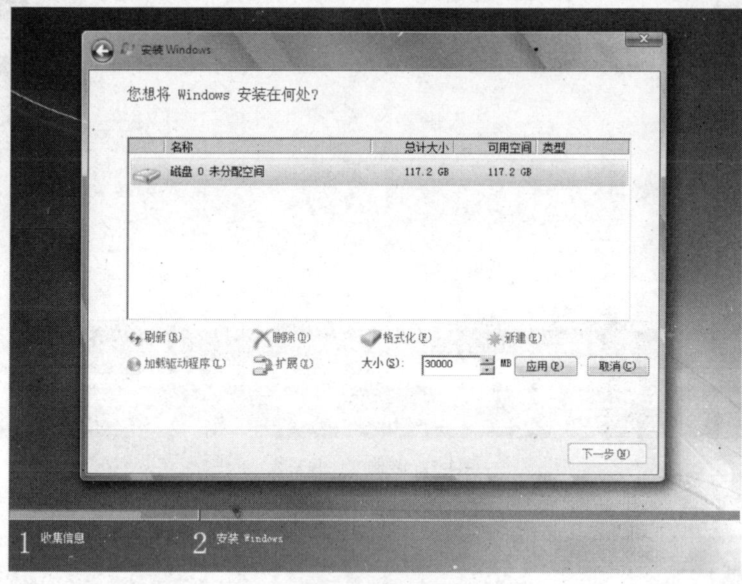


图4-49　新建分区

(10) 单击［应用(P)］按钮新建分区，弹出如图 4-50 所示的提示对话框，单击［确定］按钮，分区结果如图 4-51 所示。

安装 Windows
若要确保 Windows 的所有功能都能正常使用，Windows 可能要为系统文件创建额外的分区。
确定　取消

图4-50　提示对话框

图4-51　分区结果

(11) 选择用于安装 Windows 7 的分区（这里选择“磁盘 0 分区 2”），单击［下一步(N)］按钮，安装程序将自动进行文件的复制和安装，此过程通常需要较长时间，如图 4-52 所示。

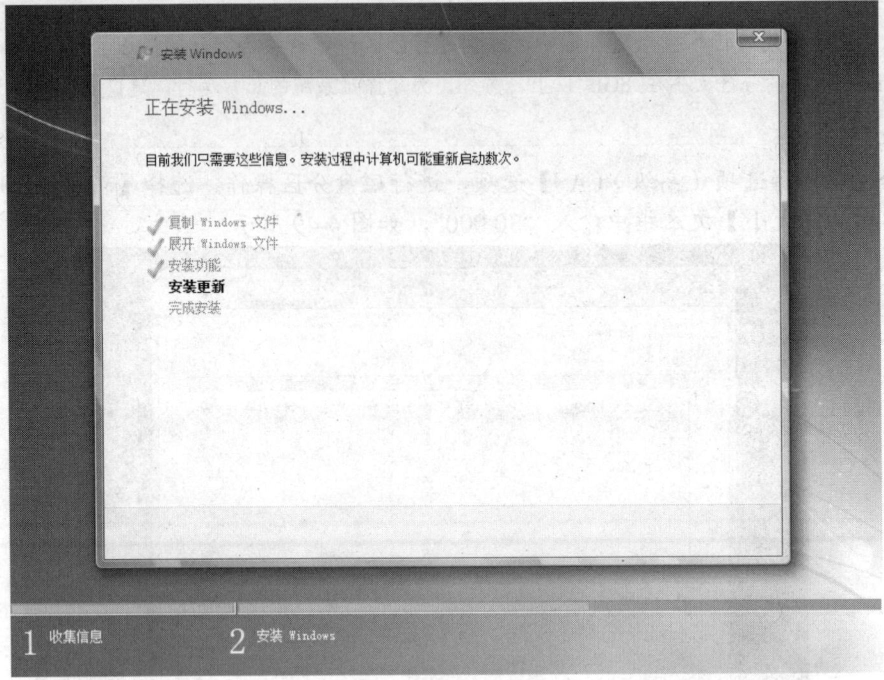


图4-52 复制文件并安装

(12) 完成后安装程序将自动重启计算机，如图 4-53 所示。

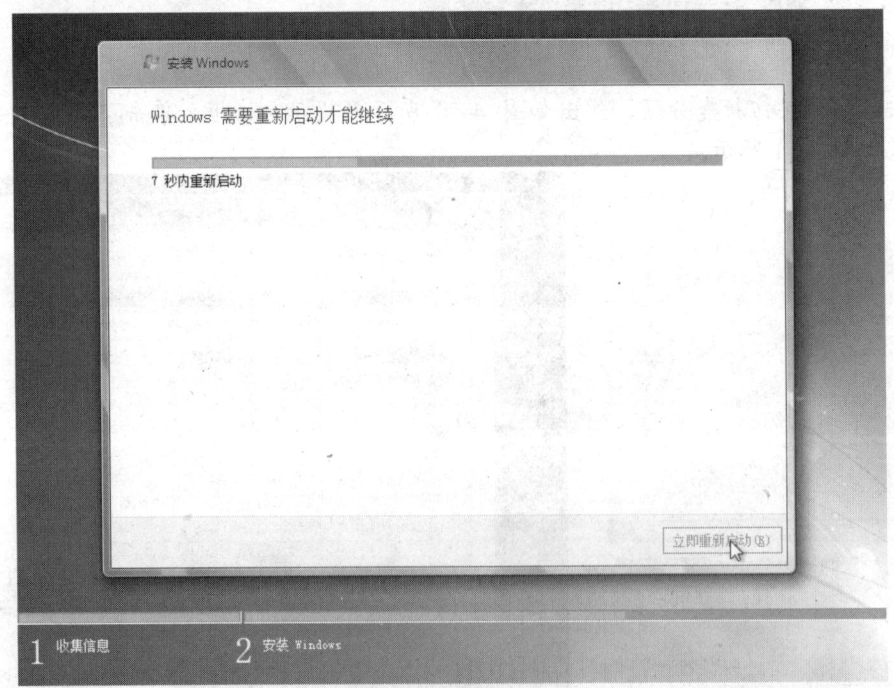


图4-53 准备重启计算机

(13) 计算机重启后从硬盘引导系统，将显示如图 4-54 所示的启动界面。

图4-54　Windows 7 启动界面

(14) 启动后将继续完成剩余的安装工作，此过程通常也需要较长时间，如图 4-55 所示。

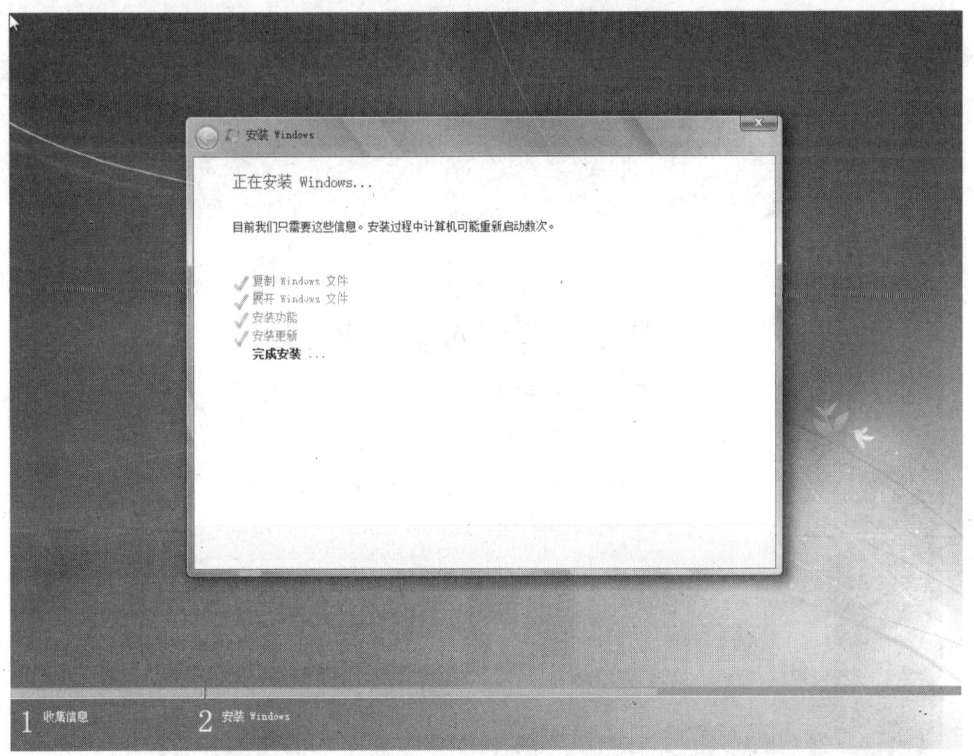


图4-55　继续剩余的安装工作

(15) 完成后将再次重启计算机，如图 4-56 所示。

图4-56 提示重启计算机

(16) 重启后从硬盘启动系统，进行用户名和计算机用户名等设置，如图 4-57 所示。

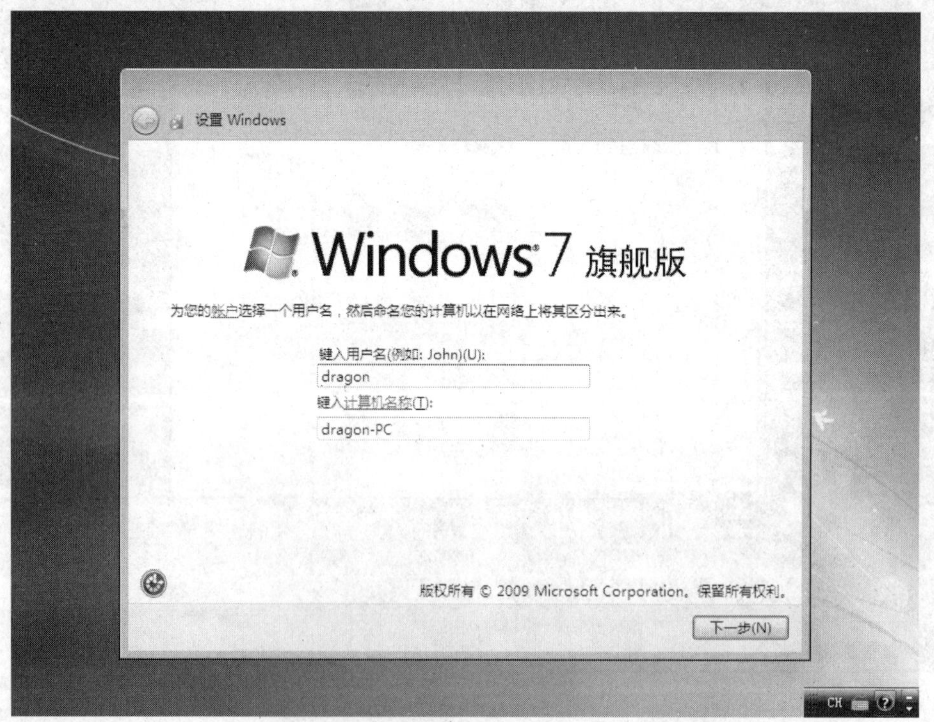


图4-57 设置用户名和计算机名称

(17) 输入用户名和计算机名称后单击 下一步(N) 按钮，继续为账户设置密码，如图 4-58 所示。

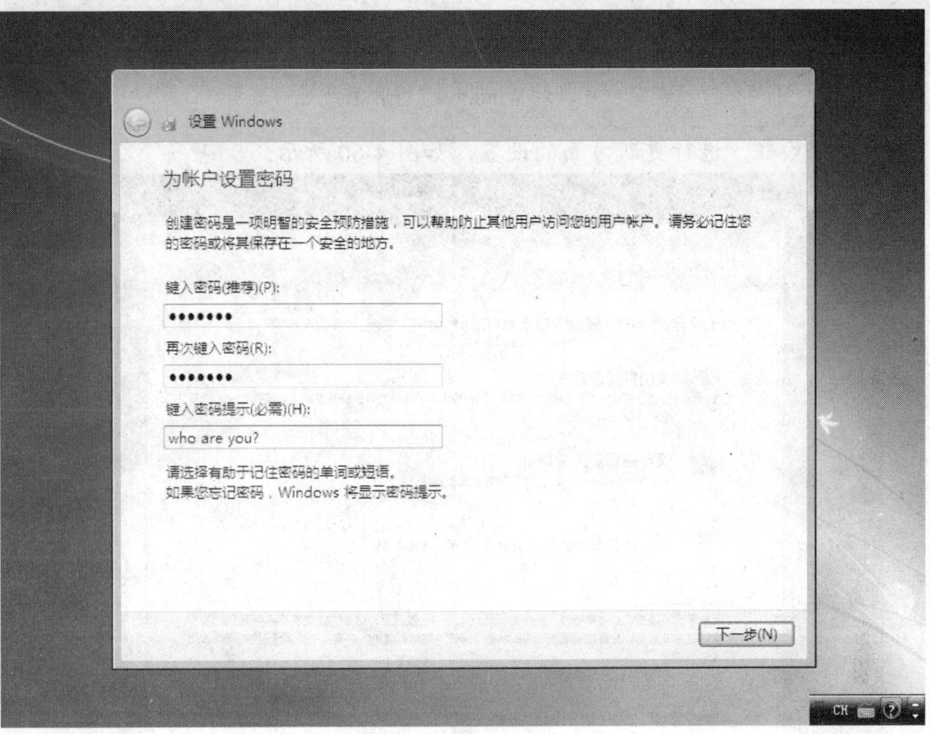


图4-58 设置账户密码

(18) 单击 下一步(N) 按钮，输入 Windows 产品密钥，如图 4-59 所示。

图4-59 输入 Windows 产品密钥

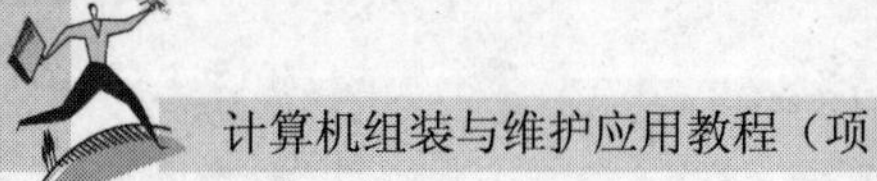



说明　在此处产品密钥并不是必须输入，可以在操作系统安装完成后再使用产品密钥对系统进行激活。另外，不输入产品密钥也可以对 Windows 7 操作系统进行试用。

(19) 单击 下一步(N) 按钮，进行更新方面的设置，如图 4-60 所示。

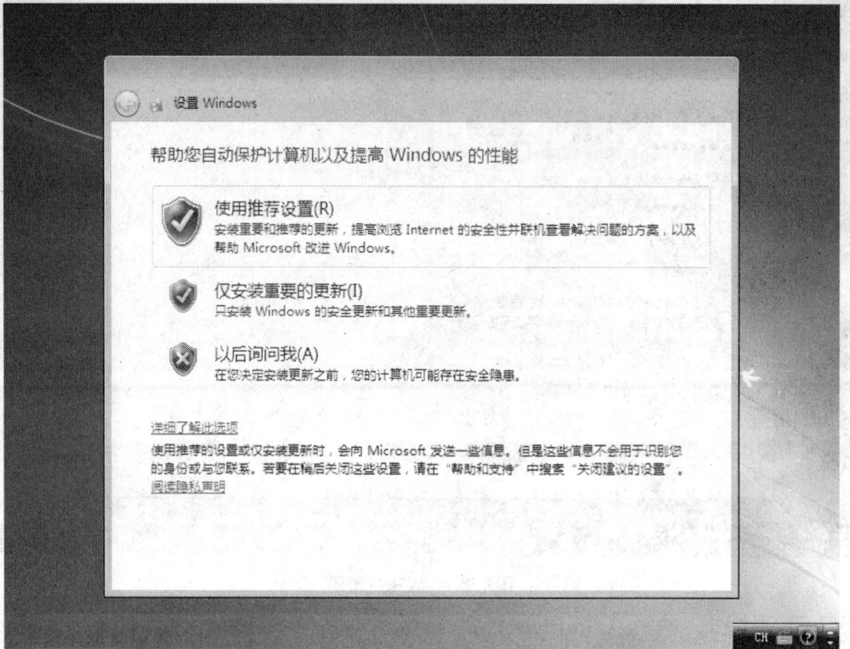


图4-60　更新设置

(20) 选择【使用推荐设置】选项，进行时间和日期设置，如图 4-61 所示。

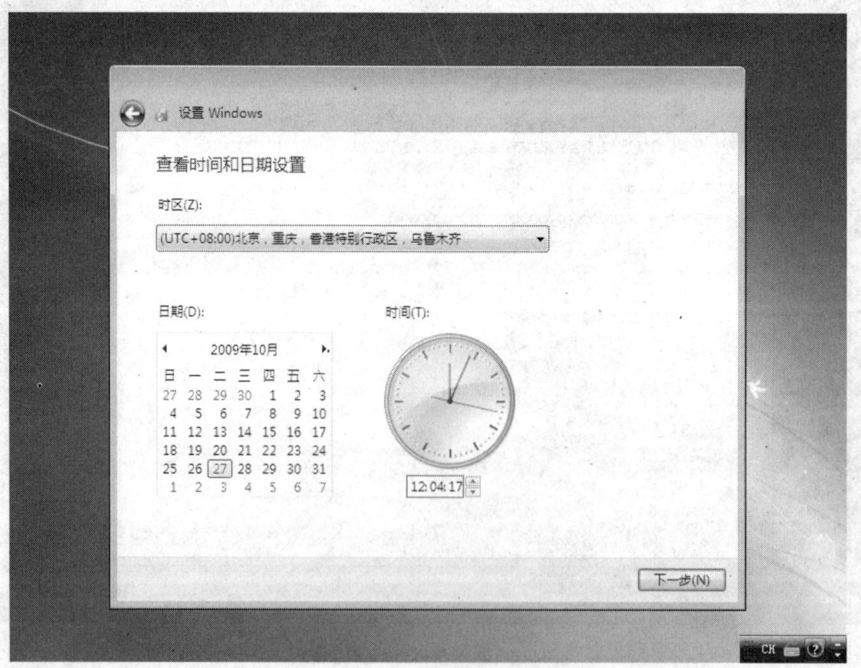


图4-61　时间和日期设置

(21) 进行正确设置后单击[下一步(N)]按钮，接着进行网络设置，如图 4-62 所示。

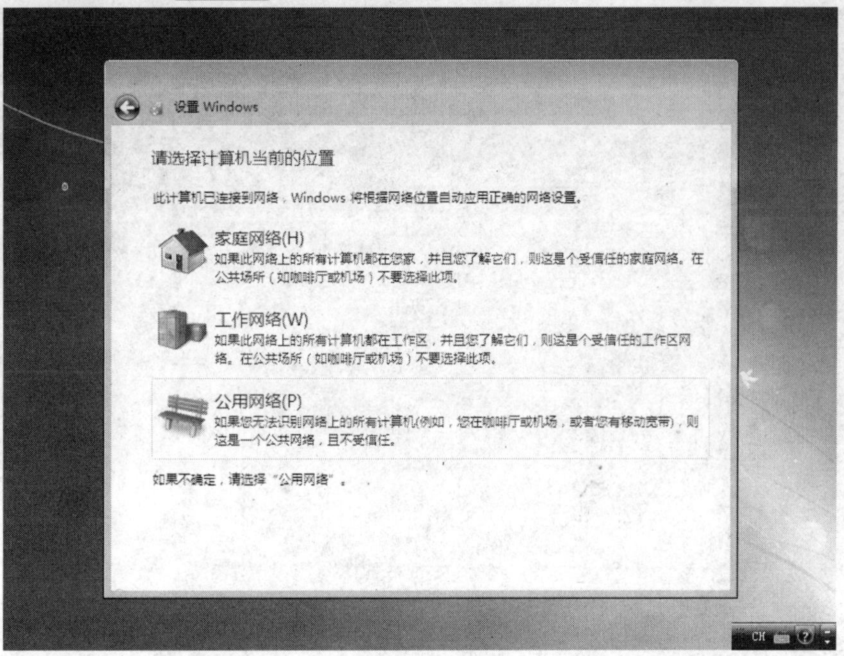


图4-62　网络设置

**说明**　此处有 3 种网络类型供选择，可根据提示信息进行选择。对于一般用户或对网络类型不清楚的用户通常选择默认的“公用网络”即可。

(22) 选择【公用网络】选项，安装程序将提示完成设置，如图 4-63 所示。

图4-63　提示完成设置

(23) 完成设置后显示欢迎界面，最后进入操作系统界面，如图 4-64 和图 4-65 所示。

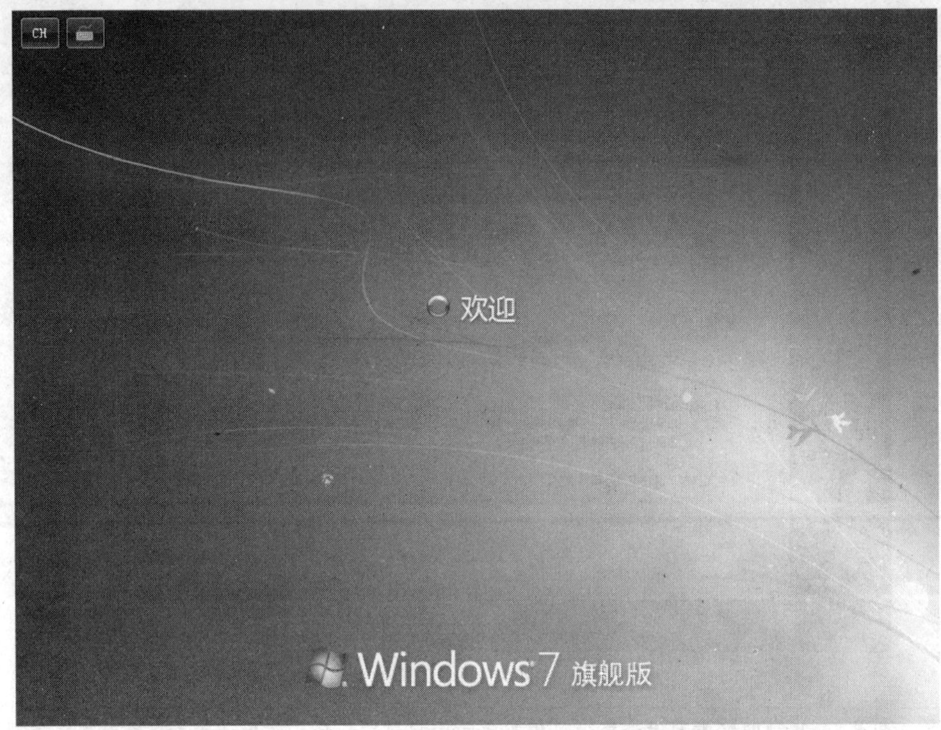


图4-64 欢迎界面

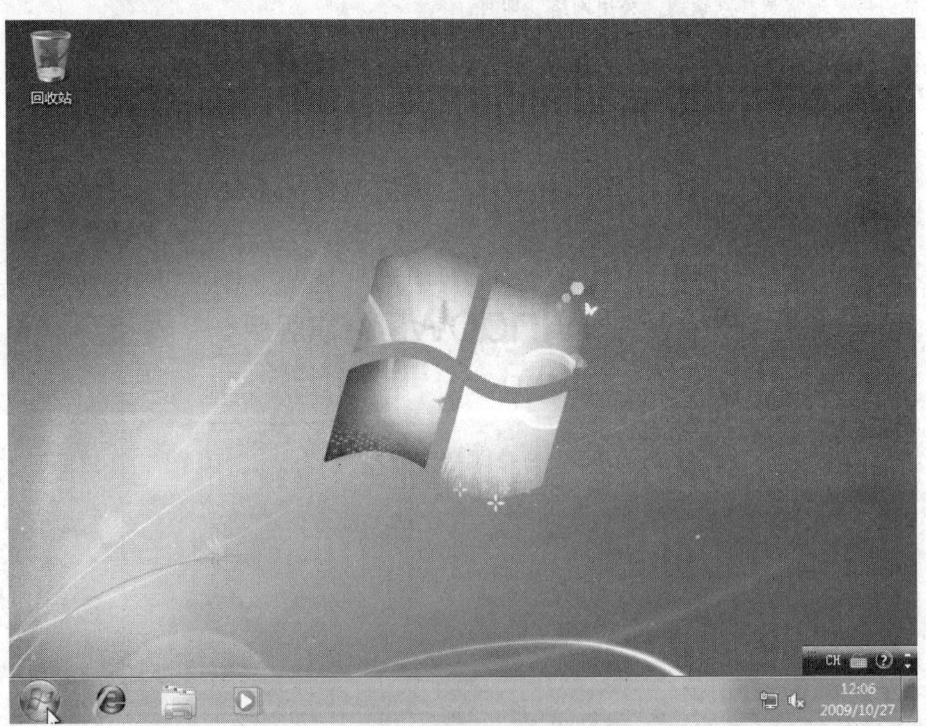


图4-65 操作系统界面

至此，Windows 7 操作系统安装完成。

## 小结

本项目主要从安装操作系统出发，涉及硬盘的分区与格式化操作，并全面介绍了Windows XP和Windows 7操作系统的安装过程。计算机中硬件如果要发挥最好的性能，不仅需要硬件与硬件之间的配置恰当，而且需要正确安装驱动程序，常见驱动程序的安装方法在本项目中也进行了详细介绍。

## 习题

1. 独立完成 Windows XP 操作系统的安装，并了解各个安装步骤所完成的工作。
2. 文件系统格式有那些种类？并了解它们之间的区别。
3. 查看自己计算机硬件的驱动情况。
4. 独立安装常用的应用软件，如 Office、腾讯 QQ 等。

# 项目五 常用外设的选购与安装

计算机作为一种具有多功能的电子设备，其外设产品也相当丰富，不管是在图形图像的输入输出方面，还是在多媒体应用方面，都为不同的用户提供了多种选择。在增加了选择余地的同时，也就需要用户了解不同设备的种类和性能，以便选择适合自己的产品。

了解常用外设的种类和性能参数。
掌握常用外设的选购方法。
掌握常用外设驱动程序的安装方法。

## 任务一 选购计算机外设

由于外设产品的种类多种多样，而每种产品的性能参数又各不相同，所以用户在选购时可能会感觉无从下手。下面就来详细介绍常用外设的种类和性能参数，并提供选购外设的一般步骤和方法。

### （一） 选购打印机

打印机是将计算机中的文字或图像打印到相关介质上的一种输出设备，在办公、财务等方面应用广泛。而且在打印质量提高的同时，它的价格却越来越低，因此越来越受到个人用户的青睐。

**【实训内容】**

了解打印机的种类和性能参数，掌握打印机的选购方法。

**【实训准备】**

**1. 了解打印机的种类**

从打印原理来看，市面上常见的打印机可分为喷墨打印机、激光打印机和针式打印机。

(1) 喷墨打印机。喷墨打印机按工作原理又可分为固体喷墨和液体喷墨两种类型，而常见的是液体喷墨打印机。喷墨打印机通过喷嘴将墨水喷到打印纸上，实现文字或图形的输出。如图 5-1 和图 5-2 所示为常见的喷墨打印机。

图5-1 惠普 Officejet Pro K5400dn 彩色喷墨打印机

图5-2 爱普生 Stylus Photo R270 彩色喷墨打印机

在彩色打印方面，喷墨打印机可以使用 3 种以上颜色的墨水，所以其颜色范围已超过传统 CMYK 色彩的局限，可以应用到专业彩色图形图像输出的工作环境。如图 5-3 所示为常用彩色喷墨打印机的供墨系统。

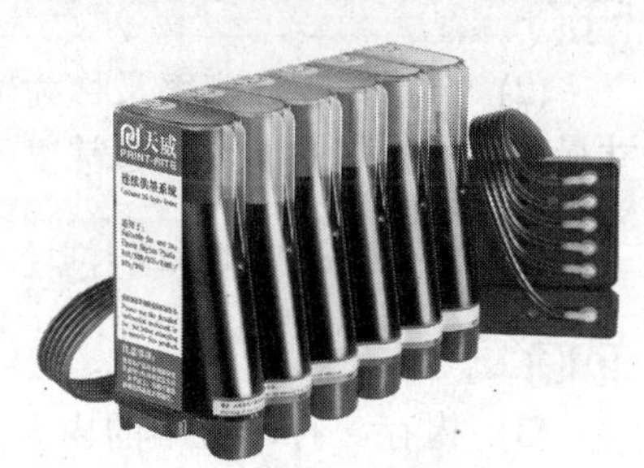

图5-3 彩色喷墨打印机的供墨系统

喷墨打印机具有购机成本较低、体型较小、打印颜色丰富等特点，但打印使用的墨水等耗材比较昂贵，特别是对于一些专业打印机所用的耗材。另外喷墨打印机打印速度较慢，还应经常保持使用状态，以防止墨水凝固堵塞喷嘴，并需要定期进行维护和保养。

(2) 激光打印机。激光打印机的主要部件为装有碳粉的感光鼓和定影主件两部分。打印时感光鼓接收激光束，产生电子以吸引碳粉，然后印在打印纸上，再传输到定影主件加热成型。

激光打印机也可分为黑白激光打印机和彩色激光打印机两种类型，如图 5-4 和图 5-5 所示。在彩色打印方面，虽然在色彩方面没有喷墨打印机丰富，但打印成本较低，而且随着技术水平的提高，彩色激光打印机的打印效果也越来越接近真实色彩。

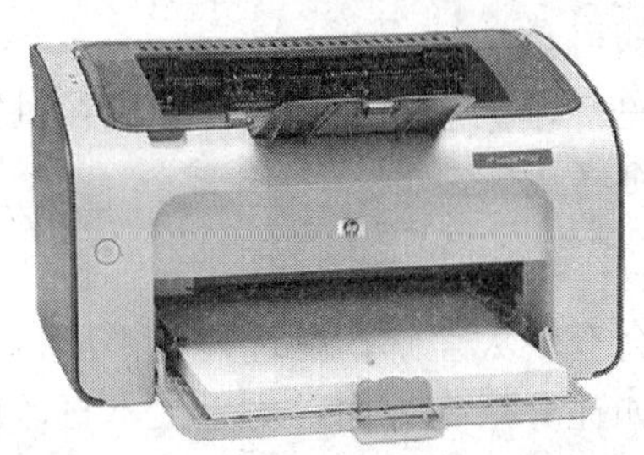

图5-4 HP LaserJet P1007(CC365A)黑白激光打印机

图5-5 三星 CLP-315 彩色激光打印机

激光打印机不管是在黑白打印还是在彩色打印方面，都具有打印成本低、打印速度快、打印精度高、对纸张无特殊要求和低噪声等特点。

(3) 针式打印机。针式打印机也称为点阵式打印机，是一种机械打印机，其工作方式是利用打印头内的点阵撞针撞击色带和纸张以产生打印效果。如图 5-6 所示为常见针式打印机的外观。

针式打印机具有结构简单、价格适中、形式多样、适用面广等特点，主要应用于打印工程图、电路图等工程领域，以及票据、报表等需要多份同时打印的场合。

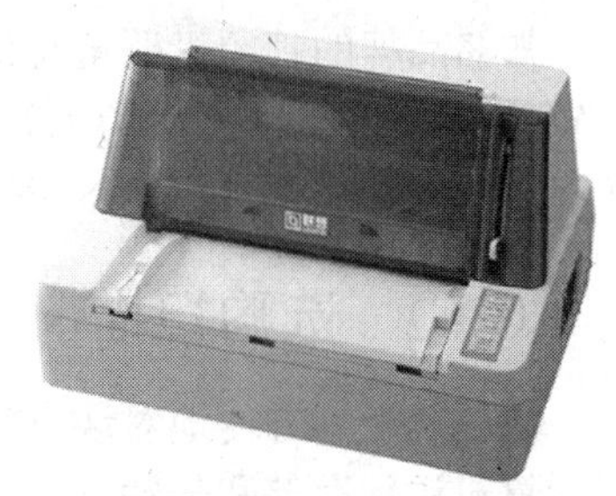

图5-6 联想 DP600+针式打印机

2. 了解打印机的性能参数

对于不同类型的打印机，标注的性能参数也有所不同，其共有的性能参数主要有打印速度、分辨率和内存 3 个。

(1) 打印速度。对于喷墨打印机和激光打印机，打印速度是指打印机每分钟打印输出的纸张页数，单位用“页/分”（Pages Per Minute，PPM）表示。

说明：对于针式打印机，打印速度通常指单位时间内能够打印的“字体数”或“行数”，用“字/秒”或“行/分”表示。

(2) 分辨率。分辨率又称为输出分辨率，是指在打印输出时横向和纵向两个方向上每英寸最多能够打印的点数，通常以“点/英寸”（dot per inch，dpi）表示。

说明：打印分辨率是衡量打印机打印质量的重要指标，它决定打印机打印图像时所能表现的精细程度和输出质量。

(3) 内存。打印机中的内存用于存储要打印的数据，其大小是决定打印速度的重要指标，特别是在处理数据量大的文档时，更能体现内存的作用。

目前主流打印机的内存主要有 8MB～16MB，高档打印机有 32MB 或更高。

**【操作步骤】**

选购打印机的步骤和要点如下。

1. 确定打印机类型

根据应用场合选择不同类型的打印机，如果需要打印票据等，应选用针式打印机；如果需要快速打印数量较多的内容，例如，办公应用，则应选用激光打印机；如果是在家庭使用，打印数量有限，一般购买比较便宜的喷墨打印机即可。

根据是否需要打印彩色图像选择黑白打印机或彩色打印机，一般彩色打印机在机器价格和耗材价格上都比黑白打印机贵，所以在选购时应仔细考虑。

2. 确定打印机性能

对于同种类型的打印机产品，性能不同在价格上会有较大差别，在选购时不应盲目追求高性能，而应该根据打印需要选择性能适宜的产品。如在分辨率方面，对于文本打印而言，600dpi 就已经可以达到相当出色的打印质量；而对于照片打印而言，更高的分辨率可以打印更加丰富的色彩层次和更平滑的中间色调过渡，通常需要 1 200dpi 以上的分辨率。

3. 确定打印机的品牌

知名品牌的打印机质量有保证，售后服务一般较好，通常保修时间为 1 年，而且耗材也比较容易购买。目前市场上知名的打印机品牌主要有联想（Lenovo）、惠普（HP）、三星（Samsung）、爱普生（EPSON）、松下（Panasonic）、佳能（Canon）、方正（Founder）等。

## （二） 选购扫描仪

扫描仪能够方便地对现有的图书或图像资料进行扫描，将其转换成图像数据，以方便使用计算机进行存储和传输。

**【实训内容】**

了解扫描仪的种类和性能参数，并掌握扫描仪的选购方法。

**【实训准备】**

### 1. 了解扫描仪的种类

根据扫描原理的不同，扫描仪有很多种类型，一般常用的扫描仪类型有平板式扫描仪、便携式扫描仪和滚筒式扫描仪 3 种。

(1) 平板式扫描仪。平板式扫描仪在扫描时由配套软件控制扫描过程，具有扫描速度快、精度高等优点，广泛应用于平面设计、广告制作、办公应用、文学出版等众多领域，如图 5-7 所示。

佳能 CanoScan 5600F 平板扫描仪

惠普 Scanjet G3010

图5-7　平板扫描仪

(2) 便携式扫描仪。便携式扫描仪具有体积小、质量轻、携带方便等优点，如图 5-8 所示。

方正 Z28d

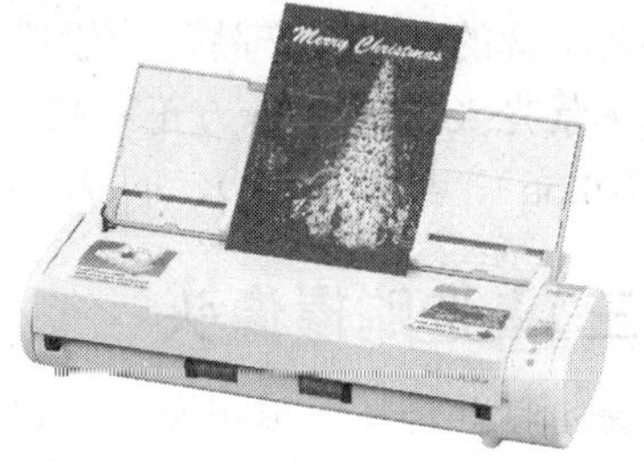


富士通 ScanSnap S300M

图5-8　便携式扫描仪

(3) 滚筒式扫描仪。滚筒式扫描仪一般应用在大幅面的扫描领域中，其分辨率高，能快速处理大面积的图像，输出的图像普遍具有色彩还原逼真、放大效果优秀、阴影区域细节丰富等优点，如图 5-9 所示。

图5-9　松下 KV-S2045CCN 滚筒式扫描仪

### 2. 了解扫描仪的性能参数

不同类型的扫描仪，通常都具有以下几个主要的性能参数。

(1) 分辨率。扫描仪的分辨率又分为光学分辨率和最大分辨率，在实际购买时应以光学分辨率为准，最大分辨率只在光学分辨率相同时作为一种参考。

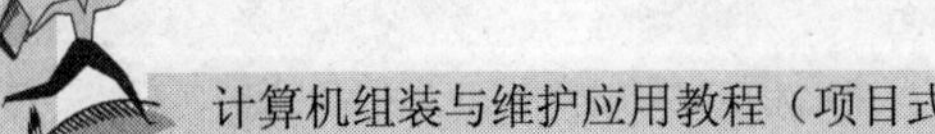


光学分辨率是指扫描仪物理器件所具有的真实分辨率。用横向分辨率与纵向分辨率两个数字相乘表示，如 600dpi×1200dpi。

(2) 色彩位数。它是指扫描仪对图像进行采样的数据位数，也就是扫描仪所能辨析的色彩范围。扫描仪的色彩位数越高，扫描所得的图像色彩与实物的真实色彩越接近。目前市场上扫描仪的色彩位数主要有 18 位、24 位、30 位、42 位和 48 位等。

(3) 扫描范围。它是指扫描仪最大的扫描尺寸范围，它由扫描仪内部机构设计和扫描仪的外部物理尺寸决定。通常可分为 A4、A4 加长、A3、A1 和 A0 等，一般的平板扫描仪为 A4 纸大小。

【操作步骤】

选购扫描仪的步骤和要点如下。

1. 确定扫描仪的种类

对于一般的个人用户，选择 A4 纸大小的平板式扫描仪或便携式扫描仪就足以满足需要；而对于需要扫描大幅面图像的商业用户，则应选用滚筒式扫描仪。

2. 确定扫描仪的性能

如果是家庭使用，仅扫描一些文档或照片等，那么选购分辨率为 600dpi×1 200dpi、色彩位数为 32 位的扫描仪即可满足需要。

如果是广告以及图形图像处理等专业用途，则应当选购分辨率为 1 200dpi×2 400dpi、色彩位数为 48 位或以上的扫描仪。

3. 确定扫描仪的品牌

知名品牌的扫描仪产品，一般质量较高，售后服务也有保障。当前知名的扫描仪品牌主要有清华紫光（Thunis）、方正科技（Founder）、中晶、爱普生（EPSON）、佳能（Canon）、尼康（Nikon）、惠普（HP）、明基（BenQ）等。

## （三） 选购摄像头

摄像头是一种数字视频的输入设备，现如今的数字化时代，它的应用已相当普遍，如图 5-10 和图 5-11 所示。常见的应用场合主要有视频聊天、网络会议、远程监控等。

图5-10 罗技快看畅想版

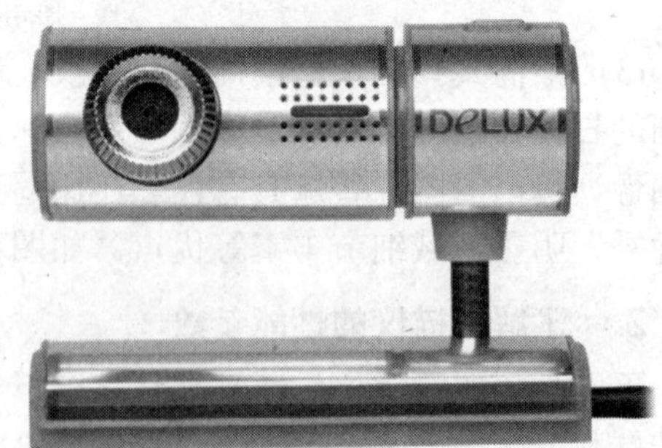


图5-11 多彩 DLV-C33 摄神

【实训内容】

了解摄像头的性能参数，并掌握摄像头的选购方法。

【实训准备】

了解决定摄像头质量优劣的几项性能参数。

1. 最高分辨率

摄像头的最高分辨率是指摄像头解析图像的最大能力，即摄像头的最高像素数。它是摄像头的主要性能指标之一。

像素越高，摄像头捕捉到的图像信息就越多，图像分辨率就越高，相应的屏幕图像就越清晰。如 30 万像素的摄像头，其最高分辨率一般为 640×480 像素，50 万像素摄像头的最高分辨率一般为 800×600 像素。

目前市场上常见摄像头有 30 万像素、130 万像素、500 万像素和 800 万像素等。

2. 色彩位数

色彩位数又称彩色深度，数码摄像头的色彩位数参数反映了摄像头能正确记录色调的多少，其值越高，就越可能更真实地还原亮部及暗部的细节特征。

色彩位数以二进制的位（bit）为单位，如常见的摄像头的色彩位数为 24 位，说明其可以表示 $2^{24}$ 种颜色。

3. 传输接口

传输接口决定了是否能够得到清晰流畅的图像，特别是对于像素数较高的摄像头。市场上绝大多数摄像头都是 USB 接口，早期的 USB 1.1 接口可提供 12Mbit/s 的数据传输率，现在基本已被淘汰，而 USB 2.0 则可以提供 480Mbit/s 的传输率。

4. 图像调节能力

质量好的摄像头通常具有调焦能力、自动补偿曝光能力，能够保证在不同距离以及不同光照环境下得到清晰的图像。

【操作步骤】

选购摄像头的步骤和要点如下。

1. 查看摄像头的分辨率

一般情况下，在可以接受的价格范围内，摄像头的分辨率越大越好。但要注意有些摄像头的实际分辨率只有 200 万像素，而通过软件增值后可达到 800 万像素，在选购时应对这两个参数进行正确的区分。

2. 注重实际效果

一般摄像头的调焦能力、曝光能力等不容易通过参数看出来，所以在选购时应在现场实地测试一下，例如可以应将摄像头分别放在强光处和暗处进行操作，以测试其曝光能力。

3. 考虑摄像头附加软件和外形

通常情况下，摄像头都会在驱动光盘中附送一些软件，在购买摄像头的时候，也要注意附送软件的情况，如果附带的软件能够充分发挥摄像头的应用范围，那么即使价格稍贵一些也是值得的。

关于其外形，主要需考虑其大小和安放位置，如对于笔记本电脑用户，可选用能夹在显示屏上的摄像头，如图 5-12 和图 5-13 所示。

图5-12 蓝色妖姬 T999

图5-13 ANC 酷客超强版

## （四） 选购投影仪

继背投、等离子和液晶电视之后，在商业与教育行业应用得最为广泛应用的投影仪也逐渐受到普通用户的关注。常见投影仪的外观如图 5-14 和图 5-15 所示。

图5-14 纽曼 NM-PT01

图5-15 索尼 VPL-CX130

与高端电视产品相比，投影仪具有画面大、亮度好、无辐射，可兼容多种视频信号，播放尺寸不受限制，重量轻等优点。它能连接有线电视或普通电视，直接接收多达 100 套电视节目，还可以接收 DVD、VCD、LD 等设备的视频信号和计算机的数字信号。当投影仪与音响组合成多媒体家庭影院时，其视听效果可以与真正的影院媲美，其应用如图 5-16 所示。

图5-16 投影仪的应用

目前市场上的投影仪都是使用和显示器一样的视频接口，不需要安装驱动程序，使用很方便，直接连接到计算机的视频接口即可。

【实训内容】

了解投影仪的使用方式、性能参数及选购要点。

【实训准备】

1.　了解投影仪的使用方式

在选择购买投影仪之前，首先应熟悉投影仪的使用方式。投影仪在使用时分为台面正向投射、天花板吊顶正向投射、台面背面投射、吊顶背面投射、背投一体箱式等类型。

正向投射是指投影仪与观看者处于同一侧；背面投射是指投影仪与观看者分别在屏幕两端，这时需要使用背投屏幕，如果空间较小，可选择背面反射镜折射的方法。如果需要固定安装使用，可选择吊顶方式，但必须注意防尘和散热。

2. 了解投影仪的主要性能参数

投影仪的性能参数较多，只有在选购投影仪之前正确认识这些参数的含义，才能分清投影仪的档次，有针对性地选择适合的投影仪。

(1)　画面尺寸。画面尺寸是指投影仪投出画面的大小，主要有最小图像尺寸和最大图像尺寸，一般用对角线的尺寸表示，单位是英寸。最小画面尺寸和最大画面尺寸是由镜头的焦距决定，在这两个尺寸之间投射的画面可以清晰聚焦，如果超出这个范围，则会出现画面不清晰和投影效果差等情况。

(2)　输出分辨率。输出分辨率指投影仪投出图像的分辨率，可分为物理分辨率和压缩分辨率。物理分辨率决定图像清晰程度，而压缩分辨率决定投影仪的适用范围。

物理分辨率越高，则可接受分辨率的范围也越大，投影仪的适应范围也就越广。

说明

目前市场上应用最多的为 SVGA（分辨率为 800 像素×600 像素）和 XGA（分辨率为 1024 像素×768 像素）两种，其中 XGA 的产品价格比 SVGA 的价格高一倍左右。

(3)　水平扫描频率。电子束在屏幕上从左至右的运动称为水平扫描，每秒钟扫描次数就叫水平扫描频率。水平扫描频率是区分投影仪档次的重要指标。

视频投影仪的水平扫描频率是固定的，为 15.625KHz（PAL 制）或 15.725KHz（NTSC 制），频率范围在 15KHz～60KHz 的投影仪通常叫做数据投影仪，上限频率超过 60KHz 的通常叫做图形投影仪。

(4)　垂直扫描频率。电子束在进行水平扫描的同时，会从上向下作扫描运动，这一过程称为垂直扫描。每扫描一次形成一幅图像，每秒钟扫描的次数就叫垂直扫描频率，也叫刷新频率，单位用 Hz 表示。垂直扫描频率越高，图像越稳定，并且一般不能低于 50Hz，否则图像会有闪烁感。

(5)　亮度。亮度是投影仪的一个重要性能参数，使用单位 lm（流明）表示。投影仪的亮度表现受环境影响很大，同时画面尺寸越大，亮度也越暗。目前市场上 LCD 投影仪的亮度都在 500lm 以上，主流产品的亮度在 1 000lm 左右。

(6)　对比度。对比度反映投影仪所投影出的画面最亮与最暗区域之比，其对视觉效果的影响仅次于亮度参数，一般来说，对比度越大，图像越清晰醒目，色彩也越鲜明艳丽。

(7)　灯泡类型和寿命。投影仪的灯泡是耗材，一般能正常使用 3 年以上。灯泡的种类主要有金属卤素灯泡、UHE 灯泡和 UHP 高能灯。

金属卤素灯泡价格便宜但半衰期短，一般使用 2 000h 左右亮度会降低到原来的一半左右。UHE 灯泡价格适中且发热量低，在使用 2 000h 后亮度几乎不衰减，是目前中档投影仪中广泛采用的理想光源。UHP 高能灯发热较少且使用寿命长，一般可以正常使用 4 000h 以上，

并且亮度衰减很小，但价格昂贵，一般应用于高档投影仪上。

【操作步骤】

投影仪产品一般价格昂贵，其选购的步骤和要点如下。

1. 根据使用方式确定机型

在选购前应根据使用环境，确定购买机器的类型，避免造成购买后使用不便。

说明：由于摆放位置的限制，投射的影像可能变成梯形，因此，购买的投影仪最好应具备梯形矫正功能，该功能一般通过数码影像变形技术，将投射的影像变回正方形。

2. 亮度与对比度要适中

高亮度可以使投影仪投射图像清晰亮丽，不过亮度越高，价格越贵，而且高亮度的投影仪在家庭房间等小环境中使用时会很刺眼，容易造成眼睛疲劳，长期观看会影响用户健康。因此根据客厅具体面积的不同，选购的家用投影仪亮度一般控制在 500lm 到 1000lm 之间，太高或太低都不太适合在光线较暗的环境中使用。

说明：对比度和亮度是相关联的一个因素，如果亮度在 500lm ~ 1 000lm，对比度选择为 400:1 左右即可。

3. 选择分辨率合适的投影仪

分辨率越高，投影仪的图像越清晰，价格也越高。虽然 SVGA 的效果已经能满足家庭的需要，但是从长远的角度看，如果经济条件允许，最好购买物理分辨率为 XGA 标准的投影仪，它的显示效果更清晰、亮丽。

4. 注意投射距离

对于家庭用户来说，居住的面积十分有限，安装的投影仪到屏幕之间的距离并不大，因此对于空间狭窄的家居环境而言，投射距离成为选购投影仪的重要条件之一，用户应对比不同的投影仪在相同的投射对角尺寸下的投射距离，而不能只注意规格表上的最短投射距离。

5. 耗材及售后服务

对于投影仪而言，灯泡作为唯一的耗材，其寿命直接关系到投影仪的使用成本，所以在购买时一定要咨询灯泡寿命和更换成本。不同类型的灯泡价格相差较大，在选购时应根据预算选择合适的投影仪。

说明：需要注意的是，不同品牌投影仪使用的灯泡一般不能互换使用，因此购买投影仪时应选择购买知名品牌的投影仪，这样可以避免后顾之忧。

## 任务二 安装外设驱动程序

对于计算机的外部设备，大都需要安装相应的驱动程序才能正常使用，而不同的外设其驱动程序的安装方法也有所不同，下面就来介绍几种常见外设驱动程序的安装方法。

## （一） 安装打印机驱动程序

打印机已经成为办公中不可缺少的外部设备，当第一次将打印机连接到计算机时，系统会自动识别硬件设备，并提示安装相应的驱动程序。下面介绍 Canon LBP3018 打印机驱动的安装方法。

**【实训内容】**

掌握打印机驱动程序的安装方法。

**【实训准备】**

准备设备：Canon LBP3018 打印机及打印机驱动光盘。

**【操作步骤】**

(1) 采用系统引导方式安装驱动程序。

① 将打印机连接到计算机上，然后重启计算机，系统会弹出【找到新的硬件向导】对话框，如图 5-17 所示。

② 将打印机附送的 CD 光盘插入光驱，选择第一项，然后单击 下一步(N) > 按钮，弹出如图 5-18 所示的对话框。

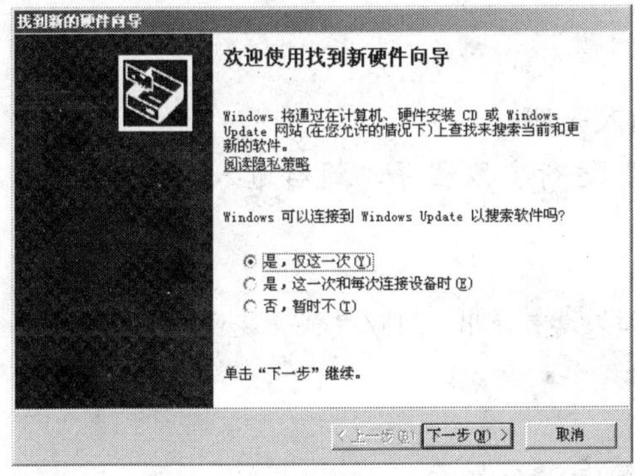


图5-17 【找到新的硬件向导】对话框

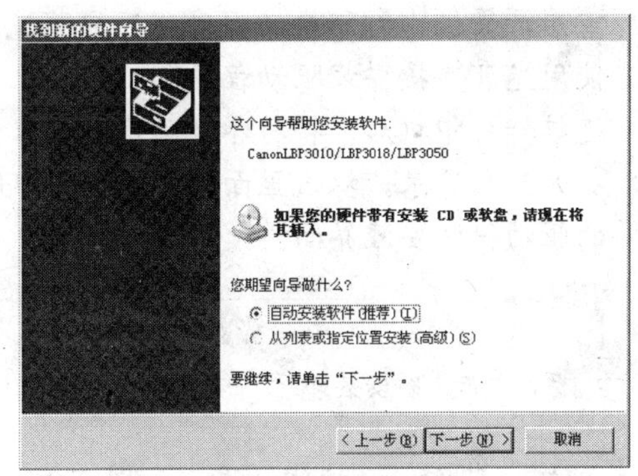


图5-18 选择 CD 位置

说明

如果用户对计算机比较熟悉，可以选择第二项，直接找到驱动程序的位置进行安装，这样可以省去计算机搜索的时间；一般情况下采用默认的选项。

③ 采用默认选项，单击 下一步(N) > 按钮，系统开始自动搜索驱动程序，如图 5-19 所示。

④ 当系统搜索到相应的程序后，会列出搜索到的相关信息，如图 5-20 所示。

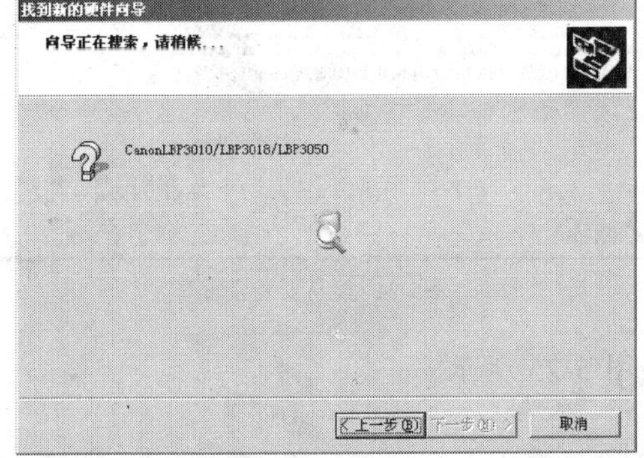


图5-19 搜索驱动程序

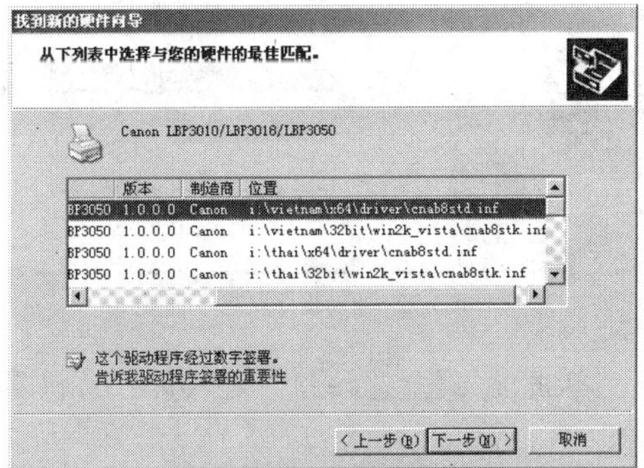


图5-20 选择所需安装的驱动程序

⑤ 由于打印机的型号不同，其驱动程序也不同，请读者参见打印机的说明书进行相应的选择，这里选择列表中最后一项，然后单击下一步(N) >按钮，开始复制文件，如图 5-21 所示。

⑥ 文件复制完成后，弹出如图 5-22 所示的完成对话框。

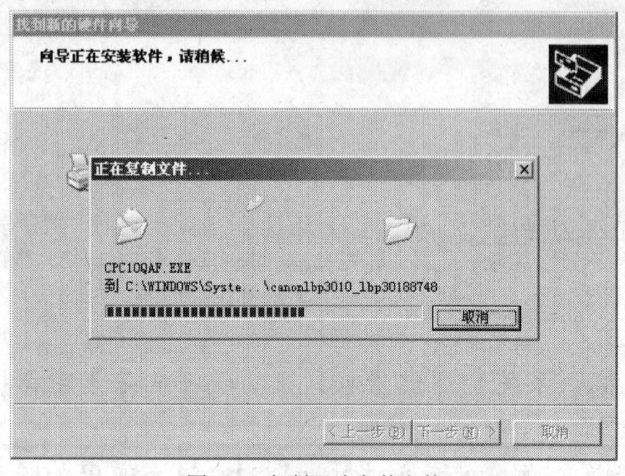


图5-21 复制驱动安装文件

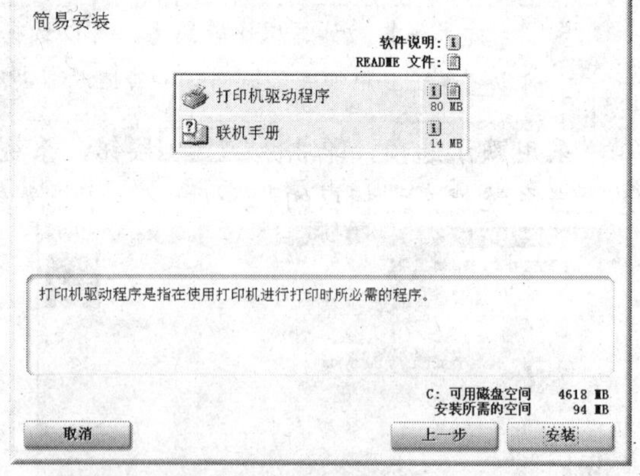


图5-22 完成驱动程序的安装

⑦ 重启计算机，打印机的驱动程序安装完成。

(2) 使用光盘直接安装驱动程序。

① 连接好打印机后，将打印机附送的 CD 光盘插入光驱。

② 打开光盘目录，双击里面的"AUTORUN.exe"运行安装程序，随后进入如图 5-23 所示的驱动程序安装界面。

> **说明** 一般情况下，插入光盘就会弹出安装界面，如果没有弹出，可以寻找安装目录下的安装图标，双击进行安装即可。

③ 单击简易安装按钮，进入如图 5-24 所示的简易安装界面。

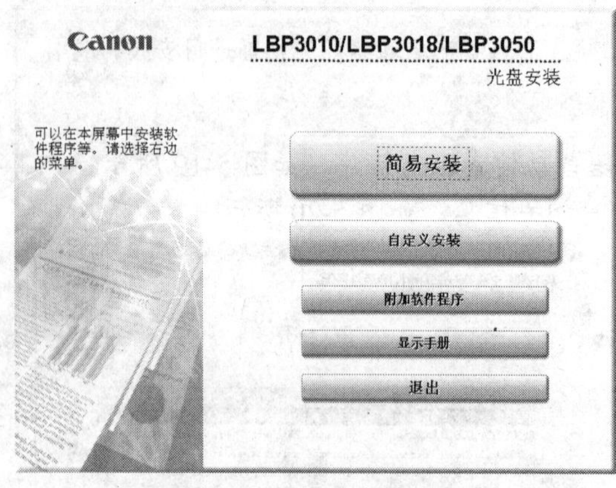


图5-23 驱动程序安装界面



图5-24 简易安装界面

④ 单击安装按钮，进入许可协议界面，如图 5-25 所示。

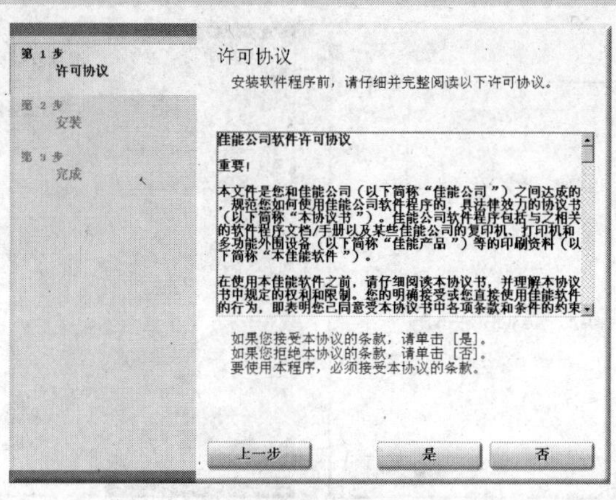

图5-25　许可协议界面

⑤　单击［是］按钮，进入打印机驱动程序安装向导，如图 5-26 所示。

⑥　选择【手动设置要安装的端口】单选按钮，然后单击［下一步(N) >］按钮，选择连接打印机的端口，这里选择的端口是 USB001，如图 5-27 所示。

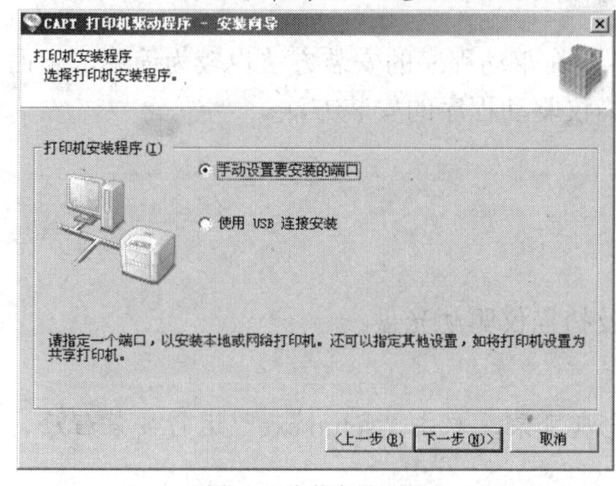

图5-26　安装向导界面

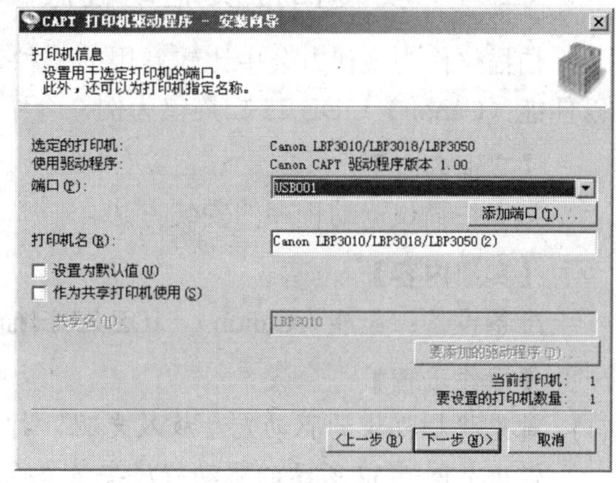

图5-27　选择打印机端口

⑦　然后单击［下一步(N) >］按钮，系统开始安装驱动程序，如图 5-28 所示。

⑧　驱动程序安装完成后将安装联机手册，如图 5-29 所示。

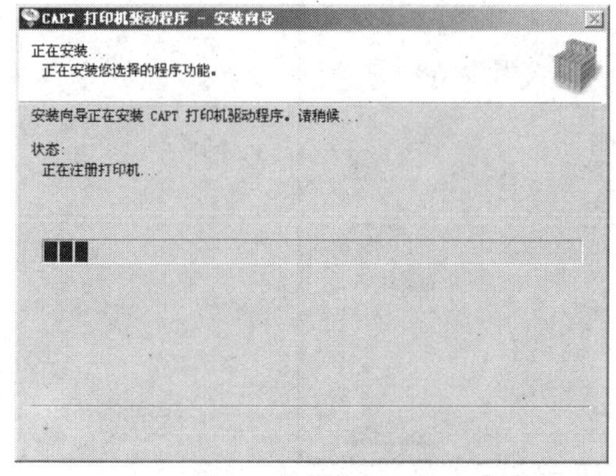

图5-28　安装进度提示

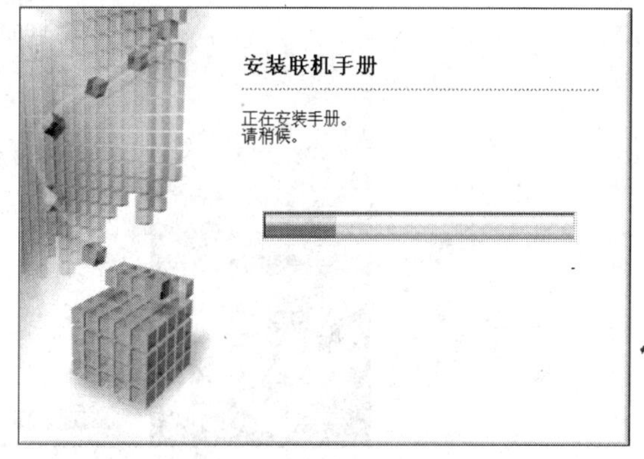

图5-29　安装联机手册

⑨　安装完成后将显示确认信息，如图 5-30 所示。单击［下一步］按钮，进入如图 5-31 所示的安装完成界面，根据提示重启计算机即可。

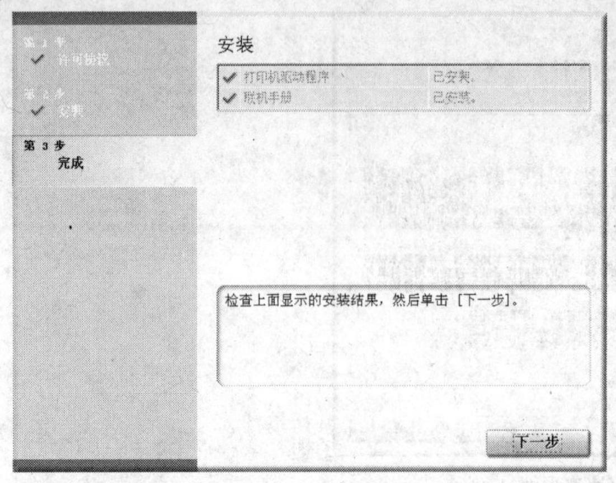


图5-30 确认信息

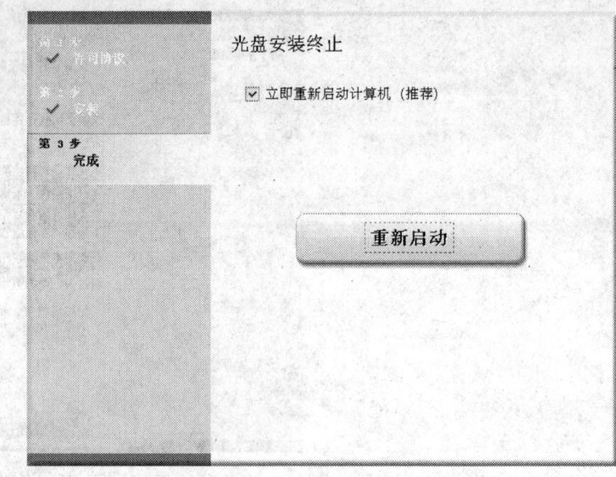


图5-31 安装完成界面

⑩ 至此，打印机的驱动程序安装完成。

## （二） 安装扫描仪驱动程序

扫描仪作为现代办公中比较常用的一种设备，其驱动程序的安装方法也较为简单。下面以佳能（Canon）LiDE 25 扫描仪为例，介绍扫描仪驱动程序的安装方法。

**【实训内容】**

掌握扫描仪驱动程序的安装方法。

**【实训内容】**

准备设备：佳能（Canon）LiDE 25 扫描仪及扫描仪驱动光盘。

**【操作步骤】**

(1) 首先将扫描仪的驱动光盘放入光驱，打开光盘目录，双击“setup.exe”运行安装程序，弹出如图 5-32 所示的驱动程序安装界面。

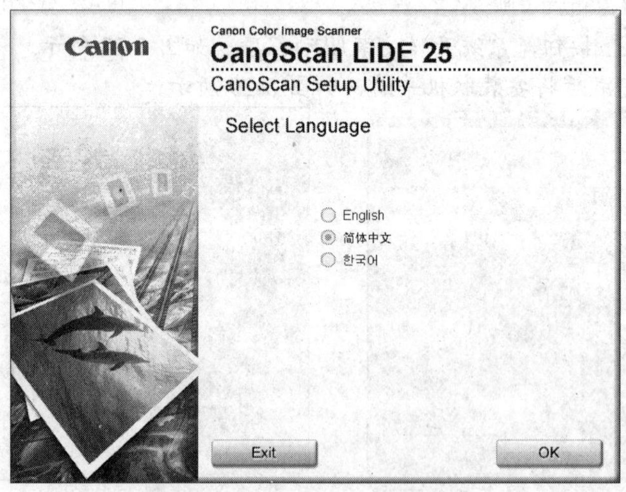


图5-32 驱动程序安装界面

(2) 选择【简体中文】单选按钮，单击 OK 按钮，进入安装向导界面，如图 5-33 所示。

图5-33　安装向导界面

(3) 单击 安装 按钮，进入注意事项界面，如图 5-34 所示。

(4) 单击 下一步 > 按钮，进入组件选择界面，如图 5-35 所示，在此选择要安装的组件。

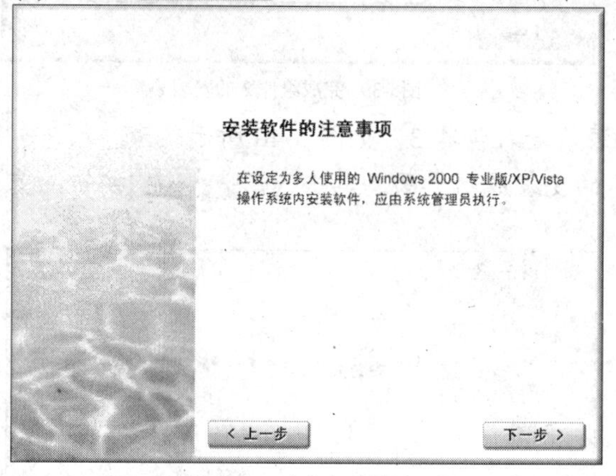


图5-34　注意事项界面

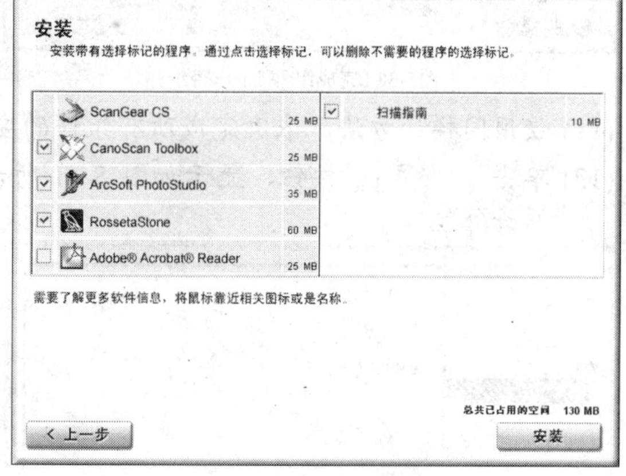


图5-35　组件选择界面

(5) 根据需要选择要使用的组件，一般情况下可保持默认设置，单击 安装 按钮，开始进行安装。

(6) 安装程序分 3 个步骤完成，首先将进入许可协议界面，如图 5-36 所示。

(7) 单击 是 按钮，同意许可协议并继续进行步骤 2 的安装，如图 5-37 所示。

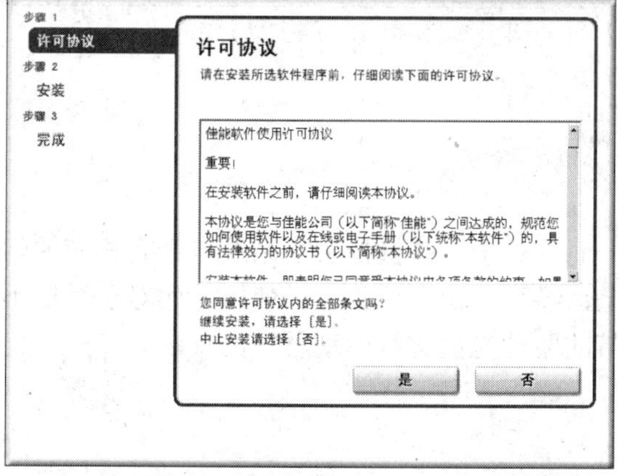


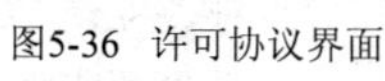
图5-36　许可协议界面

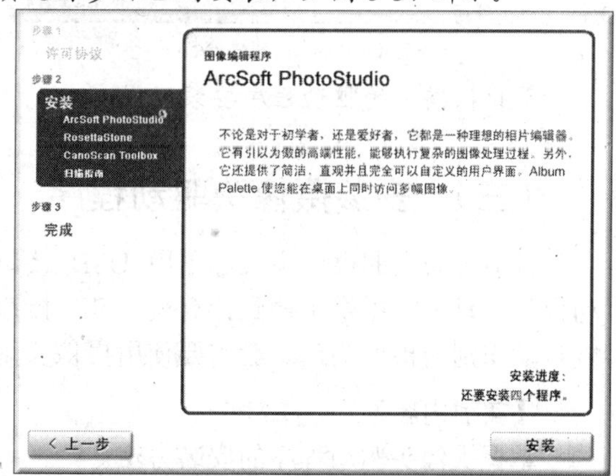


图5-37　步骤 2 的安装界面

(8) 在步骤 2 中将完成所有被选择组件的安装。单击 安装 按钮，进行第 1 个组件的安装。

(9) 安装程序将运行相应的组件程序，根据提示完成第 1 个组件的安装，如图 5-38 所示。

(10) 单击 下一步 > 按钮，继续进行第 2 个组件的安装，如图 5-39 所示。

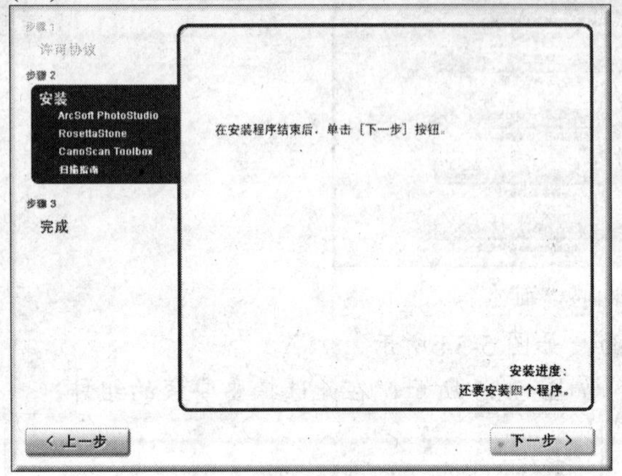


图5-38 完成组件 1 的安装

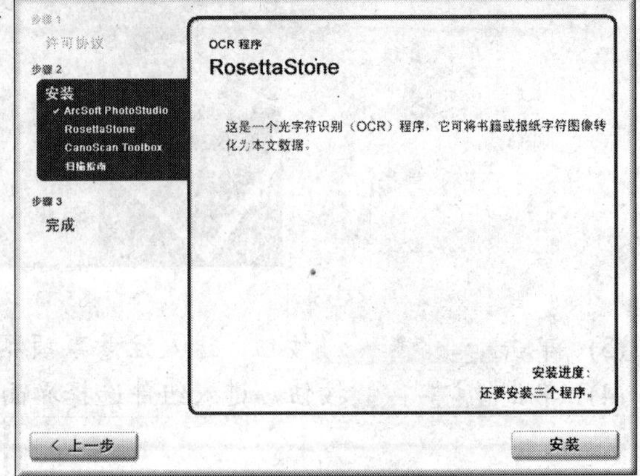


图5-39 完成组件 2 的安装

(11) 使用同样的方法，依次完成所有组件的安装，进入步骤 3，如图 5-40 所示。

(12) 单击 确定 按钮，显示如图 5-41 所示的安装成功界面。单击 重新启动 按钮，重启计算机。

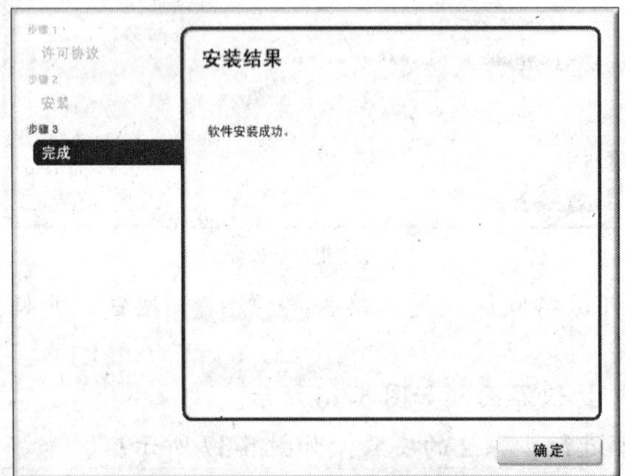


图5-40 完成所有组件安装

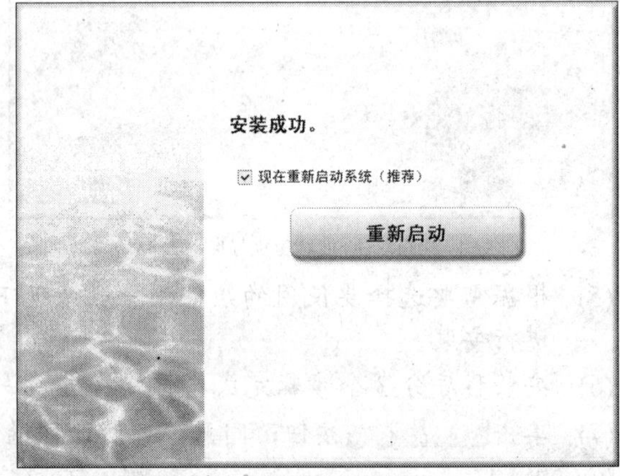


图5-41 安装成功界面

(13) 至此扫描仪的驱动程序安装完成。

## （三） 安装摄像头驱动程序

目前市场上的摄像头大都采用 USB 接口，而且对于有些摄像头，系统自带有相应的驱动程序，只需将摄像头插到计算机 USB 接口上，经系统识别后就可以使用。而对于系统不能自动识别的摄像头，一般需要使用摄像头附带的驱动光盘进行驱动程序的安装。

**【实训内容】**

掌握摄像头驱动程序的安装方法。

**【实训准备】**

一个使用 USB 接口的摄像头，以及该摄像头的驱动光盘。

**【操作步骤】**

(1) 安装驱动软件。

① 首先将摄像头的驱动光盘放入光驱，选择正确的驱动程序目录，双击“setup.exe”运行安装程序，弹出如图 5-42 所示的安装向导。

② 单击 Next > 按钮，进行默认安装，如图 5-43 所示。安装过程中将弹出如图 5-44 所示的提示对话框，单击 仍然继续(C) 按钮继续安装。

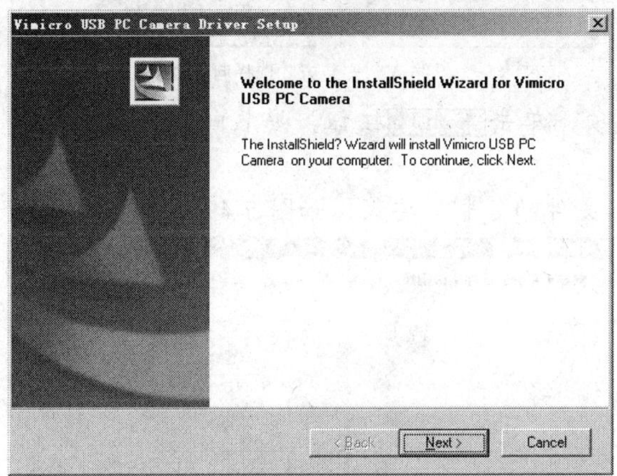


图5-42　安装向导

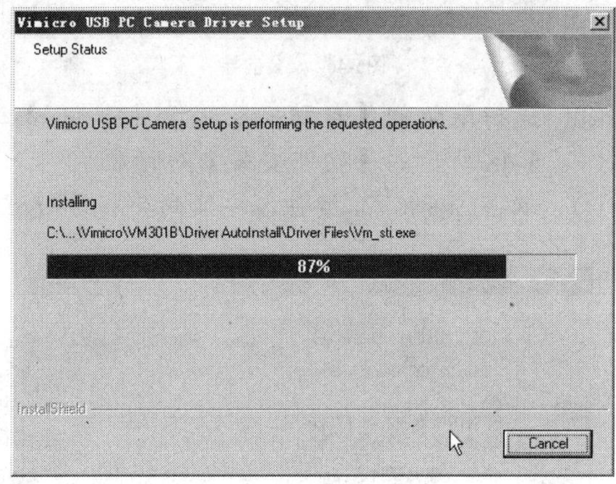


图5-43　安装过程

③ 驱动软件安装结束，如图 5-45 所示，单击 Finish 按钮完成安装。

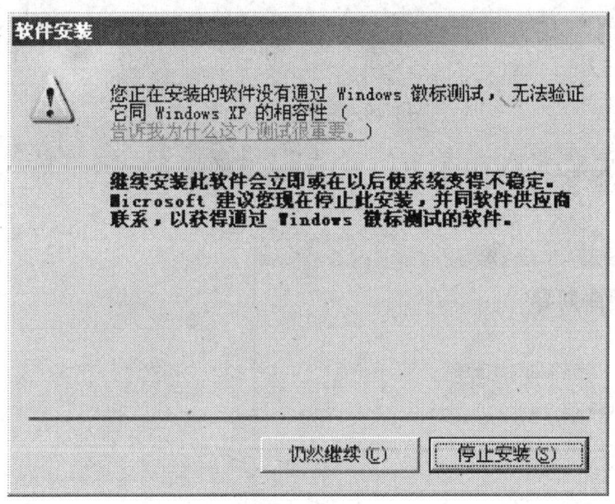


图5-44　安装提示对话框

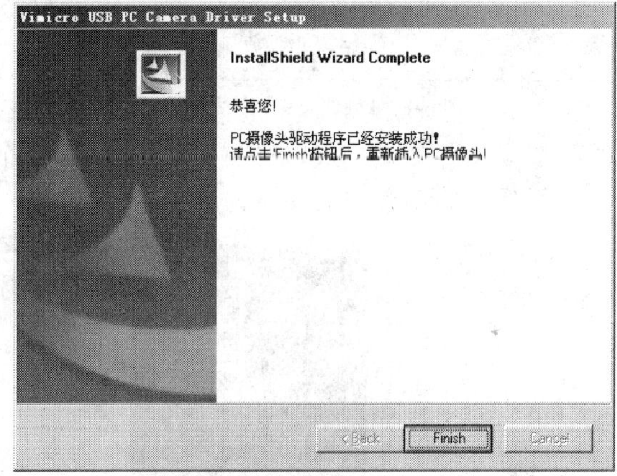


图5-45　驱动软件安装完成

(2) 安装摄像头驱动。

① 将摄像头插入计算机的 USB 接口，系统将自动进行识别，并弹出如图 5-46 所示的对话框，提示需要进行驱动程序的安装。

② 选择【否，暂时不】单选按钮，单击 下一步(N) > 按钮，进入如图 5-47 所示的安装方式选择向导页。

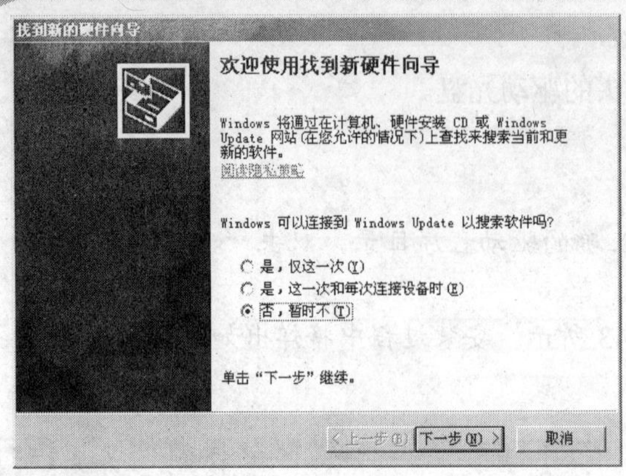


图5-46　安装向导

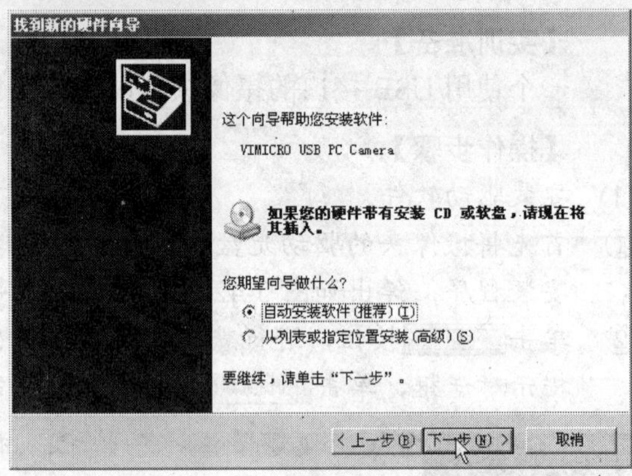


图5-47　安装方式选择向导页

③　保持默认的【自动安装软件（推荐）】选项，单击下一步(N) >按钮，安装向导将弹出如图5-48 所示的【硬件安装】对话框。

④　单击仍然继续(C)按钮，安装向导将进行驱动文件的复制并安装，如图 5-49 所示。

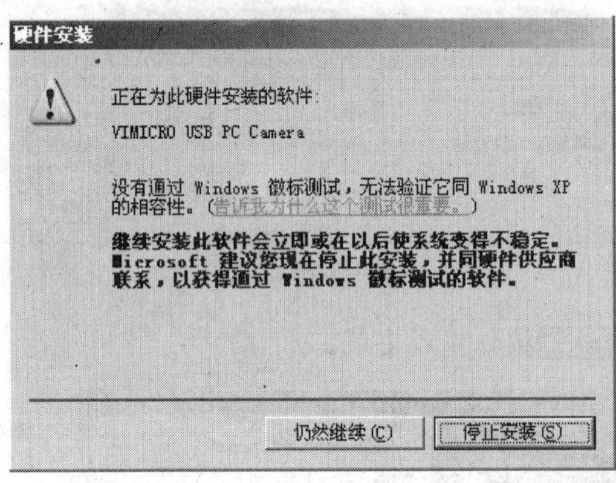


图5-48　【硬件安装】对话框

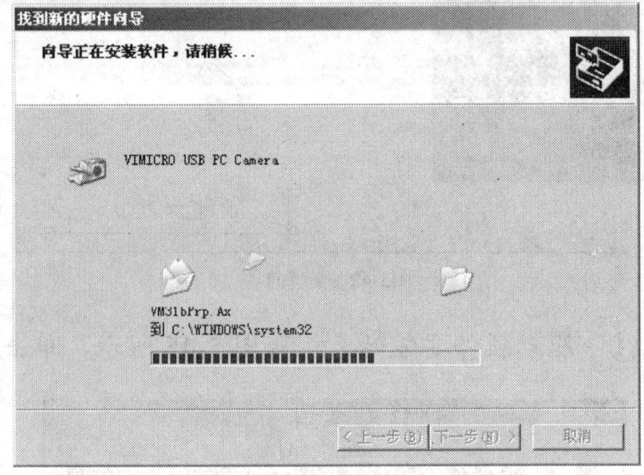


图5-49　复制驱动文件

⑤　驱动文件复制完成，弹出如图 5-50 所示的安装完成向导页，单击完成按钮，完成摄像头驱动程序的安装。

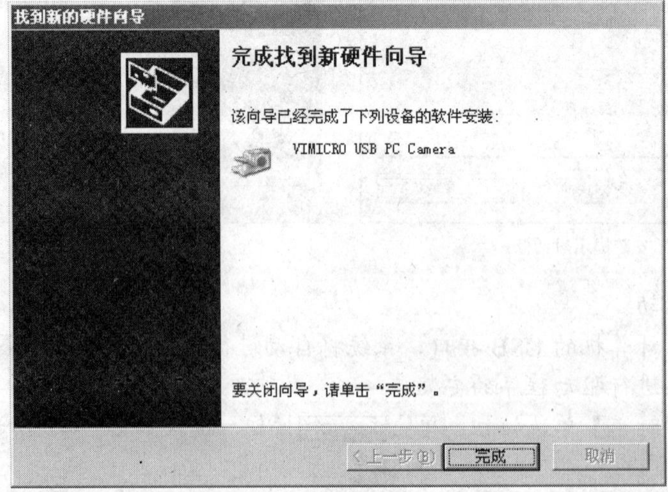


图5-50　安装完成向导页

## 小结

本实训项目介绍了常用外设的选购要点，以及常用外设驱动程序的安装方法。掌握了基本知识以后，在实际应用中还需要多看多比较，再结合学到的知识进行对比选择，便能选购到合适的外设。对于驱动程序的安装，只要多实际操作几次，就会比较熟悉了。

## 习题

1. 打印机有哪些种类？各有什么特点？
2. 打印机有哪些性能参数？
3. 简述打印机的选购方法。
4. 扫描仪有哪些种类？各有什么特点？
5. 试进行一次摄像头驱动程序的安装操作。

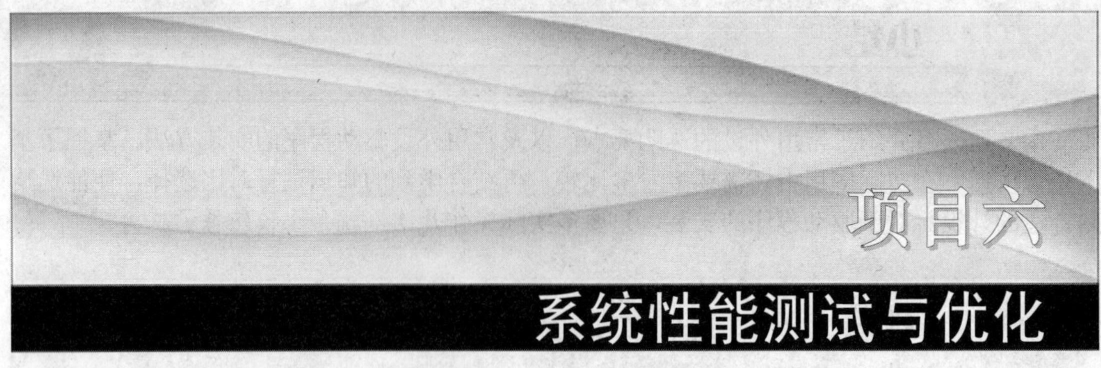


用户若要更全面地熟悉计算机的性能、识别硬件的真伪以及让计算机长期保持最佳的工作状态，就需要对系统的性能进行测试和优化。本实训主要介绍运用软件测试计算机系统的性能以及优化系统的方法，以使用户对系统进行优化时更加方便和快捷。

## 任务一 测试系统性能

通过对系统性能的全面测试，能够为用户提供详细的系统信息（包括硬件和软件），为用户优化系统、管理硬件和软件提供必要依据，同时为识别硬件真伪提供了可靠依据。下面将以两款常用的测试软件为例来进行介绍。

### （一） 用 EVEREST 对整机性能进行测试

EVEREST Ultimate Edition 是国外一款很专业的性能测试软件，它可以详细地显示出计算机每一个方面的信息，而且它还能帮助用户检测并口、串口、USB 这些 PNP 设备，进行各式各样的 CPU 和浮点运算单元（Float Point Unit，FPU）侦测。

**【实训内容】**

掌握使用 EVEREST 检测整机和 CPU 的操作方法。

**【实训准备】**

在本机上安装 EVEREST v5.00.1658 Beta 版。

**【操作步骤】**

#### 1. 检测所有硬件信息

(1) 启动 EVEREST v5.00.1658 Beta，其主界面如图 6-1 所示。

(2) 在左侧的【菜单】栏展开【计算机】/【概述】选项，此时界面右侧显示本机的详细信息，如图 6-2 所示。其中包括计算机、主板、显示设备、多媒体、存储器、网络设备、设备、安全性等全方位的信息。

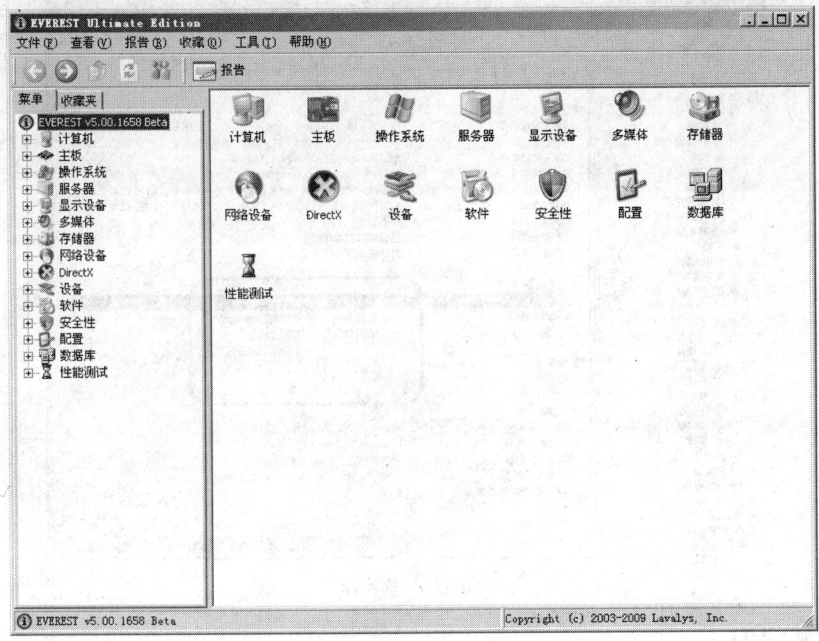


图6-1　EVEREST 主界面

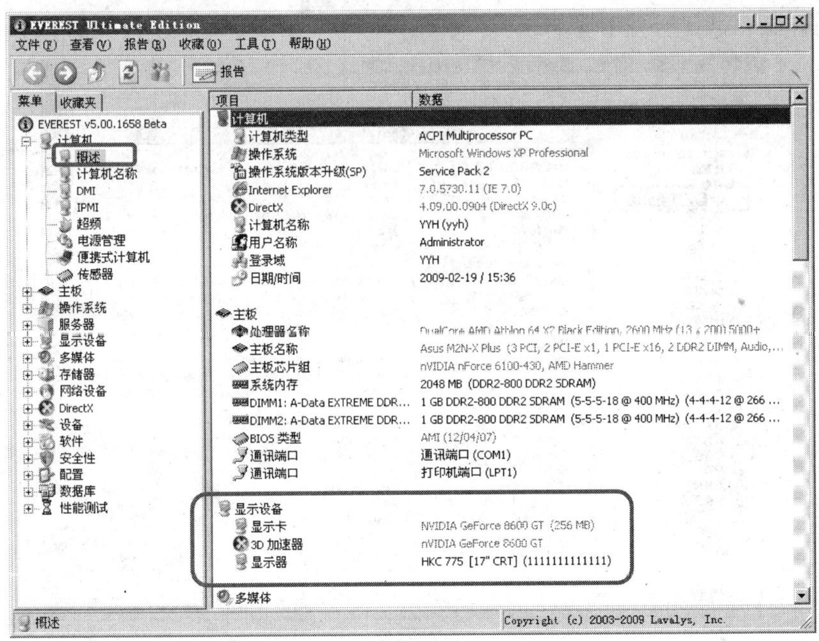


图6-2　计算机的详细信息

例如从显示设备项，可以看出以下信息。

- 显卡芯片：GeForce 8600GT
- 芯片厂商：NVIDIA
- 显存容量：256MB

(3) 单击红色显示框中的参数，还可以进行更新驱动程序等快捷操作，如图 6-3 所示。

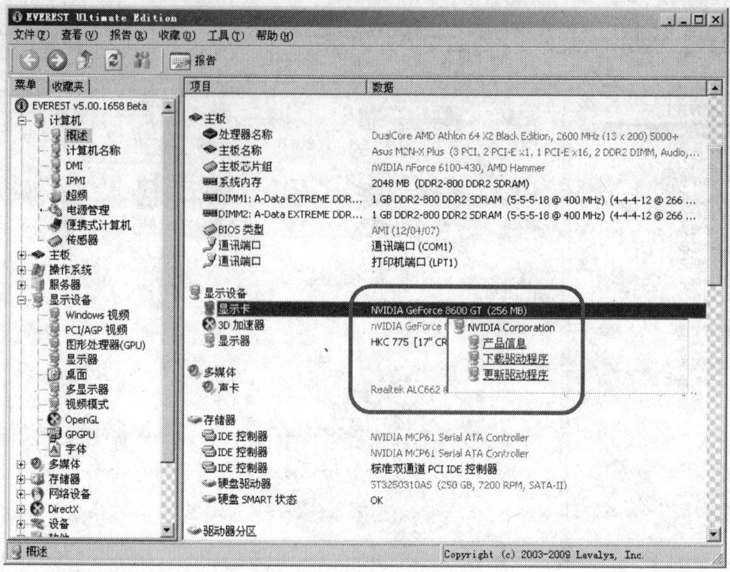


图6-3 快捷操作

## 2. 检测 CPU

(1) 在左侧的【菜单】栏中展开【主板】/【中央处理器（CPU）】选项，此时界面右侧显示 CPU 的详细信息，如图 6-4 所示。

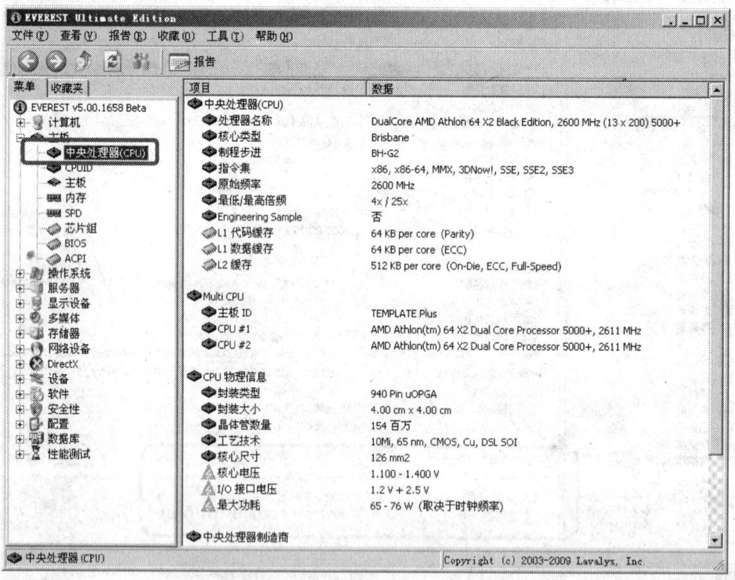


图6-4 CPU 详细信息

(2) 从中可得知 CPU 的主要参数如下。

- CPU 名称：AMD AM2 Athlon 64 X2 5000+(65nm)/黑盒
- 指令集：x86，x86-64，MMX，3DNow!，SSE，SSE2，SSE3
- 原始频率：2600 MHz
- 一级缓存：L1 2*128KB
- 二级缓存：L2 2*512KB

## （二）用 3DMark 对显卡性能进行测试

由于影响显卡性能的因素很多，即使同一型号的显卡它们的性能也会有一些小的差异，所以测试显卡的性能是很有必要的。FutureMark 推出的 3DMark 系统测试软件经过多年的发展，已经成为标准显卡的专业测试软件。其测试的主要方式是通过运行几个测试游戏以从中获得显卡的各个参数，并给出最终的得分，其主界面如图 6-5 所示。

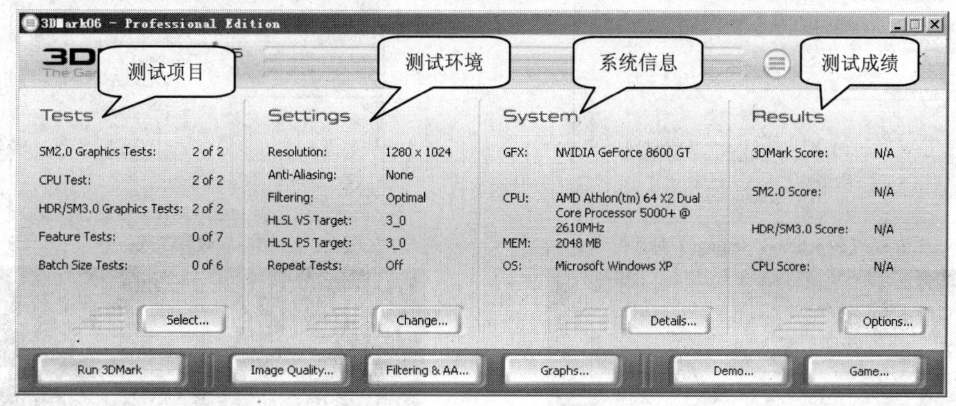


图6-5　3DMark 06 主界面

**【实训内容】**

掌握使用 3DMark 06 英文版测试显卡性能的操作方法。

**【实训准备】**

在本机上安装 3DMark06 英文版，并对计算机显卡性能进行测试。通过对计算机的测试，用户可以获得以下信息。

- 3DMark 得分：计算机 3D 性能的衡量标尺。
- SM2.0 得分：计算机 ShaderModel 2.0 性能的衡量标尺。
- HDR/SM3.0 得分：计算机 HDR 和 ShaderModel 3.0 性能的衡量标尺。
- CPU 得分：计算机处理器性能的衡量标尺。
- 与全球各地的最新计算机进行性能比拼。
- 为用户硬件升级提供指导。
- 欣赏下一代实时 3D 画面。

**【操作步骤】**

### 1. 设置基本参数

(1) 启动 3DMark 06，在主界面中单击 Change... 按钮，弹出【Benchmark Settings】对话框，如图 6-6 所示。

(2) 在【Resolution】下拉列表中选择【1024 × 768】选项，如图 6-7 所示。实际设置要根据用户计算机显示器的分辨率来定。然后单击 OK 按钮，回到主界面。

### 2. 运行测试

(1) 单击 Run 3DMark 按钮，软件将自动开始测试用户的计算机。测试过程中可以观赏美轮美奂的游戏场景，如图 6-8 和图 6-9 所示。

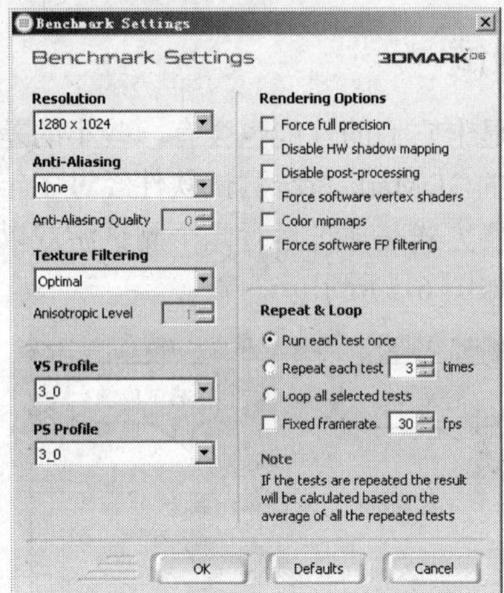


图6-6 【Benchmark Settings】对话框

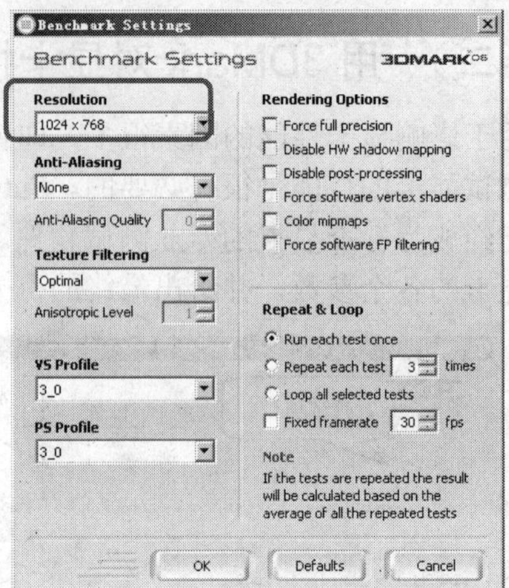


图6-7 设置参数

图6-8 游戏场景（1）

图6-9 游戏场景（2）

(2) 测试完成，将会弹出【3DMark Score】对话框，如图 6-10 所示。软件会给出 4 个得分：3DMark 得分、SM2.0 得分、HDR/SM3.0 得分以及 CPU 得分。

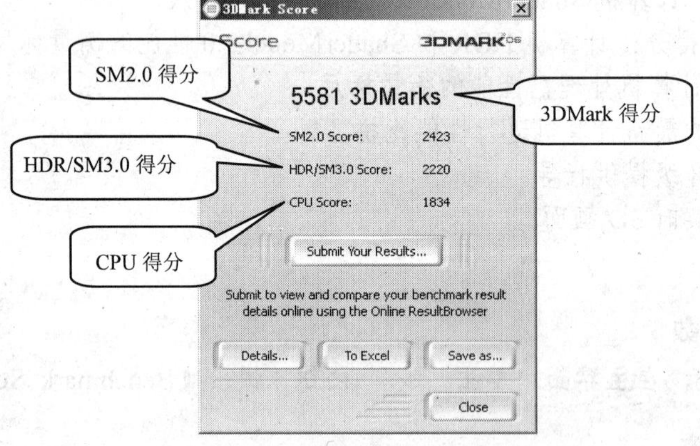


图6-10 【3DMark Score】对话框

(3) 单击 Submit Your Results... 按钮，可以把分数通过软件上传到互联网中，和世界各地的计算机作对比。

说明

若要使用 3DMark 的测试成绩上传功能，则需要通过网上注册。

# 任务二　优化计算机系统

计算机系统本身极为庞大、复杂，使用一段时间后难免会出现系统性能下降、产生故障等情况，所以需经常对系统进行优化设置。下面将介绍对计算机进行硬盘的优化、开机速度的优化、网络优化以及 BIOS 优化的步骤和方法。

## （一）　使用系统自带功能优化系统

Windows 操作系统本身就自带了许多优化功能，只要用户进行一些简单的设置就可以优化系统，其主要是针对硬盘性能、开机速度以及网络等方面进行优化。下面将介绍使用一些常用的 Windows 操作系统自带功能优化系统的操作方法。

### 1.　优化硬盘性能

硬盘是一台计算机最主要的存储设备，硬盘的性能在很大程度上影响整个计算机数据交换的速度，因此对硬盘的优化是很重要的。下面将介绍对硬盘进行优化的方法，从而在不更新硬盘的同时提升系统性能。

**【例6-1】**　采用 DMA 传输模式。

目前常见的硬盘都支持 DMA 传输模式，DMA 是快速的传输模式，启用硬盘的 DMA 传输模式不仅能提高传输速率，减少寻道时间，而且还可降低硬盘读取数据时 CPU 的占用率。

**【实训内容】**

掌握打开本机 DMA 传输模式的操作方法。

**【实训准备】**

一台硬盘支持 DMA 传输模式的计算机，并且该机上装有光驱。

**【操作步骤】**

(1) 用鼠标右键单击【我的电脑】图标，在弹出的快捷菜单中选择【属性】命令，弹出【系统属性】对话框，切换到【硬件】选项卡，如图 6-11 所示。

(2) 单击 设备管理器(D) 按钮，打开【设备管理器】窗口，如图 6-12 所示。

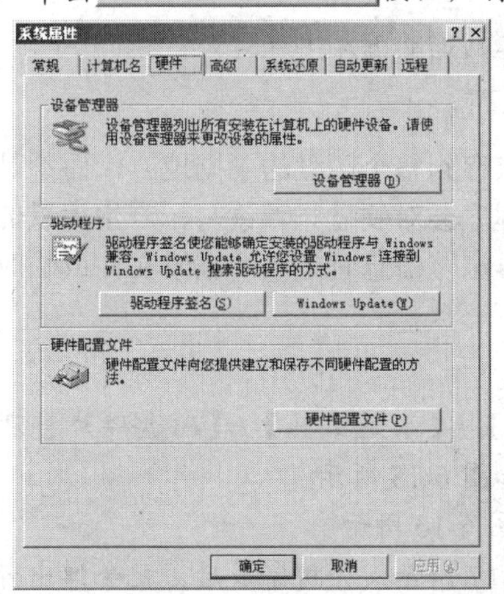


图6-11　【硬件】选项卡

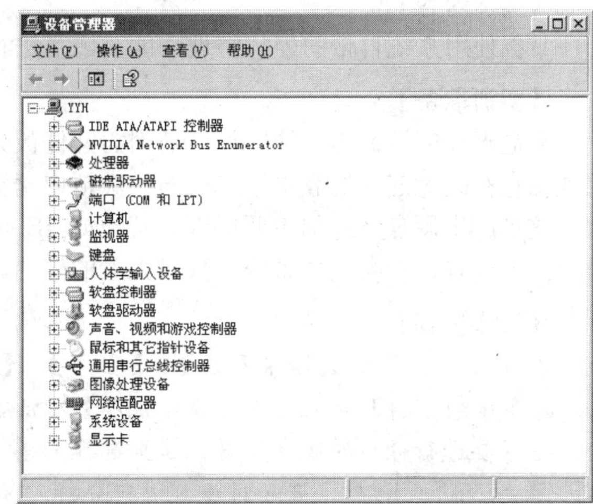


图6-12　【设备管理器】窗口

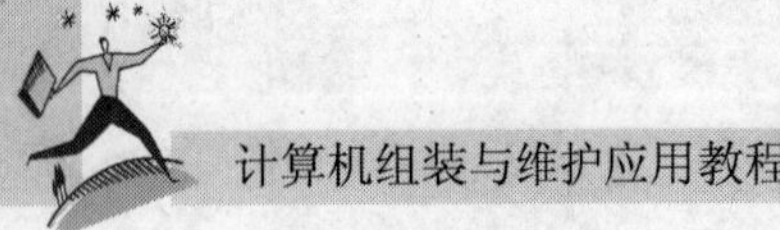

(3) 展开【IDE ATA/ATAPI控制器】选项，如图6-13所示。

(4) 双击【主要 IDE 通道】选项，弹出【主要 IDE 通道属性】对话框，然后切换到【高级设置】选项卡，将其中的【设备类型】设置为“自动检测”，将【传送模式】设置为“DMA（若可用）”，如图6-14所示。

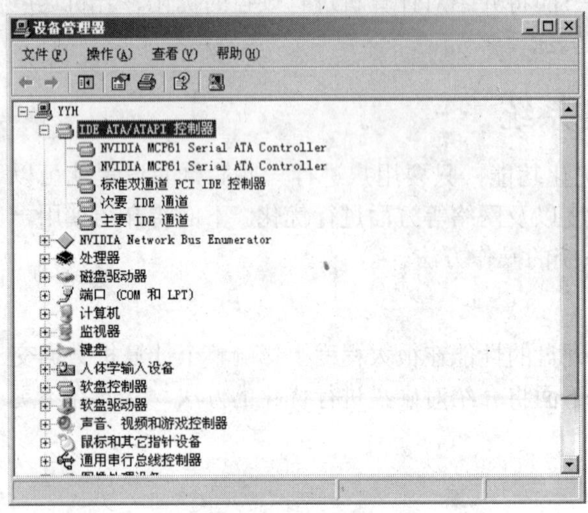


图6-13 展开【IDE ATA/ATAPI控制器】选项

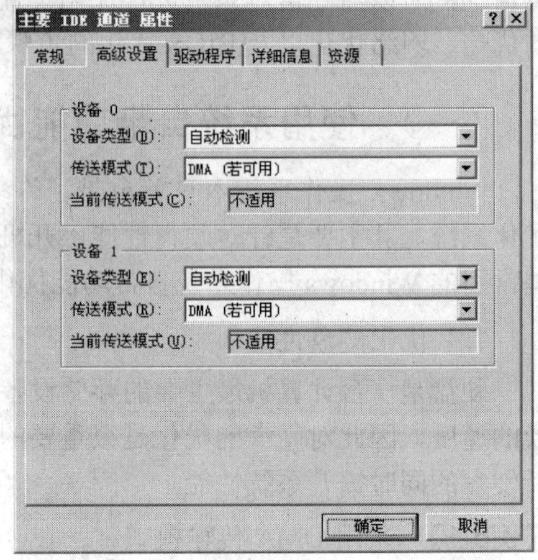


图6-14 【主要IDE通道 属性】对话框

(5) 单击 确定 按钮，完成设置。然后使用相同的方法设置【次要 IDE 通道】对话框中的选项。

说明

一些早期的硬盘因为不支持DMA方式，打开DMA模式后反而可能出现问题，如果硬盘太旧，建议不要使用DMA模式。

**【例6-2】** 定期对磁盘进行碎片整理。

系统在长时间的运行过程中，由于不断地增加和删除文件，磁盘上的碎片文件会越来越多，这样系统运行速度和使用效率都会明显下降，因此每隔一两个月就应该对磁盘进行一次碎片整理，清除磁盘上的碎片。

**【实训内容】**

掌握使用系统自带的碎片整理功能对磁盘进行碎片整理的操作方法。

**【实训准备】**

磁盘碎片应该称为文件碎片，是因为文件被分散保存到整个磁盘的不同地方，而不是连续地保存在磁盘连续的簇中而形成的。虚拟内存管理程序会对硬盘频繁读写，产生大量的碎片，这是产生硬盘碎片的主要原因。其他如 IE 浏览器浏览信息时生成的临时文件或临时文件目录的设置，也会造成系统中形成大量的碎片。

**【操作步骤】**

(1) 在桌面工具栏中选择【开始】/【程序】/【附件】/【系统工具】/【磁盘碎片整理程序】命令，打开【磁盘碎片整理程序】对话框，如图6-15所示。

(2) 选择要进行分析的磁盘分区，这里选择D盘，如图6-16所示。

(3) 单击 分析 按钮，开始对该盘进行分析，如图6-17所示。分析完成后，就会弹出碎片分析结果对话框，并提示用户是否应该进行碎片整理，如图6-18所示。

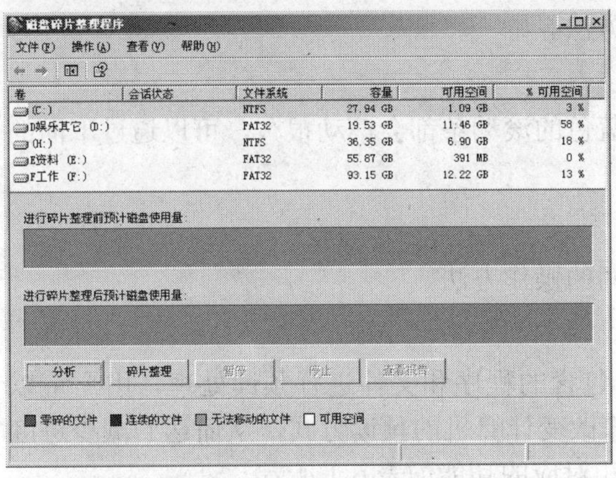

图6-15 【磁盘碎片整理程序】对话框

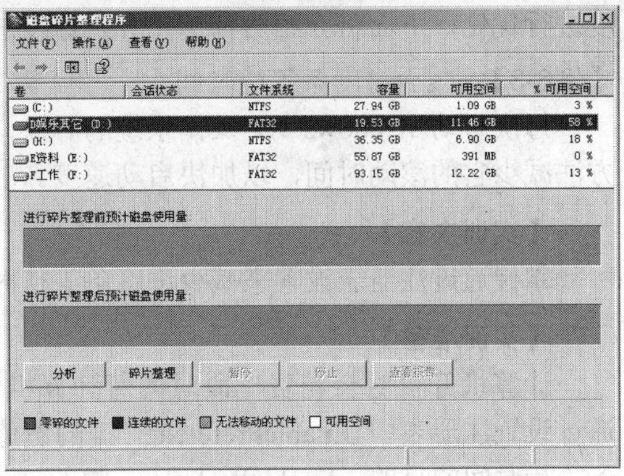

图6-16 选择 D 盘

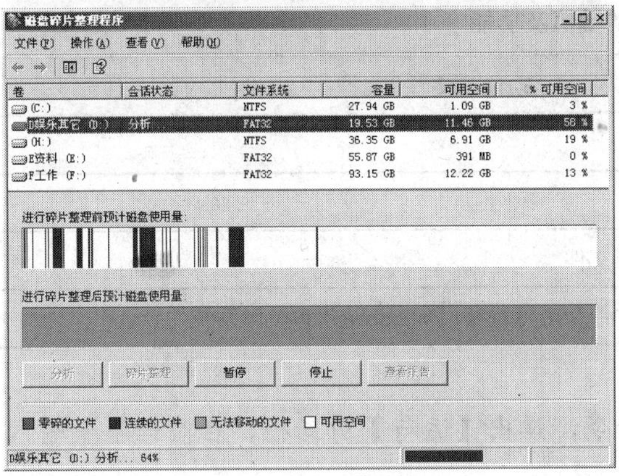

图6-17 正在分析

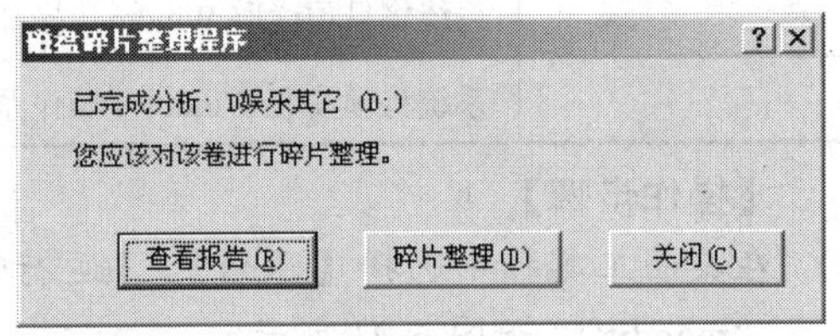


图6-18 分析完成

(4) 单击 碎片整理(D) 按钮，开始整理该盘，如图 6-19 所示。整理完成后，将弹出如图 6-20 所示的对话框，单击 关闭(C) 按钮，即可完成对该磁盘的整理，使用相同的方法可对其他磁盘分区进行整理。

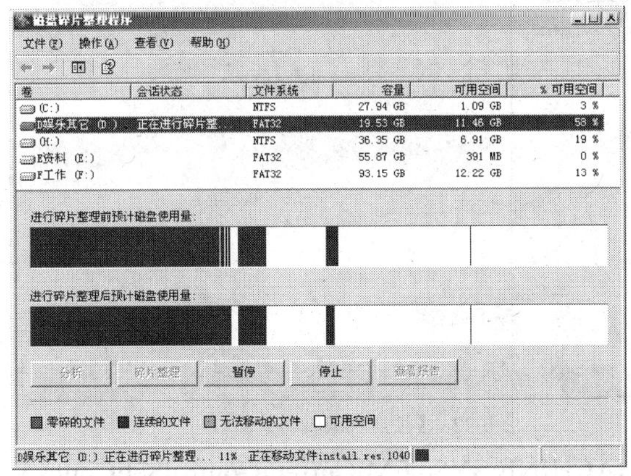

图6-19 正在整理碎片

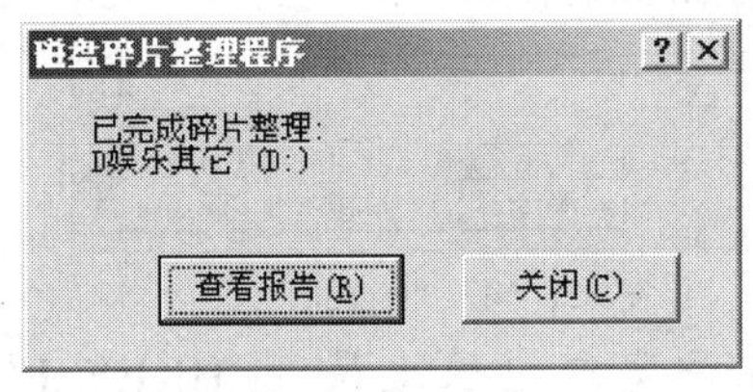


图6-20 整理完成

### 2. 优化开机速度

随着系统中安装的软件增多，计算机的开机速度通常会变得越来越慢，许多用户在开机后往往会花大量的时间等待进入系统。为了减少开机进入系统的时间，则应对系统的开机速

度进行优化，下面将介绍两种优化开机速度的方法。

**【例6-3】** 减少进度条等待时间。

每次启动 Windows XP 操作系统的时候，蓝色的滚动条都会滚动很久，可以通过下面的方法减少它的滚动时间，以加快启动速度。

**【实训内容】**

掌握通过注册表设置来减少进度条等待时间的操作方法。

**【实训准备】**

计算机开机时会花费一段时间对计算机中包含的程序和文件进行预读处理，用户可以通过设置注册表中 EnablePrefetcher 键的键值来改变计算机的预读方式，从而达到减少进度条等待时间的目的。EnablePrefetcher 键的键值相对应的功能如表 6-1 所示。

表 6-1 EnablePrefetcher 键的键值及功能

| 键值 | 功能 |
| --- | --- |
| 0 | 取消预读取功能 |
| 1 | 系统将只预读取应用程序 |
| 2 | 系统将只预读取 Windows 操作系统文件 |
| 3 | 系统将预读取 Windows 操作系统文件和应用程序（Windows XP 操作系统的默认值） |

**【操作步骤】**

(1) 在桌面工具栏中选择【开始】/【运行】命令，弹出【运行】对话框，在对话框中输入"regedit"，如图 6-21 所示。

(2) 单击 确定 按钮，打开【注册表编辑器】窗口，如图 6-22 所示。

图6-21 输入"regedit"

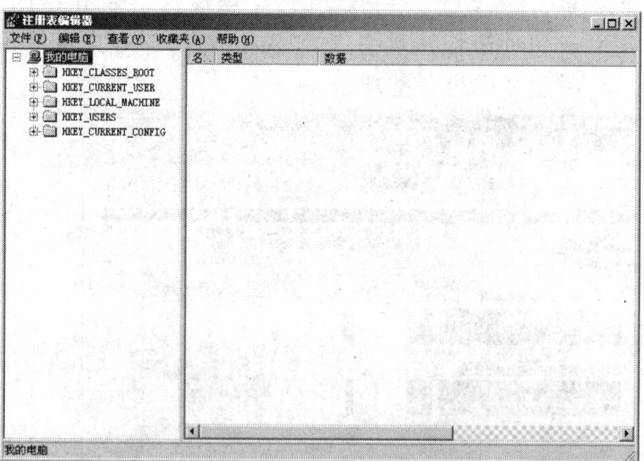


图6-22 【注册表编辑器】窗口

(3) 在该窗口中依次展开 HKEY_LOCAL_MACHINE\SYSTEM\CurrentControlSet\Control\Session Manager\Memory Mangagement\PrefetchParameters，如图 6-23 所示。

(4) 双击右侧的 EnablePrefetcher 键，弹出【编辑 DWORD 值】对话框，将它的键值改为"1"，如图 6-24 所示。

(5) 单击 确定 按钮，完成修改。

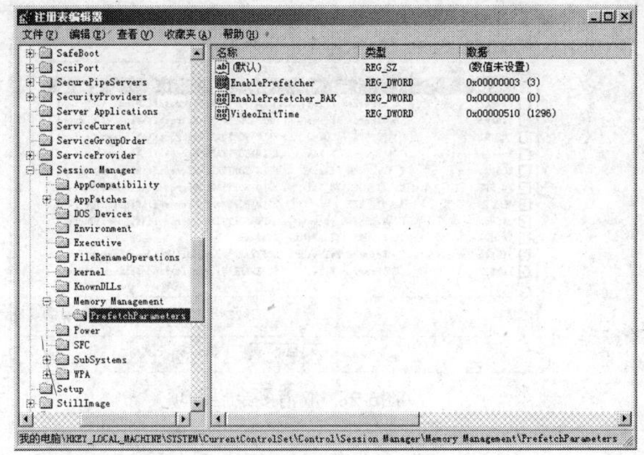


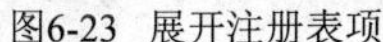

图6-23　展开注册表项

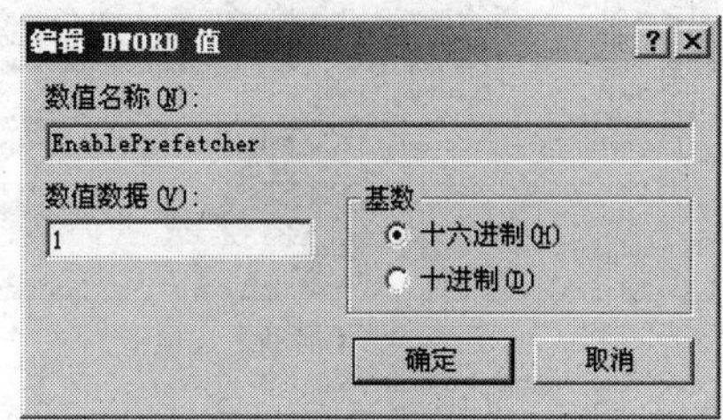


图6-24　修改键值

**【例6-4】**　取消多余的启动项。

某些软件在安装之后会默认设置为开机时自动启动，这样会使系统启动的速度变慢。为了加快系统的启动速度，需要关闭一些不必要软件的自动运行程序。

**【实训内容】**

掌握关闭计算机多余启动项的操作方法。

**【实训准备】**

某些软件在安装时会询问用户是否设置为开机启动，为了加快系统的启动速度，软件安装时一般不要设置为开机启动，只需设置一些必要的程序，如输入法（ctfmon）和系统安全软件自动运行即可。

**【操作步骤】**

(1) 在桌面工具栏中选择【开始】/【运行】命令，弹出【运行】对话框，在对话框中输入“msconfig”，如图 6-25 所示。

(2) 单击 确定 按钮，弹出【系统配置实用程序】对话框，如图 6-26 所示。

图6-25　输入“msconfig”

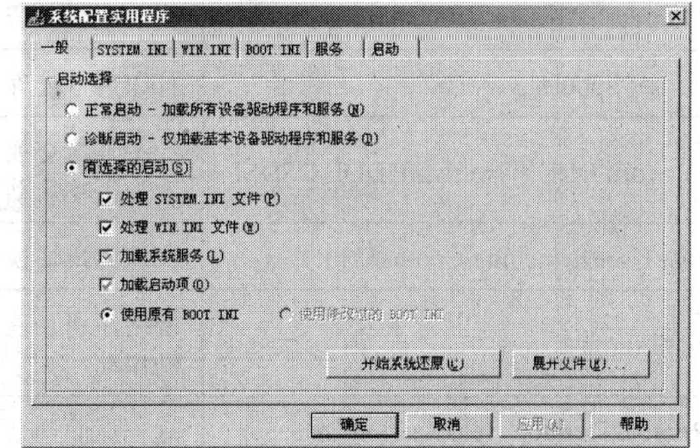


图6-26　【系统配置实用程序】对话框

(3) 切换到【启动】选项卡，在【启动项目】列表框中列出了随系统启动而自动运行的程序，如图 6-27 所示。

(4) 取消多余启动项前面复选框的勾选，如图 6-28 所示。一般情况下，只保留“ctfmon”和杀毒软件启动项（如 KAVStart）即可。

(5) 设置完成后，单击 确定 按钮，按提示重新启动计算机。重启计算机后，未勾选的启动项就不会随系统的启动而自动运行了。

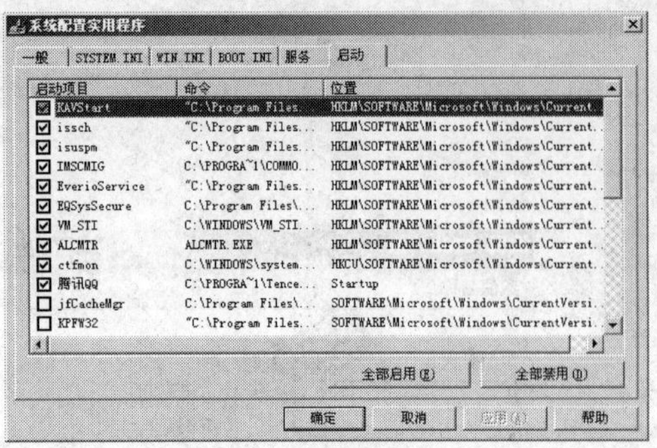

图6-27 【启动】选项卡

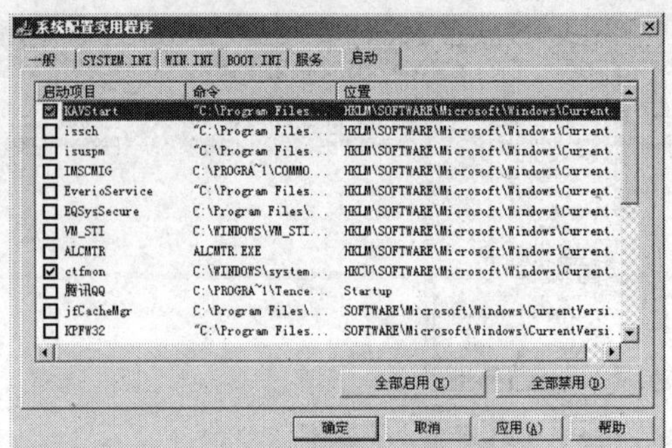

图6-28 取消多余启动项

**【例6-5】** 关闭多余的服务。

在默认情况下，Windows XP 操作系统会加载很多服务，这些服务在系统、网络中发挥了很大的作用，但并不是每个用户都需要这些服务，因此有必要将一些不需要或用不到的服务关闭，以加快开机速度并节省内存资源。

**【实训内容】**

掌握关闭多余服务的操作方法。

**【实训准备】**

在 Windows XP 操作系统中可禁止或停用的组件服务如表 6-2 所示。

表 6-2 在 Windows XP 操作系统中可禁止或停用的组件服务

| 可禁止或停用的组件服务 | 功能 |
| --- | --- |
| Clipbook Server | 该服务允许网络中的其他用户看到本机剪切板中的内容，建议改为手动启动 |
| Error Reporting Service | 服务和应用程序在非标准环境下运行时提供错误报告，建议改为手动启动 |
| Automatic Updates | 自动更新。若不使用系统自带的更新功能，应禁用 |
| Printer Spooler | 打印后台处理程序。若用户没有配置打印机，应禁用 |
| Network DDE 和 Network DDE DSDM | 动态数据交换。除非用户准备在网上共享自己的 Office，否则应该将它改为手动启动 |
| Fast User Switching Compatibility | 快速用户切换兼容性。建议改为手动启动 |
| Net Logon | 网络注册功能，用于处理如注册信息那样的网络安全功能。建议改为手动启动 |
| Remote Desktop Help Session Manager | 远程桌面帮助会话管理器。建议改为手动启动 |
| Remote Registry | 远程注册表。使远程用户能修改本地计算机中的注册表设置，建议禁用 |
| Task Scheduler | 任务调度程序，使用户能在计算机中配置和制订自动任务的日程，建议禁用 |
| Uninterruptible Power Supply | UPS 不间断电源管理程序，若无此设备则应禁用 |
| Windows Image Acquisition | Windows 图像获取功能，用于为扫描仪和照相机提供图像捕获。如果用户没有这些设备，建议改为手动启动 |

**【操作步骤】**

(1) 在桌面工具栏中选择【开始】/【控制面板】命令，打开【控制面板】窗口，如图 6-29 所示。

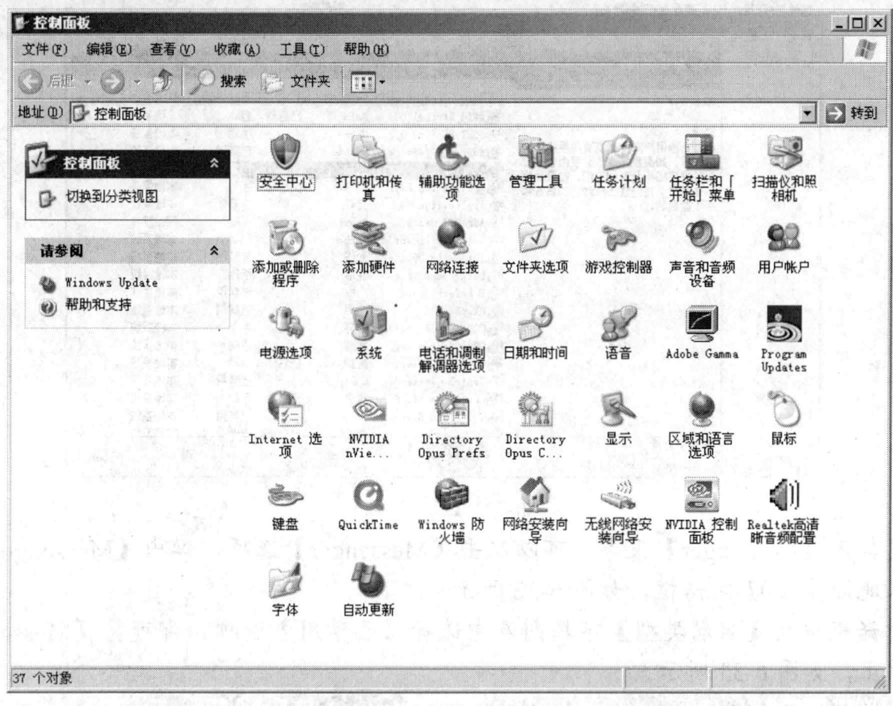


图6-29　【控制面板】窗口

(2) 双击【管理工具】选项，打开【管理工具】窗口，如图 6-30 所示。

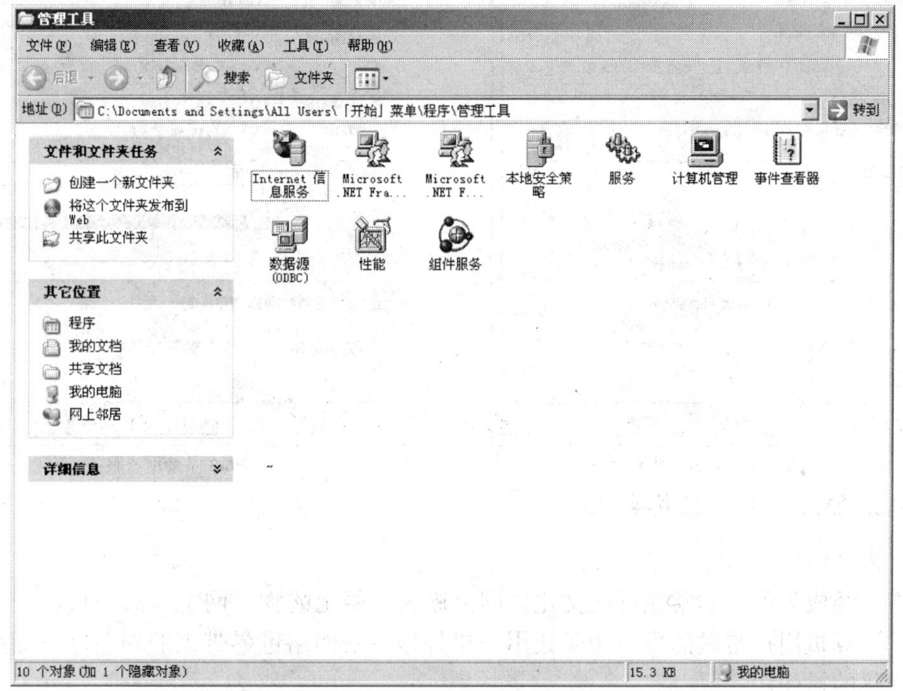


图6-30　【管理工具】窗口

(3) 在【管理工具】窗口中双击【服务】选项，打开【服务】窗口，其中包含了 Windows XP 操作系统提供的各种服务，如图 6-31 所示。

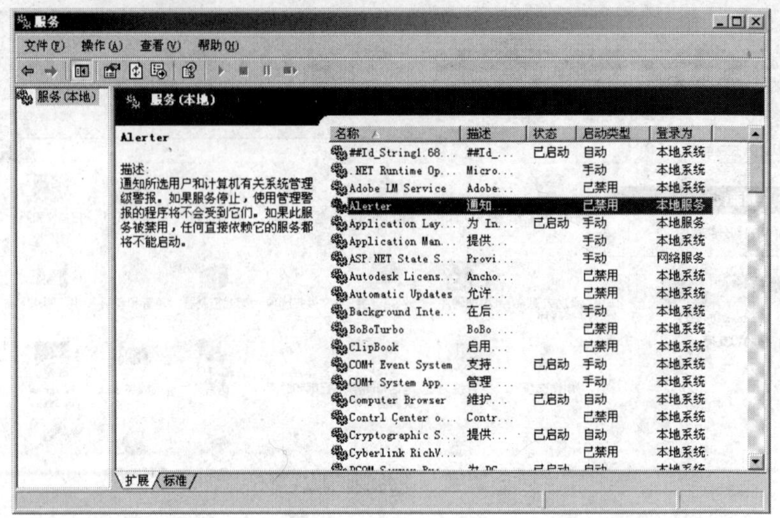


图6-31 【服务】窗口

(4) 若要禁用【Messenger】服务，可以双击【Messenger】选项，弹出【Messenger 的属性（本地计算机)】对话框，如图 6-32 所示。

(5) 在对话框中的【启动类型】下拉列表中选择【已禁用】选项，即可将【Messenger】服务停止，如图 6-33 所示。

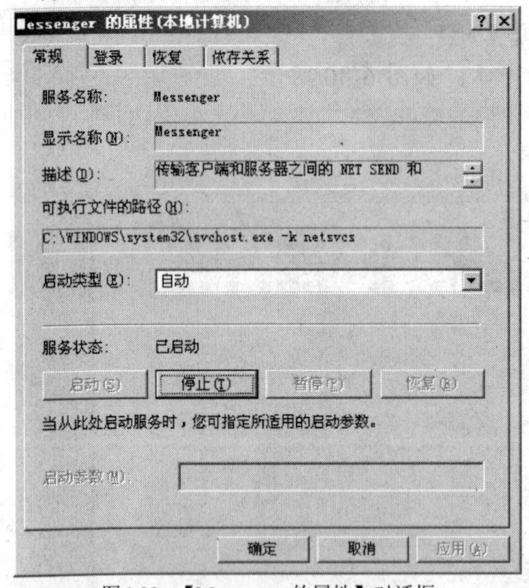


图6-32 【Messenger 的属性】对话框

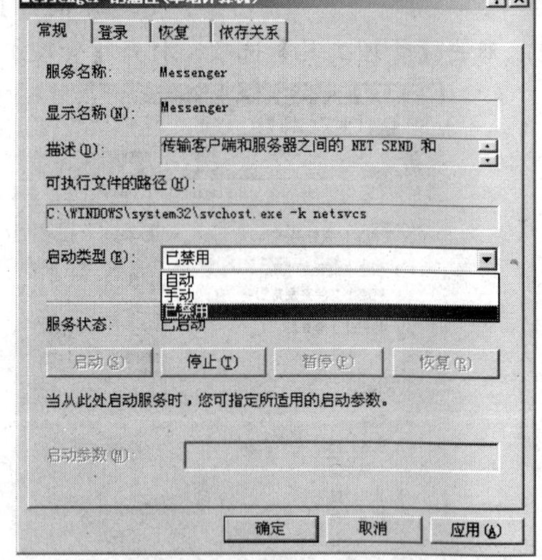


图6-33 禁用该服务

(6) 单击 确定 按钮，完成操作。

### 3. 优化网络

网络已经成为现在非常流行的文化，网上聊天、网上购物、网上查阅资料、网上下载资源等都是计算机用户常做的事。为了让用户更好地享受网络世界带来的乐趣，下面来介绍两个网络优化的操作。

【例6-6】　解除带宽限制。

在默认情况下，Windows XP 操作系统会保留一块网卡 20%的带宽，为了让用户拥有全部的带宽，需要解除计算机上的带宽限制。

**【实训内容】**

掌握解除带宽限制的操作方法。

**【实训准备】**

在计算机网络中，带宽用来表示网络的通信线路所能传送数据的能力，因此网络带宽表示在单位时间内从网络中的某一点到另一点所能通过的“最高数据率”。

**【操作步骤】**

(1) 在桌面工具栏中选择【开始】/【运行】命令，弹出【运行】对话框，在对话框中输入“gpedit.msc”，如图 6-34 所示。

(2) 单击 确定 按钮，打开【组策略】窗口，如图 6-35 所示。

图6-34　输入“gpedit.msc”

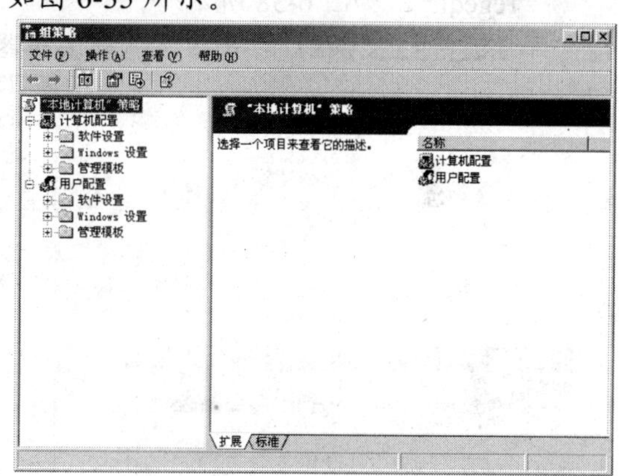


图6-35　【组策略】窗口

(3) 依次展开【管理模板】/【网络】/【QoS 数据包计划程序】选项，如图 6-36 所示。

(4) 双击右边窗口的【限制可保留带宽】选项，弹出【限制可保留带宽 属性】对话框，然后选择【已启用】选项，并在【带宽限制】文本框中输入“0”，如图 6-37 所示。

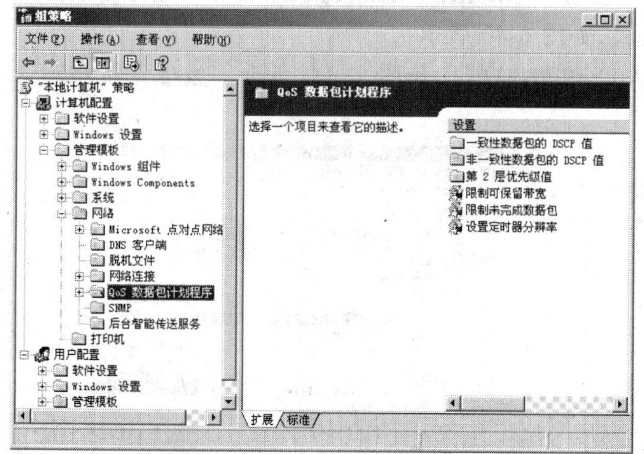


图6-36　展开【QoS 数据包计划程序】选项

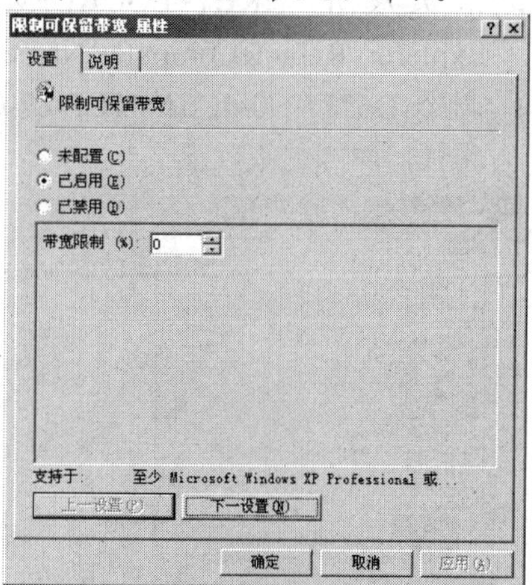


图6-37　设置属性参数

(5) 单击 确定 按钮，完成设置。

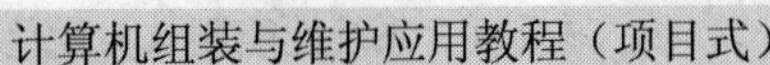


**【例6-7】** 加速共享。

当用户通过共享连接其他计算机时，计算机会检查对方计算机上所有预定的任务，而且还会让用户经过漫长地等待后才显示其共享目录，这对共享的使用带来了许多不便，用户可以通过注册表设置来加速共享。

**【实训内容】**

掌握通过注册表设置来加速计算机之间共享的操作方法。

**【实训准备】**

文件共享是指在网络环境下文件、文件夹、某个硬盘分区使用时的一种设置属性，一般指多个用户可以同时打开或使用同一个文件或数据。

**【操作步骤】**

(1) 在桌面工具栏中选择【开始】/【运行】命令，弹出【运行】对话框，在对话框中输入“regedit”，如图 6-38 所示。

(2) 单击 确定 按钮，打开【注册表编辑器】窗口，如图 6-39 所示。

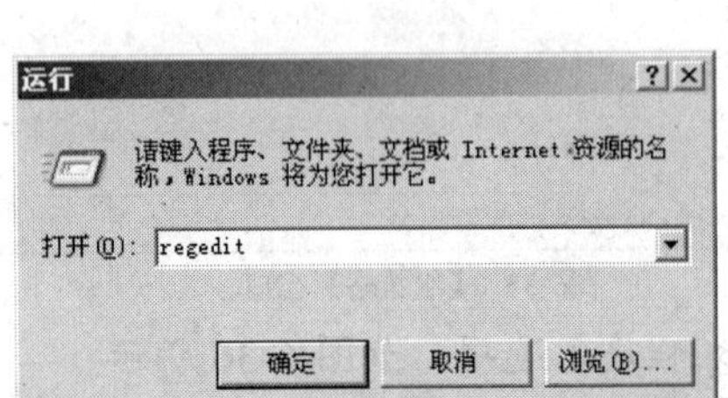


图6-38 输入“regedit”

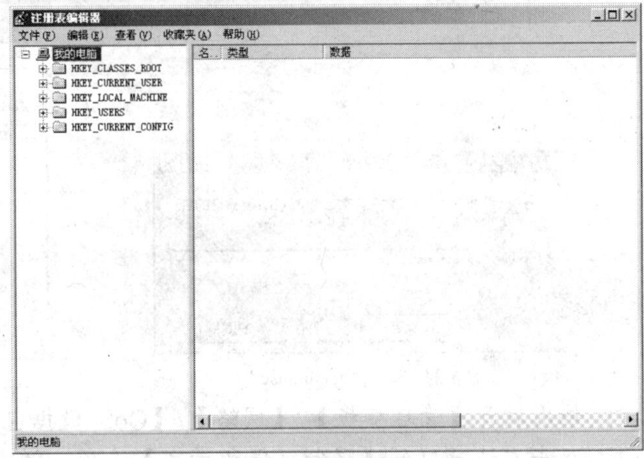


图6-39 【注册表编辑器】窗口

(3) 依次展开 HKEY_LOCAL_MACHINE\SOFTWARE\Microsoft\Windows\CurrentVersion\Explorer\ RemoteComputer\NameSpace，如图 6-40 所示。

(4) 删除{D6277990-4C6A-11CF-87-00AA0060F5BF}键，如图 6-41 所示，然后重新启动计算机，即可完成设置。

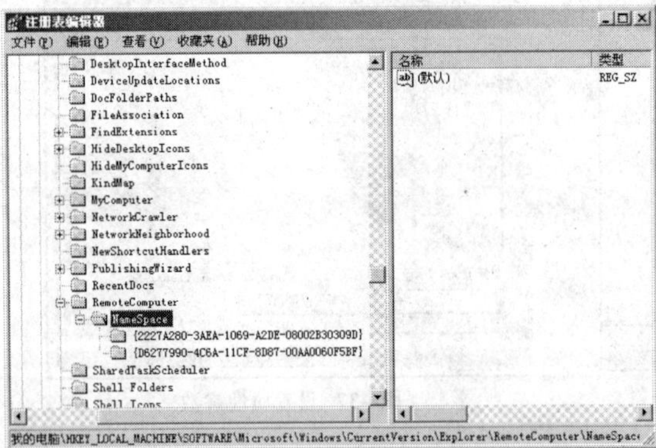


图6-40 展开注册表项

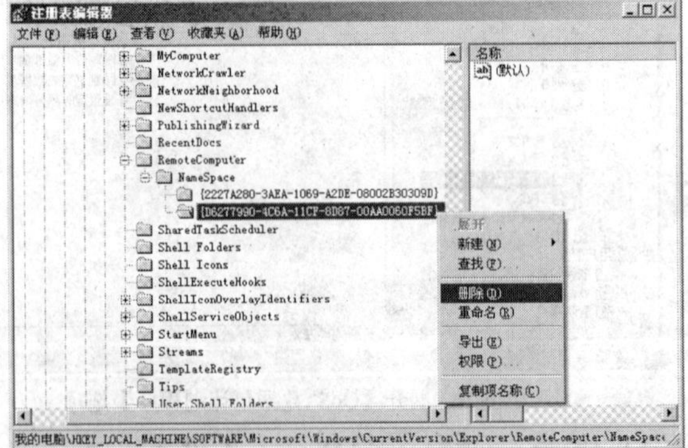


图6-41 删除键

## （二）　使用软件优化系统

用户仅使用系统自带的功能优化系统是远远不够的，还需要掌握一些系统优化软件来优化系统，软件优化相对于系统自身的优化功能而言更加全面和简单，能更好地提高计算机的运行速度，Windows 优化大师就是其中的佼佼者。

Windows 优化大师是一款功能强大的系统工具软件，其主界面如图 6-42 所示。它提供了全面有效且简便安全的系统检测、系统优化、系统清理、系统维护 4 大功能模块及数个附加的工具软件。使用 Windows 优化大师，能够有效地帮助用户了解自己的计算机软硬件信息；简化操作系统设置步骤；提升计算机运行效率；清理系统运行时产生的垃圾；修复系统故障及安全漏洞；维护系统的正常运转。下面将以 Windows 优化大师 7.93.9.305 专业版为例进行介绍。

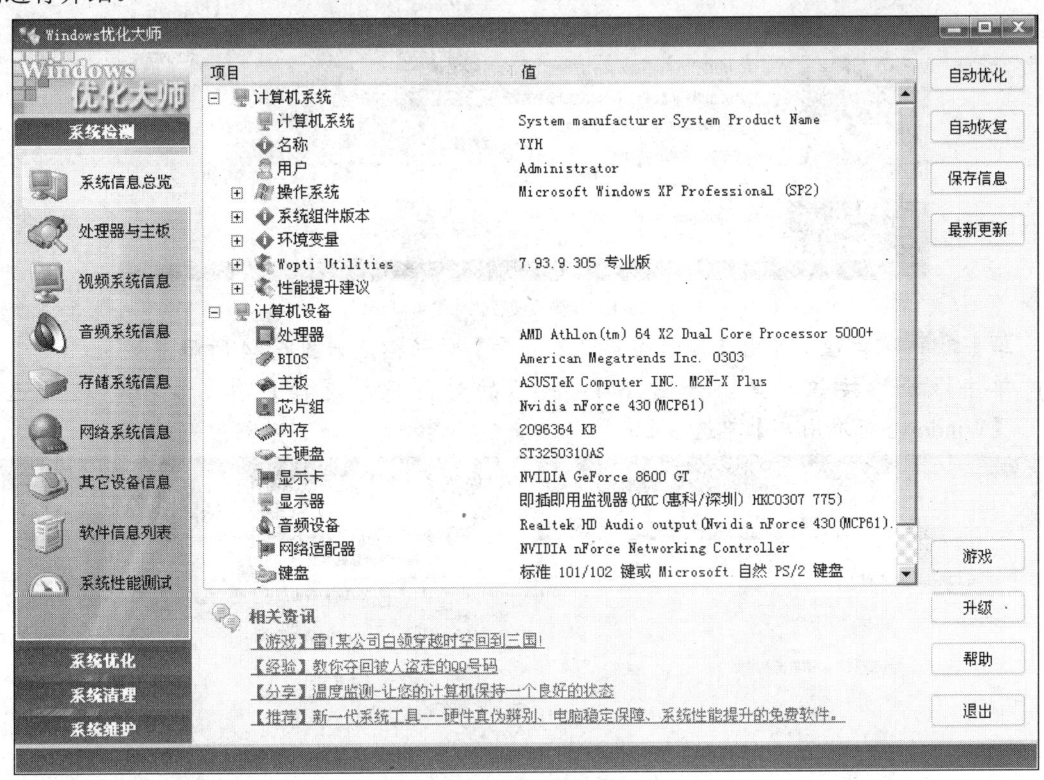


图6-42　Windows 优化大师主界面

### 1.　优化磁盘缓存

Windows 操作系统的磁盘缓存对系统的运行起着至关重要的作用，对其进行合理地设置也相当重要。设置磁盘缓存涉及内存容量、日常运行任务的多少等问题，因此操作比较繁琐。下面介绍优化磁盘缓存的方法。

**【实训内容】**

掌握使用 Windows 优化大师对磁盘缓存进行优化的操作方法。

**【实训准备】**

在本机上安装 Windows 优化大师　7.93.9.305　专业版。

【操作步骤】

(1) 启动 Windows 优化大师，进入主界面。单击【系统优化】模块下的 磁盘缓存优化 按钮，右侧将显示【磁盘缓存优化】窗口，如图 6-43 所示。

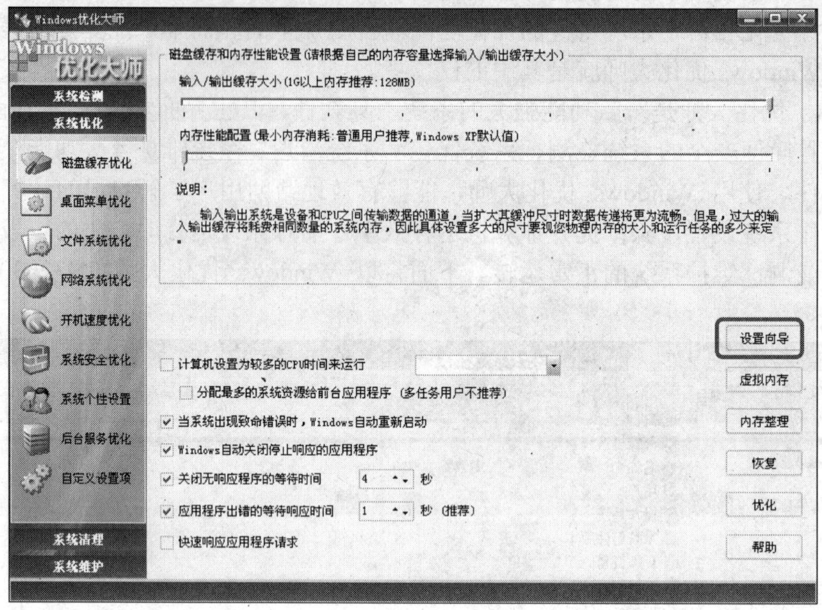


图6-43 【磁盘缓存优化】窗口

(2) 单击 设置向导 按钮，弹出【磁盘缓存设置向导】对话框，如图 6-44 所示。

(3) 单击 下一步 按钮，弹出如图 6-45 所示的对话框，选择计算机类型，这里选择【Windows 标准用户】单选按钮。

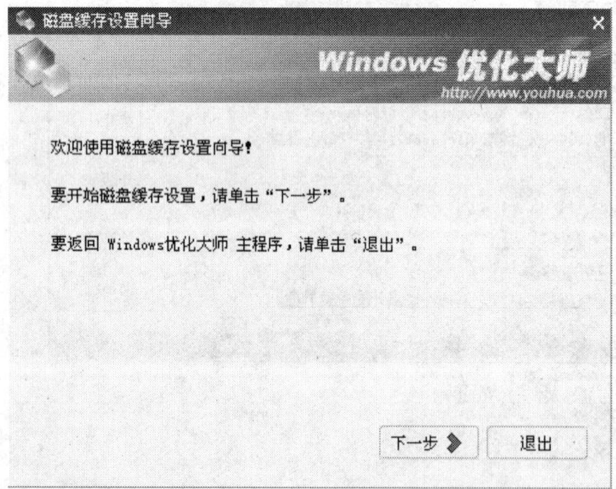


图6-44 【磁盘缓存设置向导】对话框

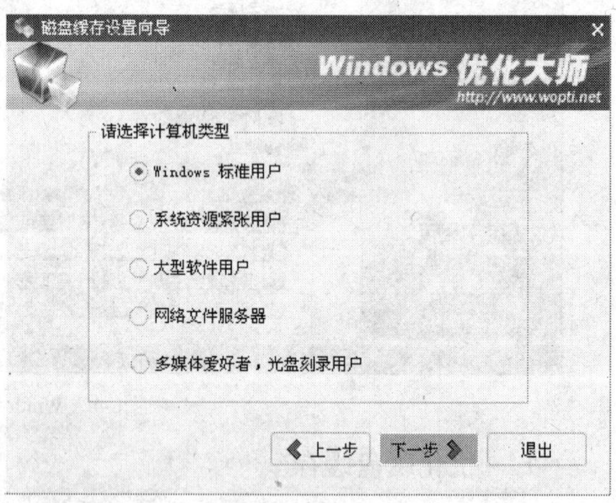


图6-45 选择计算机类型

**说明**

在选择计算机类型时，要根据用户的实际情况进行选择。【Windows 标准用户】适用于 Windows 的普通用户（即没有特殊需求的用户，建议大多数用户选择此项）；【系统资源紧张用户】适用于开机后系统资源的可用空间较小的用户；【大型软件用户】适用于经常同时运行几个大型程序的用户；【多媒体爱好者，光盘刻录用户】适用于经常进行光盘刻录或经常运行多媒体程序的用户。

(4) 单击 下一步 按钮，弹出如图 6-46 所示的对话框，软件将给出对计算机的优化建议。

(5) 单击 下一步 按钮，完成磁盘缓存优化设置向导，如图 6-47 所示。

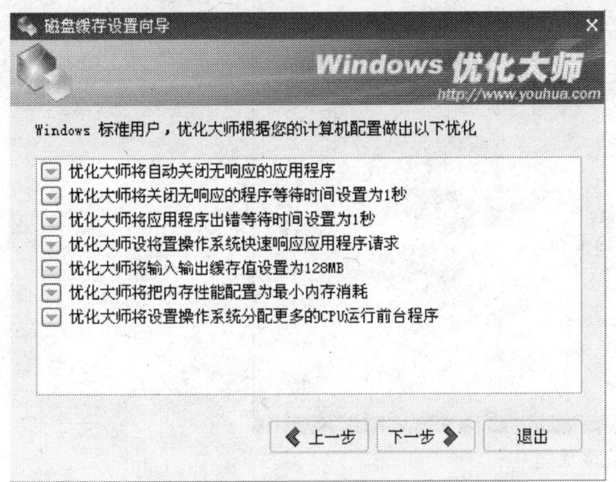


图6-46　优化建议

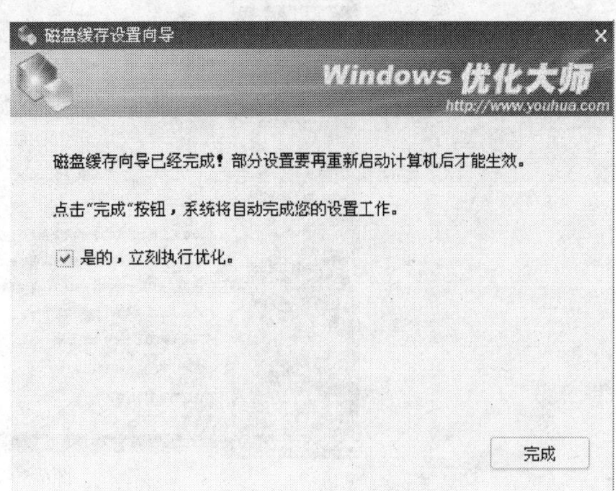


图6-47　完成设置向导

(6) 单击 完成 按钮，将弹出【提示】对话框，如图 6-48 所示。

(7) 单击 确定 按钮，返回到【磁盘缓存优化】窗口，此时优化参数已经设置完成，如图 6-49 所示。

图6-48　【提示】对话框

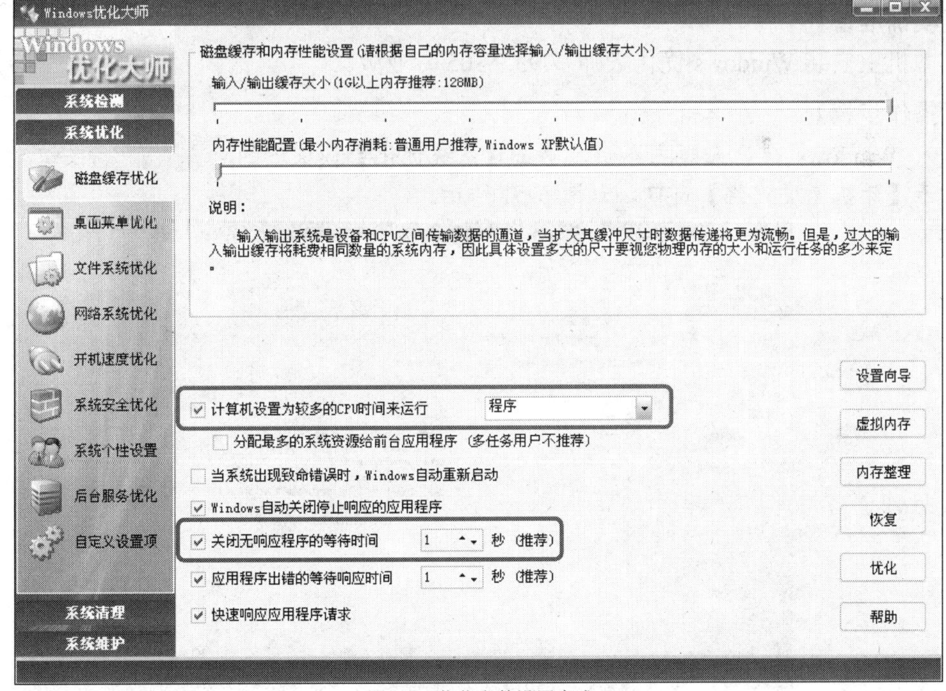


图6-49　优化参数设置完成

(8) 单击 优化 按钮，软件将对磁盘进行优化，优化完成后如图 6-50 所示。

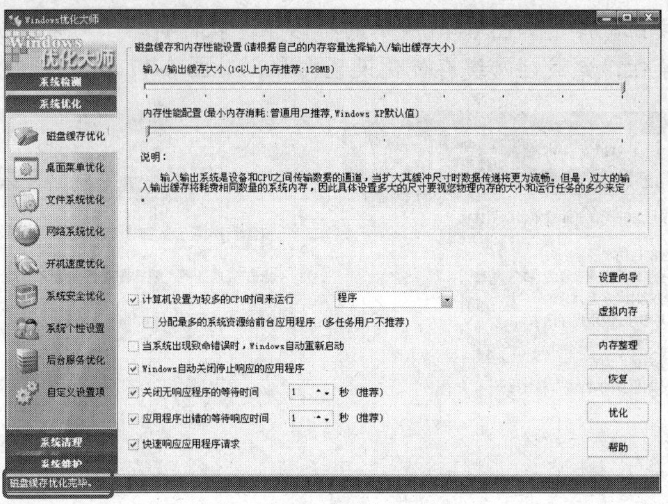


图6-50　完成优化

## 2.　优化开机速度

漫长的开机等待，对每一个用户来说都是头痛的事情，Windows 优化大师将解决这一问题。Windows 优化大师主要通过减少引导信息停留时间和取消不必要的开机自动运行程序来提高计算机的启动速度。

**【实训内容】**

掌握使用 Windows 优化大师对开机速度进行优化的操作方法。

**【实训准备】**

在本机上安装 Windows 优化大师 7.93.9.305 专业版。

**【操作步骤】**

(1) 进入 Windows 优化大师主界面，单击【系统优化】模块下的开机速度优化按钮，右侧将显示【开机速度优化】窗口，如图 6-51 所示。

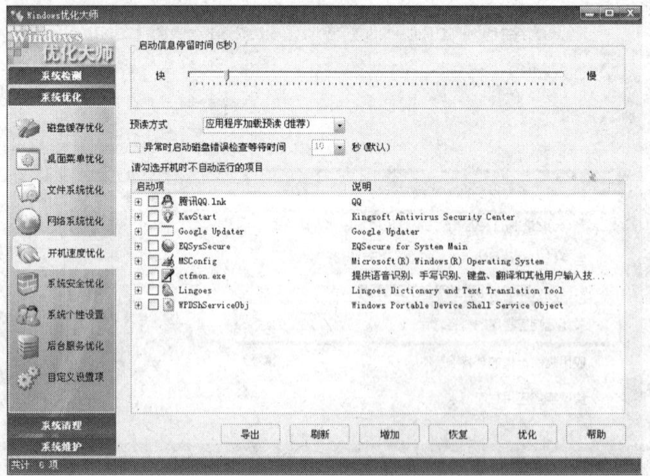


图6-51　【开机速度优化】窗口

(2) 向左移动【启动信息停留时间】下的滑块直至上面显示“直接进入”文字，如图 6-52 所示，从而使启动信息停留时间最短。

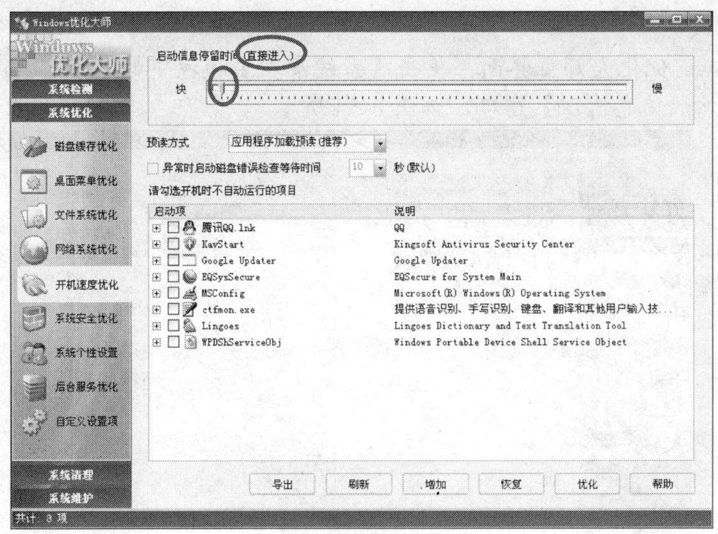


图6-52　开机速度优化设置

(3) 在【启动项】列表框中勾选开机时不需要自动运行的项目，如图 6-53 所示。为了加快开机速度，一般只保留杀毒软件和 ctfmon.exe（输入法）两项。

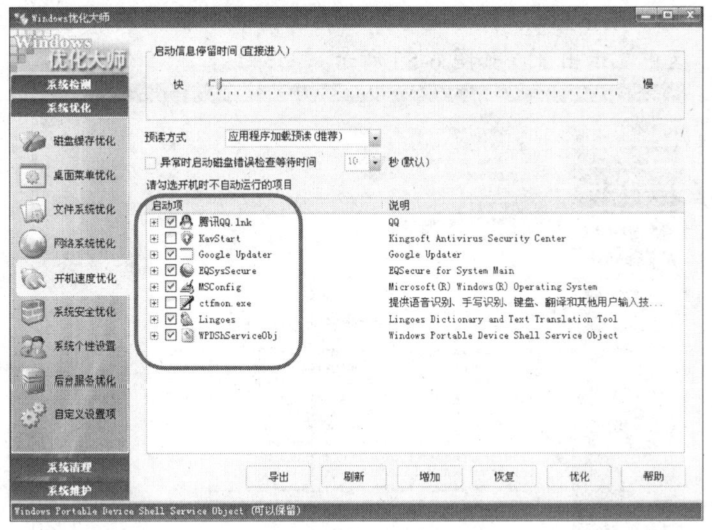


图6-53　勾选开机时不自动运动的项目

(4) 单击 优化 按钮，完成开机速度优化。

### 3. 清理注册表

注册表中的冗余信息不仅影响其本身的存取效率，还会导致系统整体性能的降低。因此用户有必要定期清理注册表。

**【实训内容】**

掌握使用 Windows 优化大师对注册表进行清理的操作方法。

**【实训准备】**

在本机上安装 Windows 优化大师 7.93.9.305 专业版。

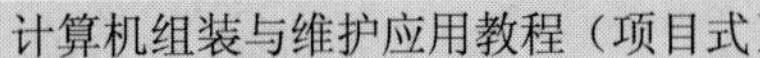


【操作步骤】

(1) 进入 Windows 优化大师主界面，单击【系统清理】模块下的 注册信息清理 按钮，在右侧将显示【注册信息清理】窗口，如图 6-54 所示。

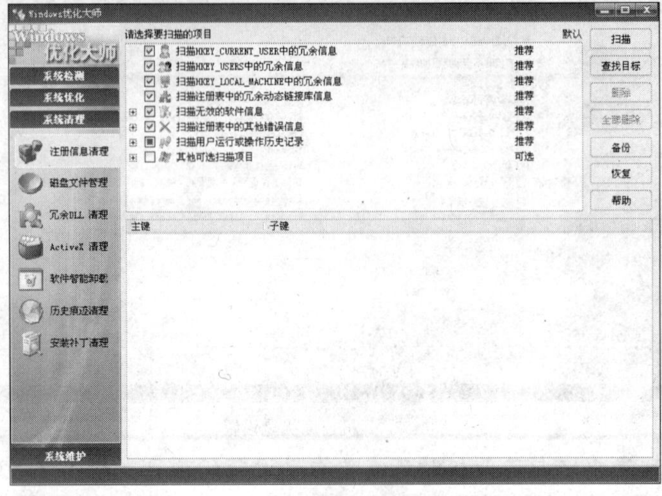


图6-54 【注册信息清理】窗口

(2) 单击 扫描 按钮，Windows 优化大师开始在注册表中扫描冗余信息，扫描到的信息将在下面的显示区中显示出来，如图 6-55 所示。

图6-55 扫描到的冗余信息

(3) 单击 全部删除 按钮，将弹出如图 6-56 所示的提示对话框，询问用户是否备份注册表。

(4) 单击 是(Y) 按钮，Windows 优化大师将自动备份注册表，备份完成后将弹出如图 6-57 所示的提示对话框，询问用户是否删除所有扫描到的注册表信息。

图6-56 询问是否备份

图6-57 询问是否全部删除

(5) 单击 确定 按钮，删除所有扫描到的冗余注册表信息。删除完成后将在左下角显示删除的项数，如图 6-58 所示。

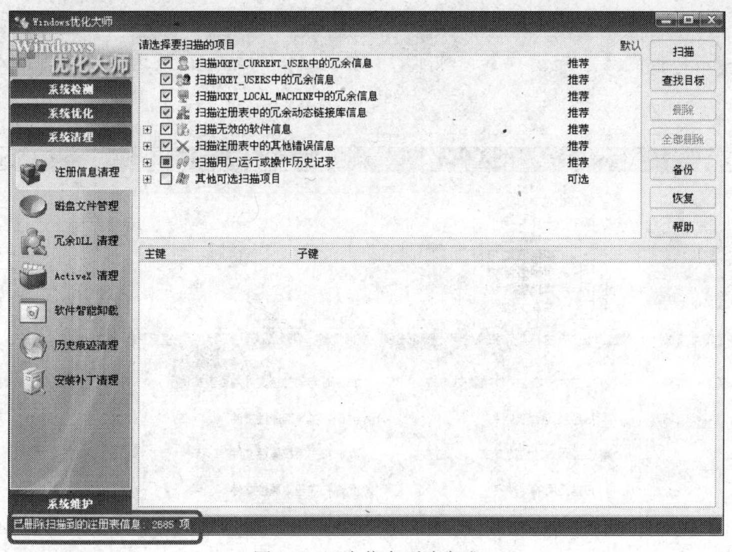


图6-58　冗余信息删除完成

4.　删除垃圾文件

计算机中应用程序的运行和卸载以及 IE 浏览器运行等都会产生大量的垃圾文件。同时，随着系统运行时间增长，垃圾文件就会不断地增加，从而影响系统的运行速度，而通过手动设置来删除垃圾文件不够全面，下面介绍利用软件删除垃圾文件的方法。

**【实训内容】**

掌握使用 Windows 优化大师删除垃圾文件的操作方法。

**【实训准备】**

在本机上安装 Windows 优化大师 7.93.9.305 专业版。

**【操作步骤】**

(1) 进入 Windows 优化大师主界面，单击【系统清理】模块下的 磁盘文件管理 按钮，在右侧将显示【磁盘文件管理】窗口，如图 6-59 所示。

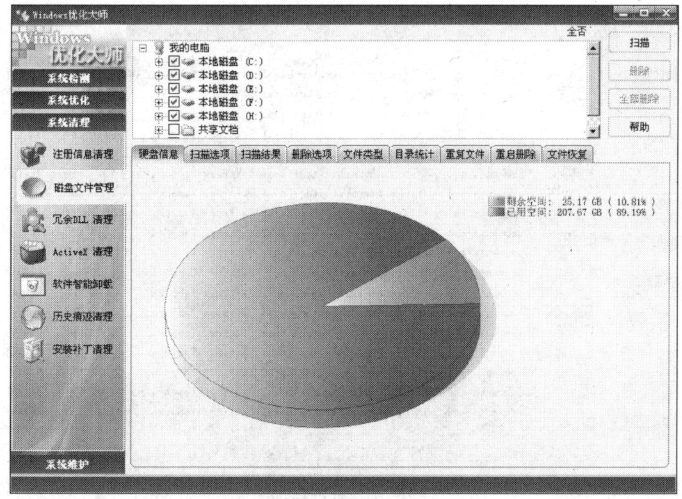


图6-59　【磁盘文件管理】窗口

此时可以切换到【扫描选项】选项卡，如图 6-60 所示，在该选项卡中可以对扫描的内容进行选择。

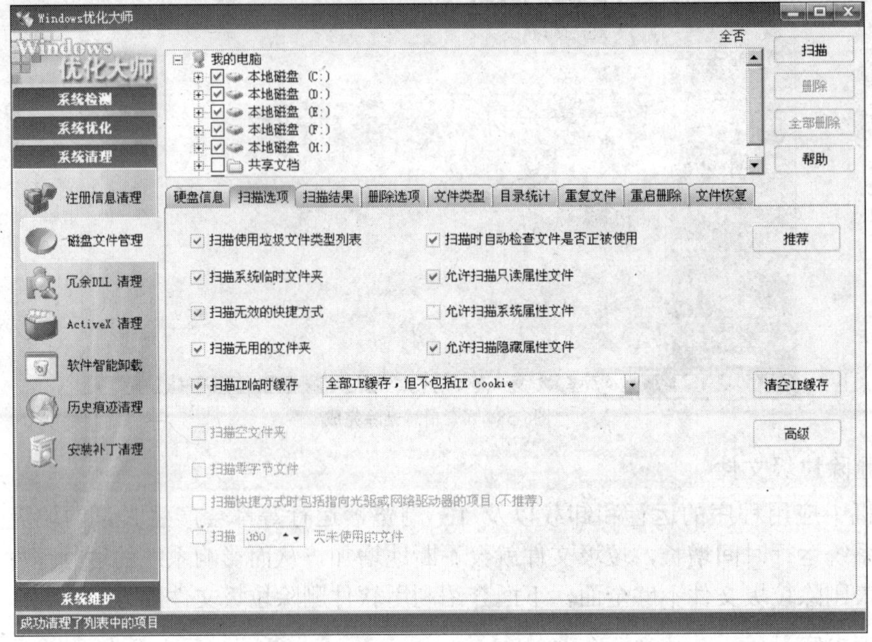


图6-60 【扫描选项】选项卡

(2) 单击 扫描 按钮，软件将自动开始扫描所勾选磁盘中的垃圾文件，如图 6-61 所示。扫描结束后将会在下面窗口中显示所有扫描到的垃圾文件，如图 6-62 所示。

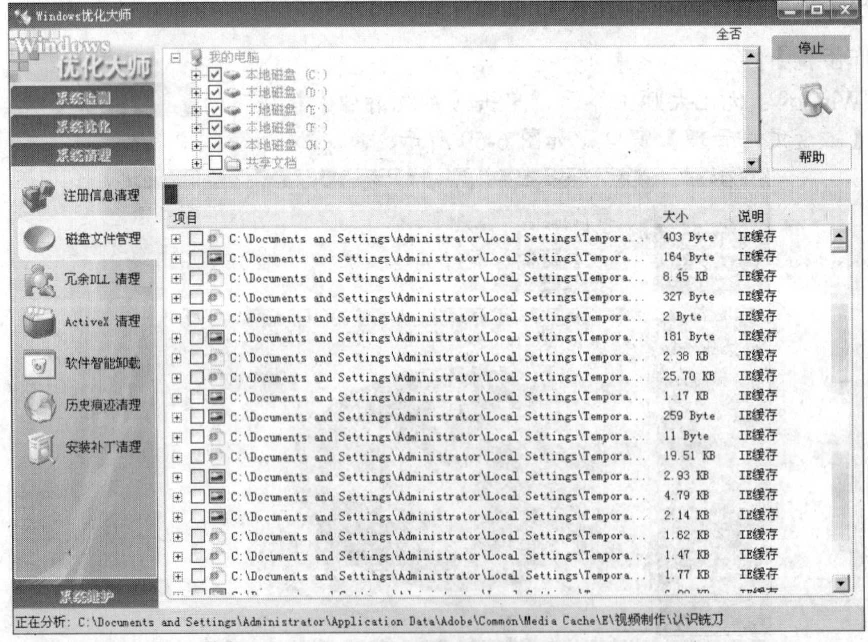


图6-61 进行扫描

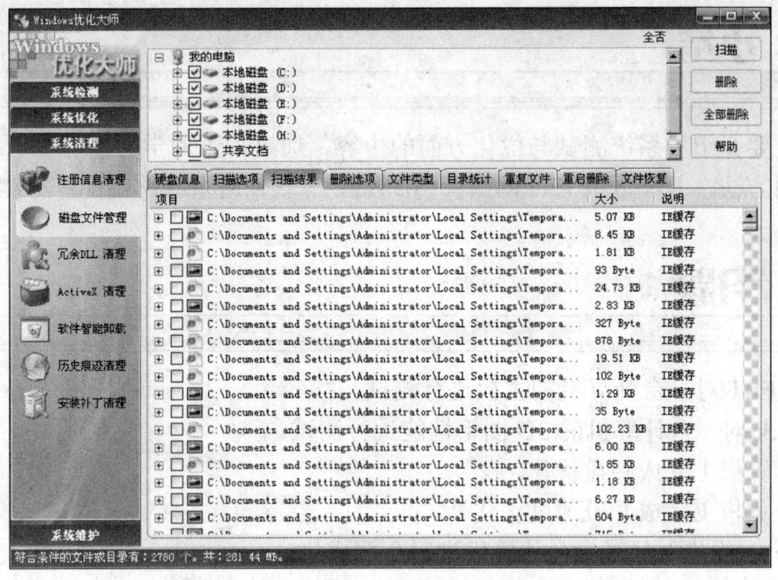

图6-62　扫描结果

(3) 单击 全部删除 按钮，弹出提示对话框，询问是否确认删除，如图 6-63 所示。

(4) 单击 确定 按钮，删除扫描到的所有垃圾文件，删除完成后，将弹出如图 6-64 所示的【确认删除多个文件】对话框，询问是否将删除的文件放入回收站。

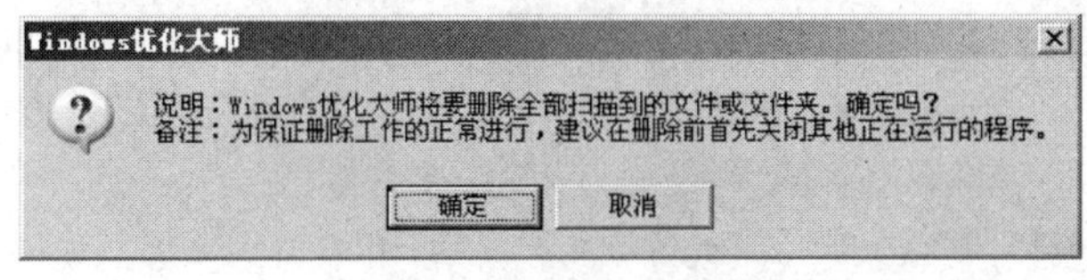


图6-63　询问是否删除文件

图6-64　询问是否将删除文件放入回收站

(5) 单击 是(Y) 按钮，被删除的文件将被放入回收站，如图 6-65 所示。

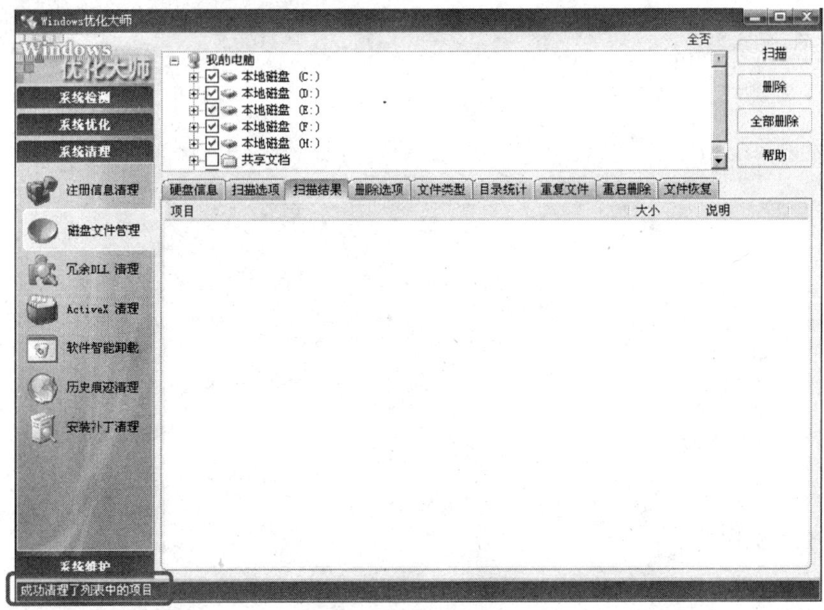

图6-65　删除所有的垃圾文件

## 小结

本项目主要介绍了系统测试与优化方面的内容，通过本章的学习读者可以掌握对系统进行优化的常用方法，并能运用 EVEREST、3DMark 等软件对系统的性能进行测试。

## 习题

1. 用 EVEREST 对一台计算机的主板进行测试。
2. 用 3DMark 对一台计算机的 3D 图形性能进行测试。
3. 在一台计算机上完成硬盘优化。
4. 在一台计算机上完成开机速度优化。
5. 用 Windows 优化大师对一台计算机进行全面优化。

# 项目七

# 计算机系统维护

若长时间不维护计算机，则会使其处于不良的工作状态中，例如，操作系统频繁地出错或死机，预定的工作无法完成，甚至会导致数据的丢失而造成无法挽回的损失等。因此，做好计算机的日常维护是十分必要的。定期对计算机进行系统维护，使其一直处于良好的工作状态，是充分发挥其最大性能的基本保障。

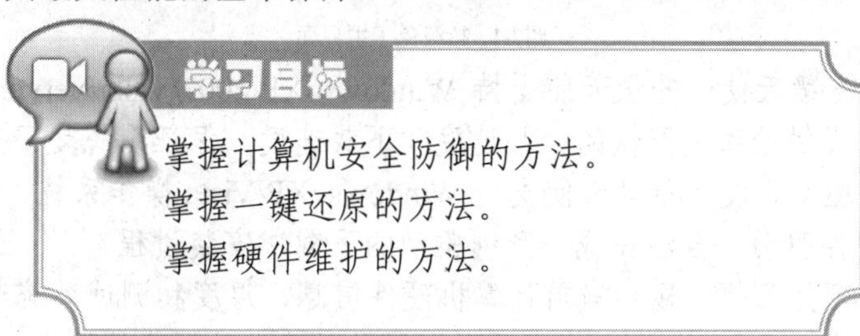


## 任务一　计算机软件维护

【实训内容】

从安全防御、性能维护、系统备份及还原等 3 个方面系统地掌握计算机软件维护的方法。

### （一）计算机安全防御

随着网络的发展，网络的安全问题也随之恶化。在网络上随时都可能遭到各种恶意攻击，这些恶意攻击可能导致用户的上网账号被窃取，银行账号被盗用，电子邮件密码被修改，财务数据被利用，机密档案丢失，隐私曝光等，甚至黑客能通过远程控制并删除目标计算机硬盘上所有的资料数据，使整个计算机系统全面崩溃。为了防止以上恶性事件的发生，必须为计算机打造一个安全的防御系统。

【实训准备】

1. 了解超级兔子软件

超级兔子是一套完整的系统维护软件，其主界面如图 7-1 所示。该软件可以清理用户文件和注册表中存在的垃圾文件，同时还具有强大的软件卸载功能，可以采用专业卸载方式清除一个软件在计算机内的所有记录。

超级兔子共有 9 大功能，可以优化、设置系统大多数的选项，其功能介绍如下。

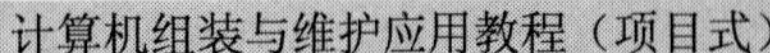


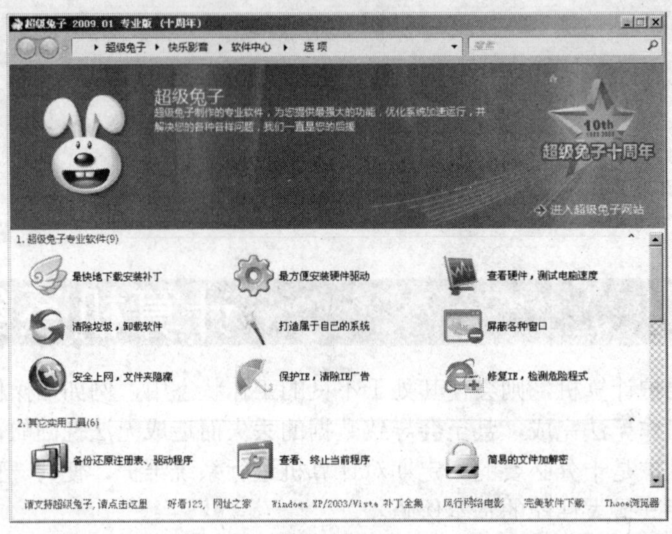


图7-1 超级兔子主界面

- 超级兔子升级天使：升级天使支持 Windows XP/2003/Vista/Server 2008 以上操作系统，提供给系统更快的检测速度和下载速度，保证系统处于安全状态。
- 超级兔子驱动天使：驱动天使支持 Windows XP/Vista 操作系统，可以自动检测所需的硬件驱动，自动完成一系列驱动的下载、安装过程。
- 超级兔子硬件天使：显示当前计算机硬件信息、温度和测试系统速度。
- 超级兔子清理王：可以轻松优化系统，清除硬盘与注册表的垃圾，卸载各种顽固软件和 IE 插件，其中专业卸载功能可以完美卸载常见的广告软件和其他软件。
- 超级兔子魔法设置：提供最多的系统隐藏参数，帮助用户打造个性化的 Windows 系统，还有额外增强的实用功能。
- 超级兔子反弹天使：系统中可能会充斥着各种会弹出窗口的程序，反弹天使可以将其屏蔽。
- 魔法盾 EQSecure：提供 3D 化的全能保护，基础版中包括安全浏览器和隐藏文件、文件夹两大功能。
- 超级兔子上网精灵：可以禁止 IE 广告，保护 IE 设置不被恶意网站修改，还有禁止色情网站、上网时间控制等一系列强大的 IE 控制功能。
- 超级兔子 IE 修复专家：检测系统存在的风险软件及 IE 问题，并采用自动、人工等多种方式解决 IE 被风险软件修改的问题。

### 2. 了解危险服务信息

计算机系统中一些默认开放的服务可能会成为黑客攻击的通道。所以在不用时，可以将一些危险的服务关闭，如表 7-1 所示为 Windows 危险服务的相关信息。

表 7-1　　Windows 危险服务的相关信息

| 服务名 | 危险等级 | 服务功能 | 开启该服务的具体危害 |
|---|---|---|---|
| Terminal Services | ★★★ | 允许多位用户连接并控制一台机器，并且在远程计算机上显示桌面和应用程序 | 配合“输入法漏洞”，黑客能轻松得到目标计算机的最高权限 |

续 表

| 服务名 | 危险等级 | 服务功能 | 开启该服务的具体危害 |
|---|---|---|---|
| ClipBook | ★★★☆ | 启用剪贴簿查看器储存信息并与远程计算机共享 | 木马利用剪贴簿查看器可轻松获得剪切粘贴的内容，使计算机信息暴露无疑 |
| Remote Registry Service | ★★★☆ | 使远程用户通过简单的连接就能修改本地计算机上的注册表设置 | 木马利用 Remote Registry Service 服务可以轻松修改远程计算机的注册表，强烈建议关闭此服务 |
| Server | ★★★★☆ | 支持此计算机通过网络的文件、打印和命名管道共享 | 通过默认共享，黑客可以上传木马程序至目标计算机 |
| Workstation | ★★★★☆ | 与 Server 服务十分相似，如果想在局域网中实现共享，该服务必须开启 | 该服务中存在一个未经检查的缓冲区。黑客只要成功利用这个漏洞，即可获得目标计算机的系统权限 |
| Messenger | ★★★★★ | 传输客户端和服务器之间的 NET SEND 和 Alerter 服务消息 | 开启该服务，为目标计算机发送消息就不需要通过验证，黑客可以利用此漏洞进行溢出操作，成功后可以获取计算机的最高权限 |

【操作步骤】

### 1. 防火墙的安装与设置

天网防火墙是目前使用最为广泛的防火墙之一，下面就以天网防火墙为例来介绍防火墙的使用方法。

(1) 下载完成后运行安装程序。弹出【欢迎】对话框，勾选【我接受此协议】复选框，如图 7-2 所示。

(2) 单击 下一步[N] > 按钮，弹出【选择安装的目标文件夹】对话框，这里保持默认设置，如图 7-3 所示。

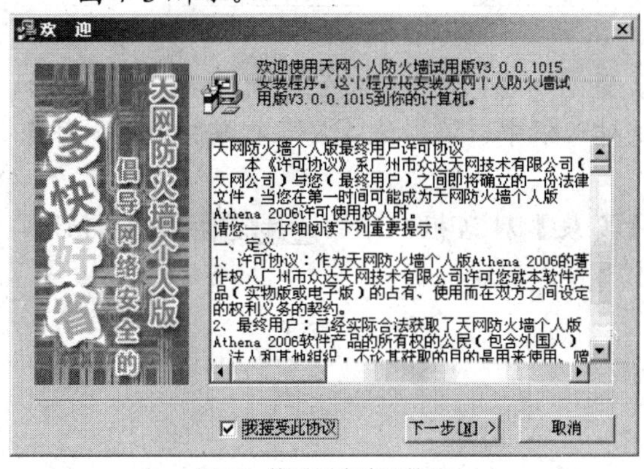

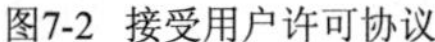

图7-2 接受用户许可协议

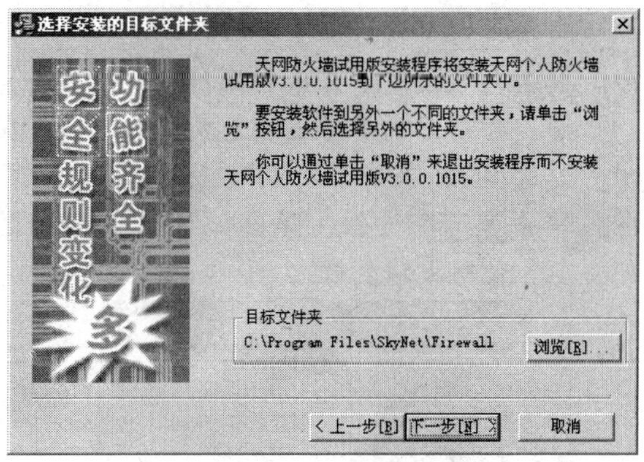


图7-3 选择安装目录

(3) 单击 下一步[N] > 按钮，弹出【选择程序管理器程序组】对话框，可以选择将应用程序归属于哪个程序管理器，这里保持默认设置，如图 7-4 所示。

(4) 单击 下一步[N] > 按钮，弹出【开始安装】对话框，单击 下一步[N] > 按钮，程序自动开始安装，如图 7-5 所示。

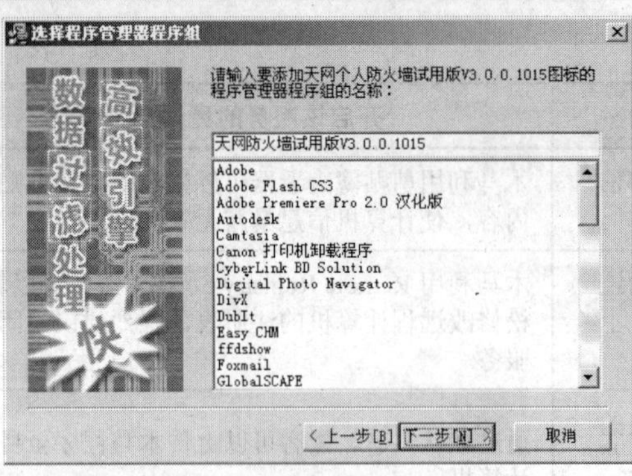


图7-4 选择程序管理组

图7-5 确认开始安装

(5) 安装完成后，弹出如图 7-6 所示的【天网防火墙设置向导】对话框。

(6) 单击 下一步 按钮，弹出如图 7-7 所示的对话框，其中提供了 4 个安全级别选项（默认安全级别为“中”）。用户在选择时可以参看安全级别的详细说明，这里保持默认设置。

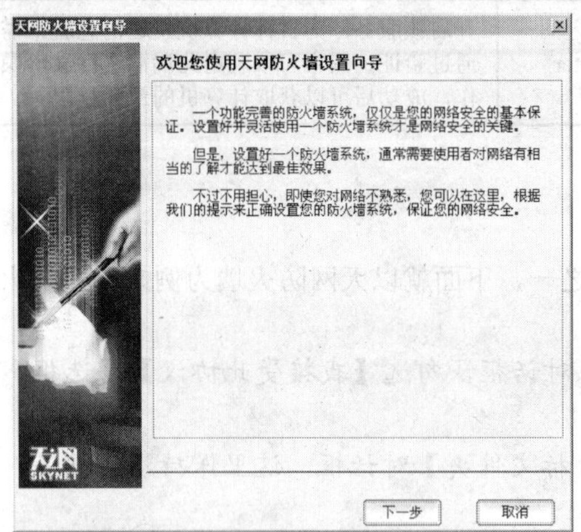


图7-6 【天网防火墙设置向导】对话框

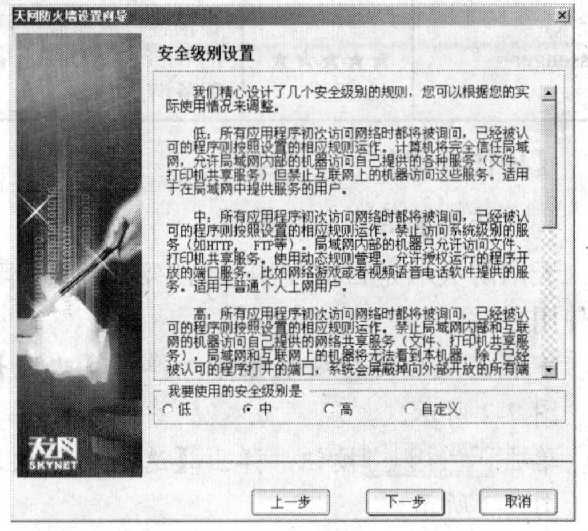


图7-7 选择安全级别

(7) 其余向导设置内容也都保持默认设置即可，最后单击 结束 按钮完成设置，并弹出如图 7-8 所示的【安装已完成】对话框，在该对话框中取消勾选【安装搜狗拼音输入法】复选框。

(8) 单击 完成[F] > 按钮，弹出如图 7-9 所示的【安装】对话框，单击 确定 按钮重启计算机，使防火墙生效。

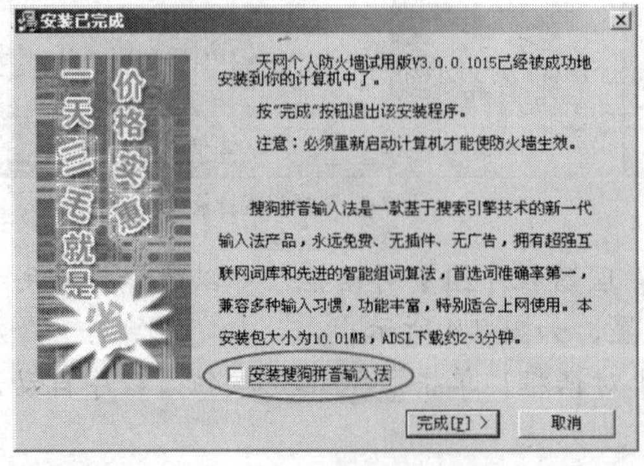


图7-8 【安装已完成】对话框

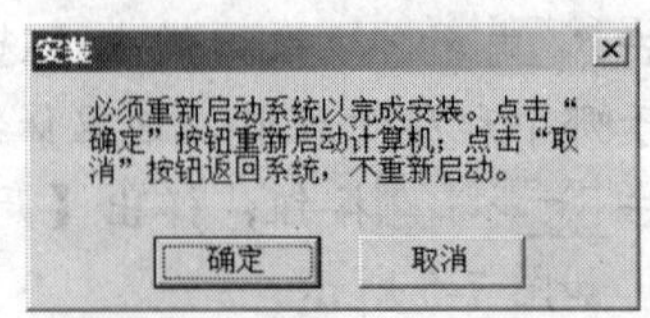


图7-9 安装完成提示信息

(9) 重启计算机，天网防火墙开始工作。当有应用程序访问网络时，防火墙就会弹出如图 7-10 所示的警告信息。根据其内容，可以通过单击 允许 按钮或 禁止 按钮来允许或禁止该程序访问网络，控制计算机中应用程序访问网络的权限。勾选【该程序以后都按照这次的操作运行】复选框，可以使防火墙记住该应用程序访问网络的规则，避免重复操作。

(10) 应用程序访问规则设置完成后，进入如图 7-11 所示的天网防火墙主界面，可以轻松地进行安全级别等设置。

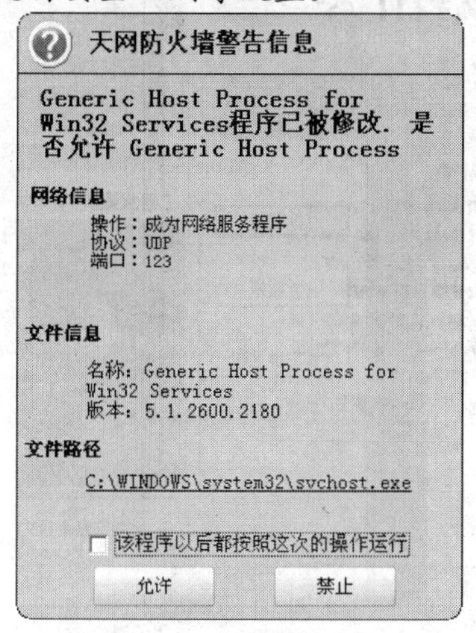


图7-10　应用程序访问警告信息

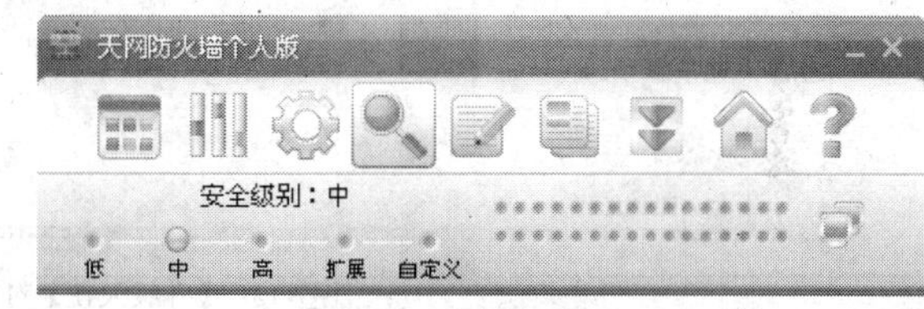


图7-11　天网防火墙主界面

(11) 单击 按钮，打开如图 7-12 所示的应用程序设置窗口，如果要修改或删除某个应用程序访问网络的规则，可以单击该应用程序右侧的 选项 或 删除 按钮。

(12) 以设置 QQ 应用程序规则为例。单击该应用程序右边的 选项 按钮，弹出如图 7-13 所示的对话框。设置完成后，单击 确定 按钮保存设置并退出。

(13) 单击 删除 按钮，删除 QQ 应用程序访问网络的规则，当再次使用 QQ 访问网络时将显示如图 7-14 所示的提示信息。

图7-12　应用程序设置窗口

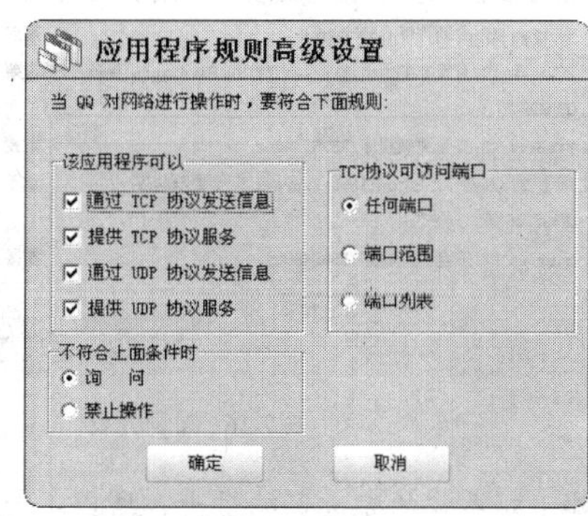


图7-13　设置应用程序规则

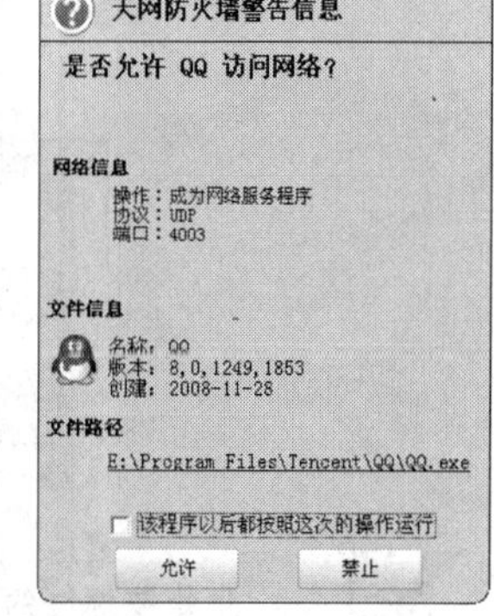


图7-14　提示信息

以上主要介绍了防火墙控制应用程序访问网络的操作，其他设置保持默认。如果有兴趣，读者可以自己更改其他设置进行研究。

## 2. 用超级兔子为系统打补丁

(1) 启动超级兔子，在主界面中选择【最快地下载安装补丁】选项，弹出如图 7-15 所示的【升级天使】对话框。

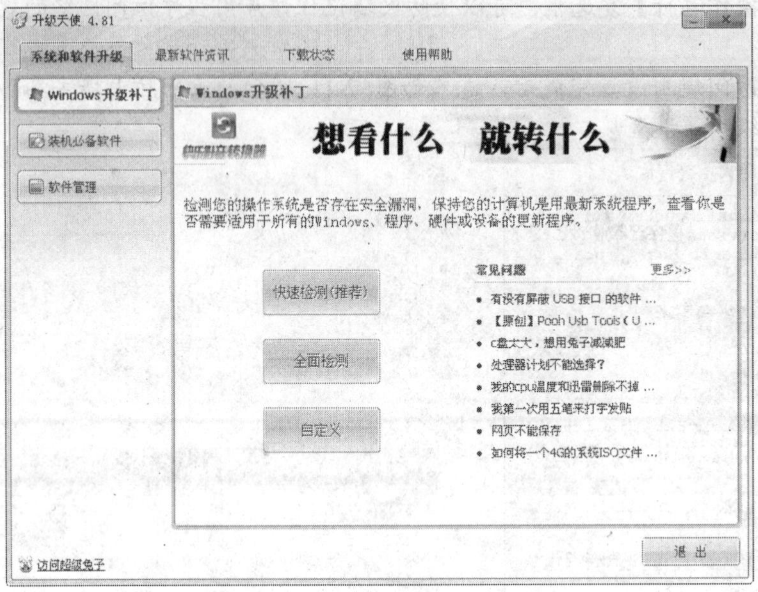


图7-15 【升级天使】对话框

(2) 单击 快速检测(推荐) 按钮，检查计算机系统存在的漏洞，并生成如图 7-16 所示的漏洞列表。

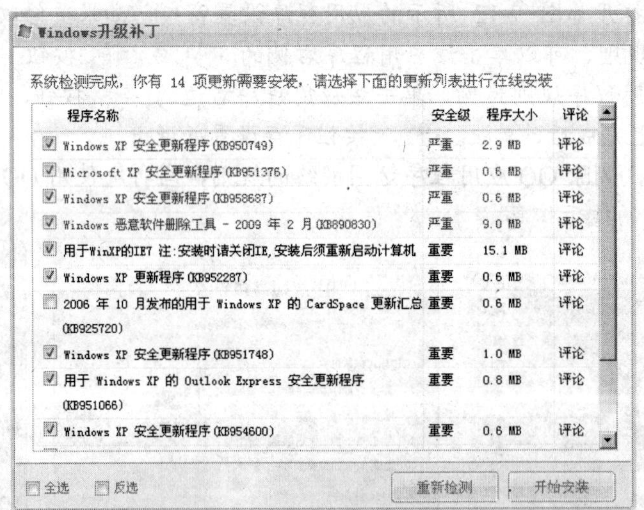


图7-16 漏洞列表

说明：此处被标红的补丁对系统的安全影响最大，所以一定要勾选并安装相应的补丁程序来进行漏洞修复，在通常情况下需要将检测出的全部补丁都进行安装。

(3) 勾选图 7-16 所示窗口左下角的【全选】复选框，然后单击 开始安装 按钮，即可开始下载并安装全部补丁，如图 7-17 所示。

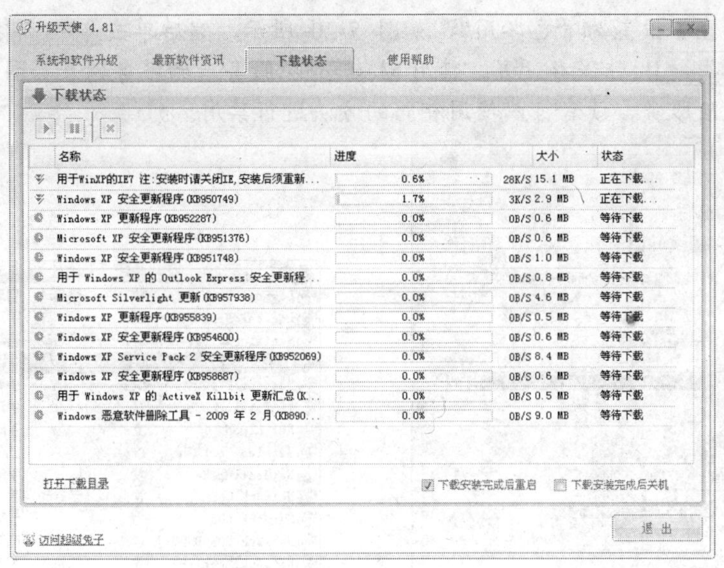


图7-17 下载并安装补丁

**说明** 通常打补丁的时间都比较长，可以在计算机闲置时进行操作。用户也可以勾选【下载安装完成后关机】复选框，当补丁打完后系统就会自动关闭。

### 3. 关闭危险服务

这里以禁止“Messenger”服务为例来介绍如何禁止服务。

**说明** 在关闭危险服务时一定要注意服务的功能，如果该功能正在被使用，则一定要考虑利弊后再进行关闭或开启，切忌盲目操作。

(1) 选择【开始】/【控制面板】/【管理工具】/【服务】命令，打开如图 7-18 所示的【服务】窗口，切换到【标准】选项卡。

(2) 在服务列表中找到【Messenger】服务选项，双击即可弹出如图 7-19 所示的【Messenger 的属性（本地计算机）】对话框，此时服务状态为“已启动”。

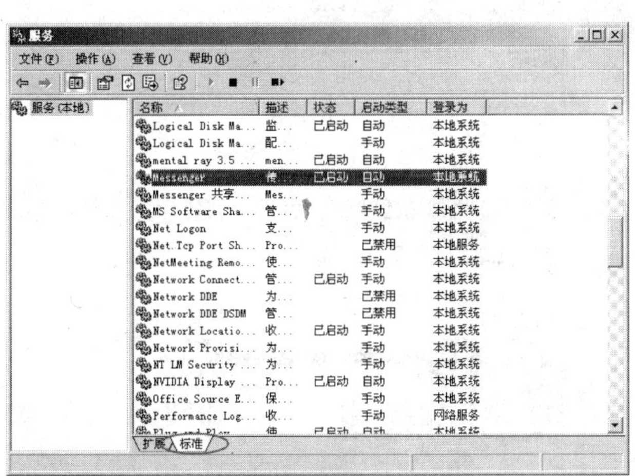


图7-18 【服务】窗口

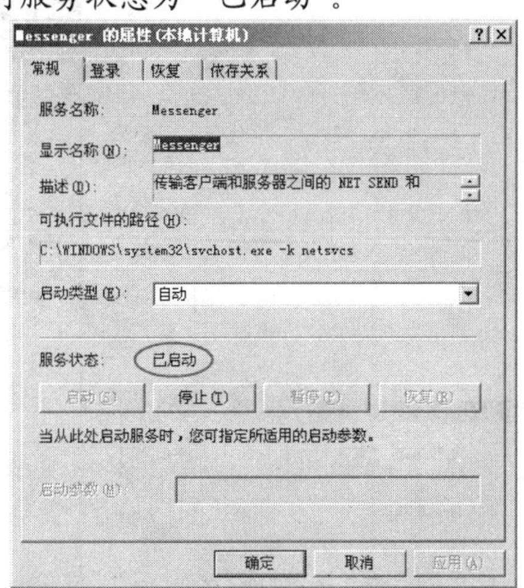


图7-19 【Messenger 的属性（本地计算机）】对话框

(3) 将【启动类型】设置为“已禁用”，如图 7-20 所示，然后单击 停止(T) 按钮停止服务，再单击 确定 按钮保存设置，禁用 Messenger 服务后的服务列表如图 7-21 所示。对于其他危险服务，读者可以使用相同的方法进行禁用。

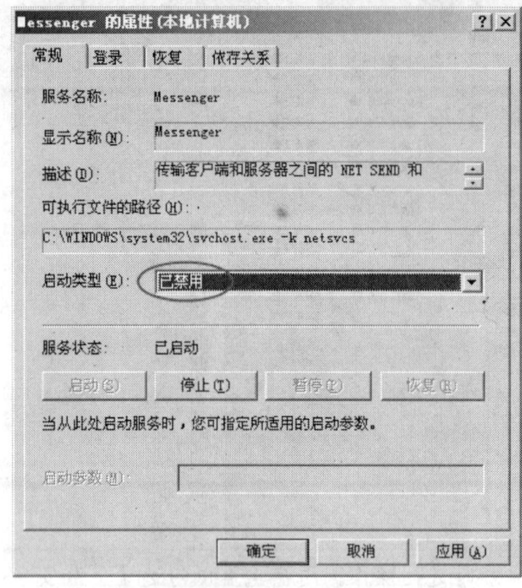


图7-20 设置启动类型为“已禁止”

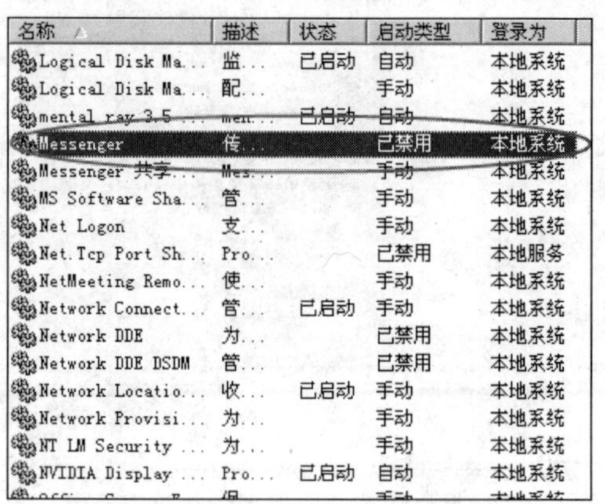


图7-21 禁用 Messenger 服务成功

## 4. 关闭自动播放

当将 U 盘或光盘插入或放入计算机时，计算机会自动读取 U 盘或光盘中的数据，这样做是十分危险的，特别是当 U 盘上带有病毒的情况下，病毒可以轻易地植入到用户的计算机中。用户可以关闭自动播放功能，在插入 U 盘后，首先使用杀毒软件对其进行病毒查杀，这样就可以降低感染病毒的机率。

(1) 选择【开始】/【运行】命令，弹出【运行】对话框，在该对话框中输入“gpedit.msc”，如图 7-22 所示。

(2) 单击 确定 按钮，打开如图 7-23 所示的【组策略】窗口，依次展开【计算机配置】/【管理模板】/【系统】选项，切换到【标准】选项卡。

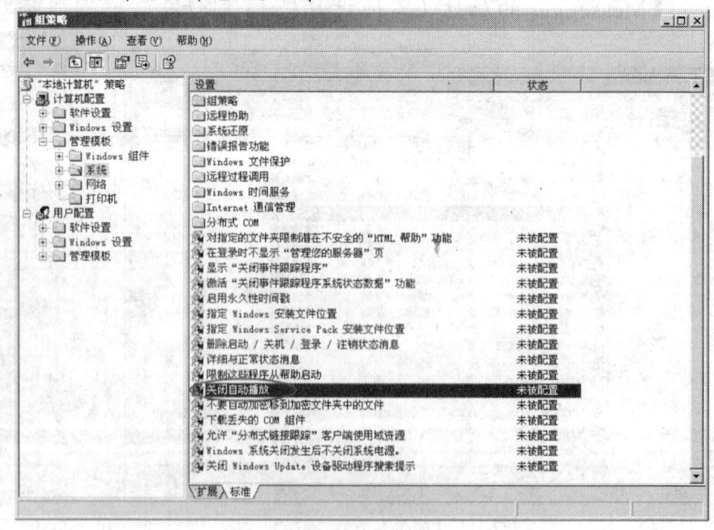

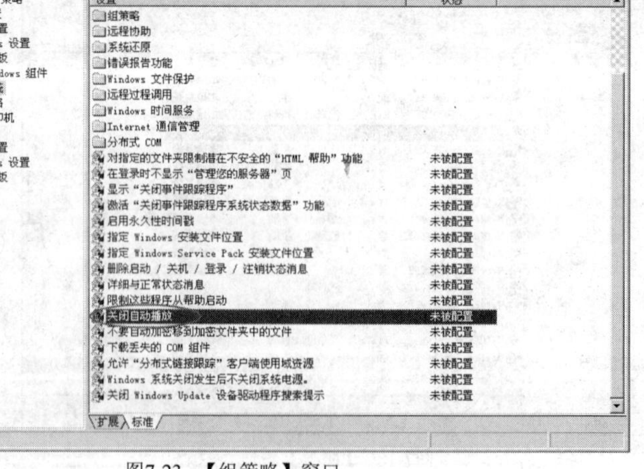

图7-22 输入“gpedit.msc”

图7-23 【组策略】窗口

(3) 双击右侧列表中的【关闭自动播放】选项，弹出如图 7-24 所示的【关闭自动播放 属性】对话框，勾选【已启用】单选按钮，设置【关闭自动播放】为“所有驱动器”，单击 确定 按钮即可完成设置。

(4) 【关闭自动播放】选项启用后的列表如图 7-25 所示，这样就可以降低自动播放带来的病毒威胁了。

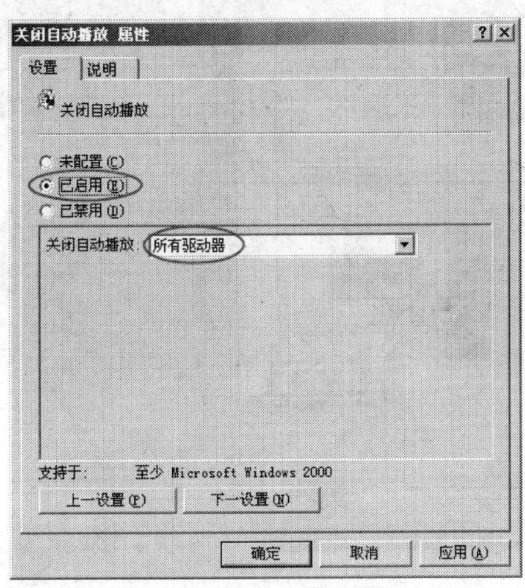


图7-24 【关闭自动播放 属性】对话框

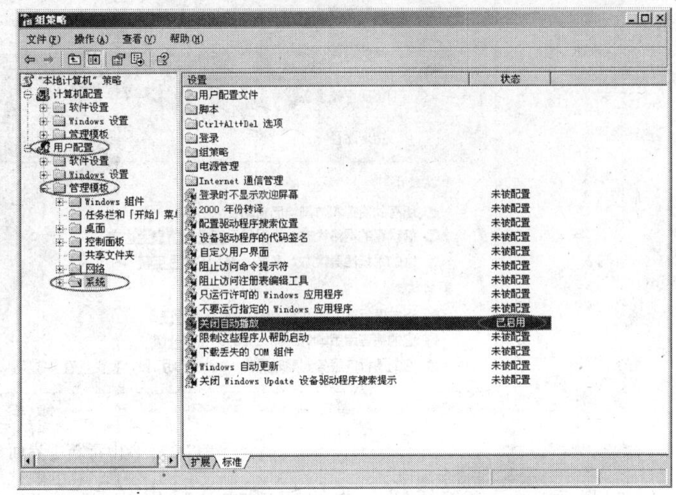


图7-25 启动【关闭自动播放】

## 5. 安装杀毒软件

前面几个步骤介绍了如何做好系统的防御工作，但是如果一时疏忽让病毒入侵，那么就应及时使用杀毒软件进行病毒查杀。下面以安装和使用金山毒霸 2009 为例来进行介绍。

(1) 首先运行金山毒霸 2009 的安装程序，其安装十分简单，只需在如图 7-26 所示的窗口中取消勾选【金山网镖】复选框，其他步骤全部保持默认设置即可。

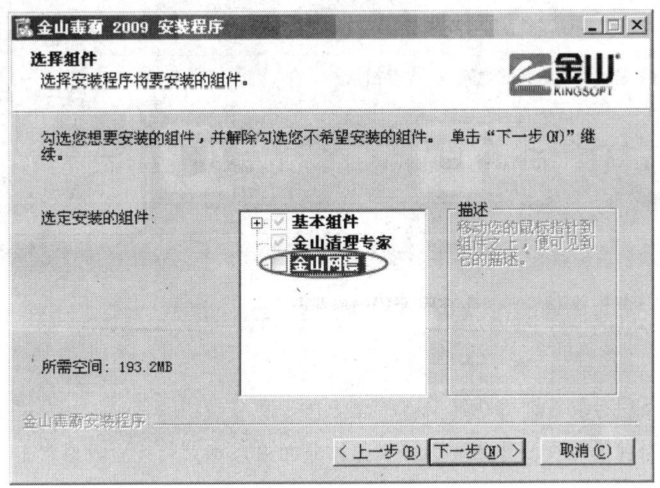


图7-26 取消勾选金山网镖

(2) 安装完成后启动金山毒霸，打开如图 7-27 所示的金山毒霸主界面，在其中设置要扫描的区域。

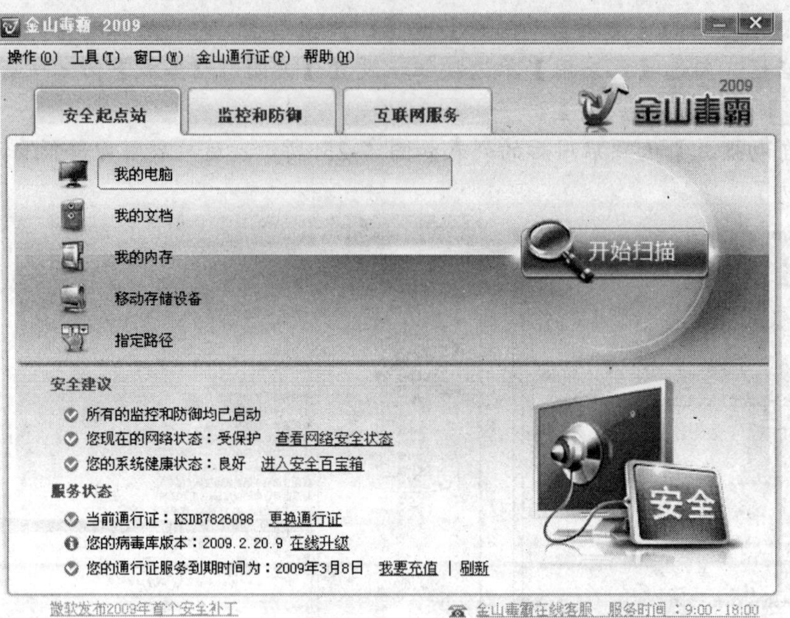


图7-27 金山毒霸主界面

(3) 单击开始扫描按钮，开始扫描计算机中的恶意软件，如图 7-28 所示。

(4) 扫描结束后，进入到如图 7-29 所示的病毒扫描界面，勾选【杀毒完成后关机】复选框，从而使用户可以在休息时杀毒并且不浪费系统资源。

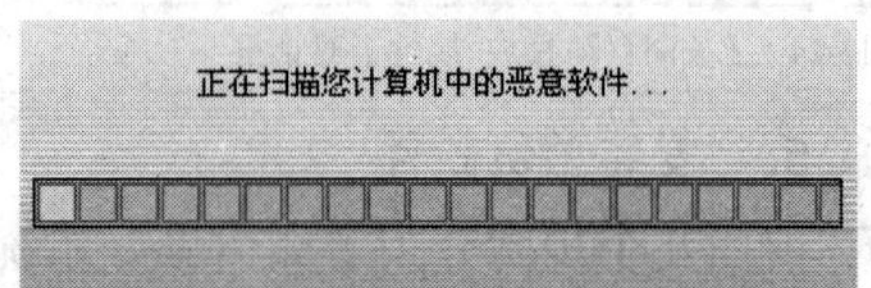


图7-28 扫描计算机中的恶意软件

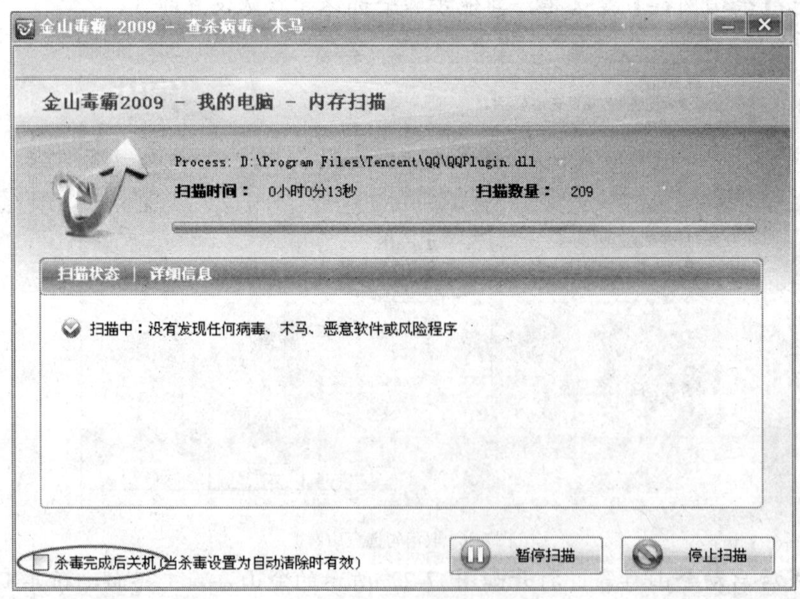


图7-29 病毒扫描界面

(5) 杀毒完成后，进入如图 7-30 所示的查毒结果界面，单击完成按钮完成杀毒操作。

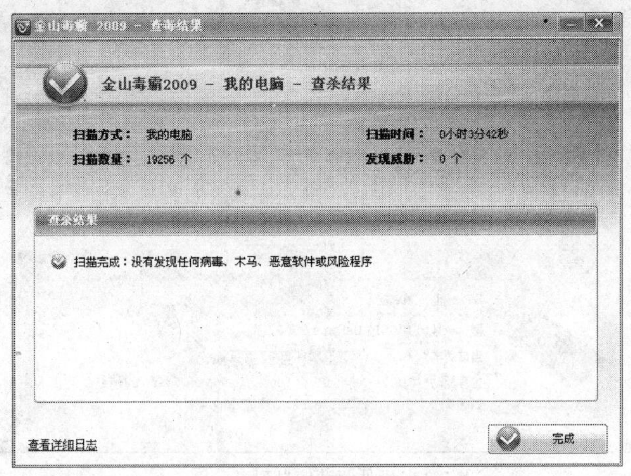


图7-30 查毒结果界面

## （二） 更新硬件驱动程序

为了使硬件能保持高效的运转，还需要对硬件的驱动程序进行更新。

**【实训准备】**

首先要了解对硬件驱动程序进行更新的方法。一般更新硬件驱动的方法是到硬件生产厂家的主页上下载最新的驱动程序，但是如果下载的版本和本机的硬件不匹配那就会“弄巧成拙”了，而且操作也比较麻烦。使用超级兔子中的驱动天使功能可智能识别硬件型号，并能下载安装匹配的硬件驱动，既方便又准确。

**【操作步骤】**

(1) 启动超级兔子，选择【最方便安装硬件驱动】选项，弹出如图 7-31 所示的【驱动天使】对话框。

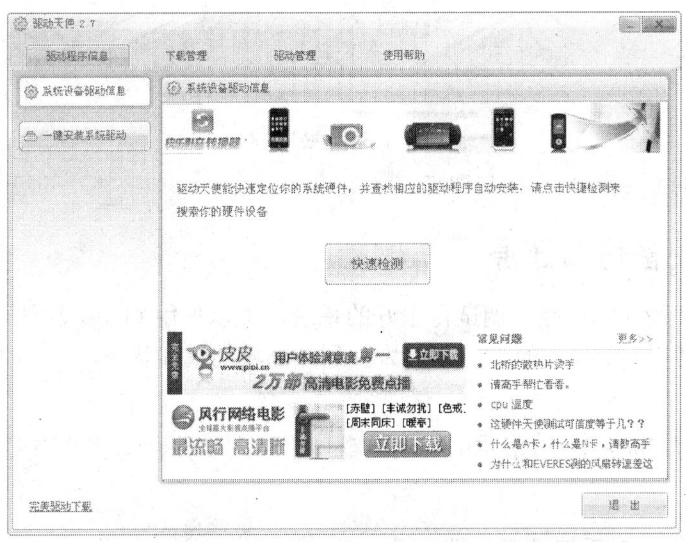


图7-31 【驱动天使】对话框

(2) 单击【快速检测】按钮，开始检查计算机上硬件的驱动更新情况，显示如图 7-32 所示的硬件驱动信息列表。

图7-32 硬件驱动信息列表

(3) 如果相应硬件的【当前版本】选项提示为“有更新”，则可以单击【安装驱动】按钮下载并安装新的驱动，如图 7-33 所示。

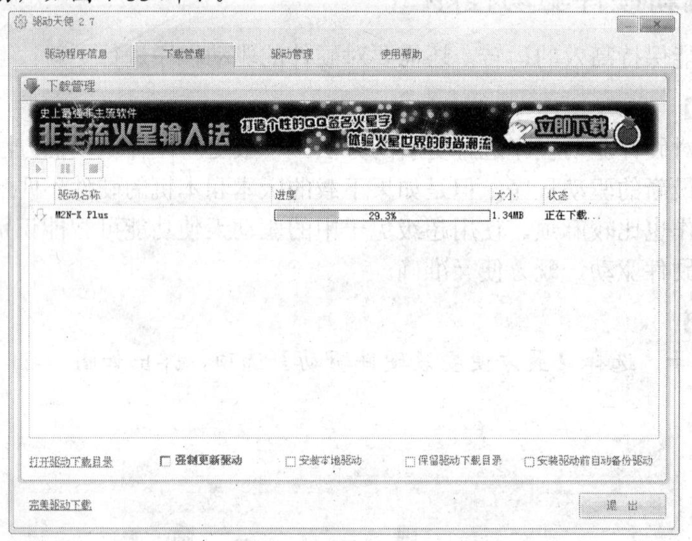


图7-33 下载并安装更新驱动

(4) 安装完成后单击【退 出】按钮即可。

## （三）系统备份与还原

对于一个防御及其他性能都调试得很好的系统，可以使用 Ghost 软件对系统进行备份，当系统瘫痪时再使用 Ghost 还原，以快速恢复到计算机的最佳状态。

**【实训准备】**

准备一张含有 Ghost 11.02 版本的启动光盘（可以到软件经销商处购买）。

**【操作步骤】**

### 1. 使用 Ghost 对系统进行备份

(1) 进入 BIOS 设置主界面，设置系统启动顺序为从光盘启动，保存并重启计算机。将 Ghost 启动光盘放入光驱中。

(2) 进入 Ghost 启动界面，将显示 Ghost 系统信息，如图 7-34 所示。

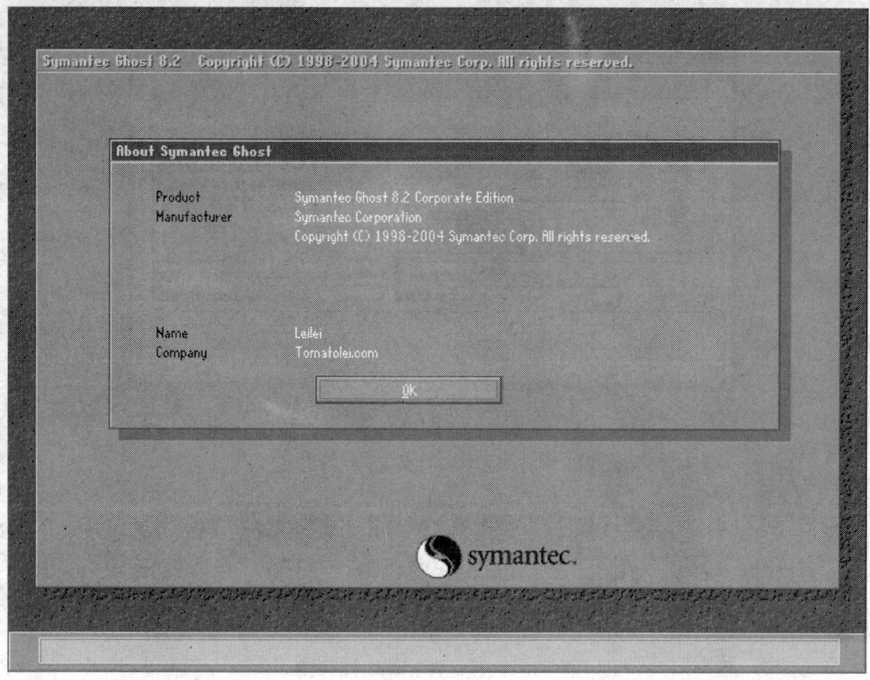


图7-34　Ghost 系统信息

(3) 单击 OK 按钮，选择【Local】/【Partition】/【To Image】命令，如图 7-35 所示，将弹出如图 7-36 所示的对话框，选择用以存放镜像文件的硬盘。如果有多个硬盘，该对话框将会列出所有硬盘以供选择。

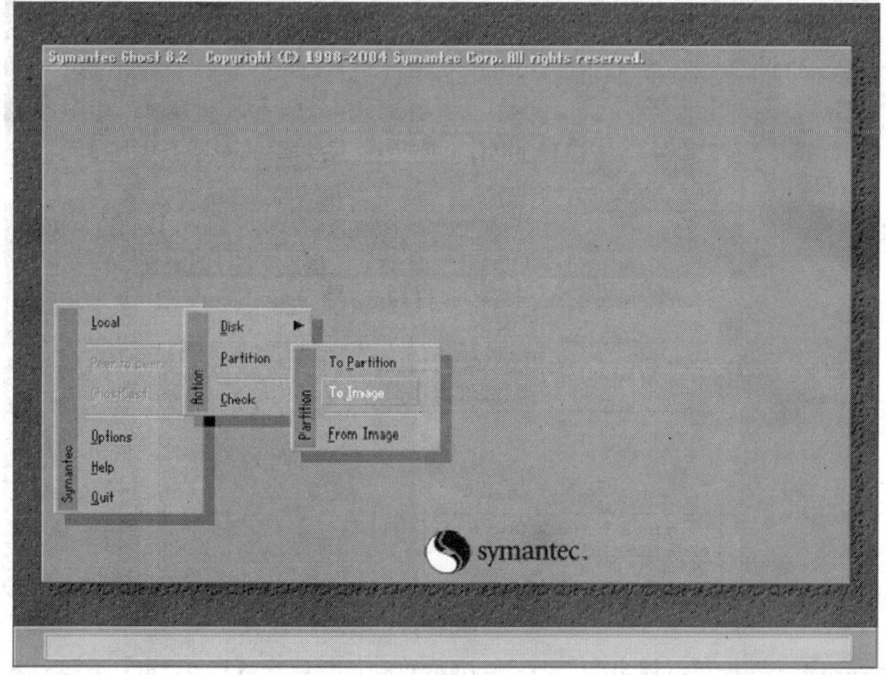


图7-35　选择制作镜像文件

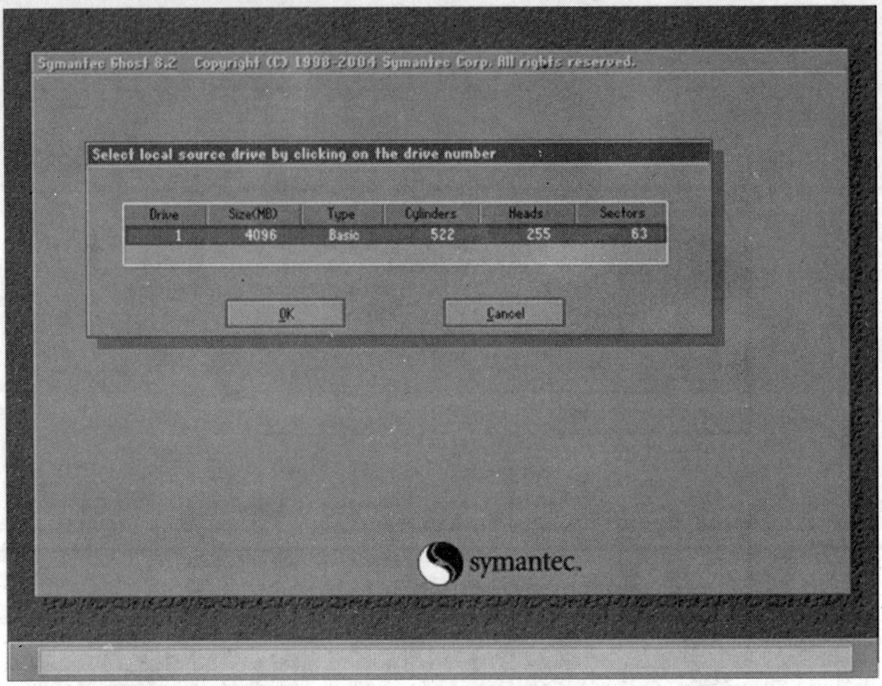

图7-36　选择存放镜像文件的硬盘

(4) 单击 OK 按钮，弹出如图 7-37 所示的对话框，选择需要做镜像文件的磁盘分区，这里选择 1 分区（即 C 盘）。

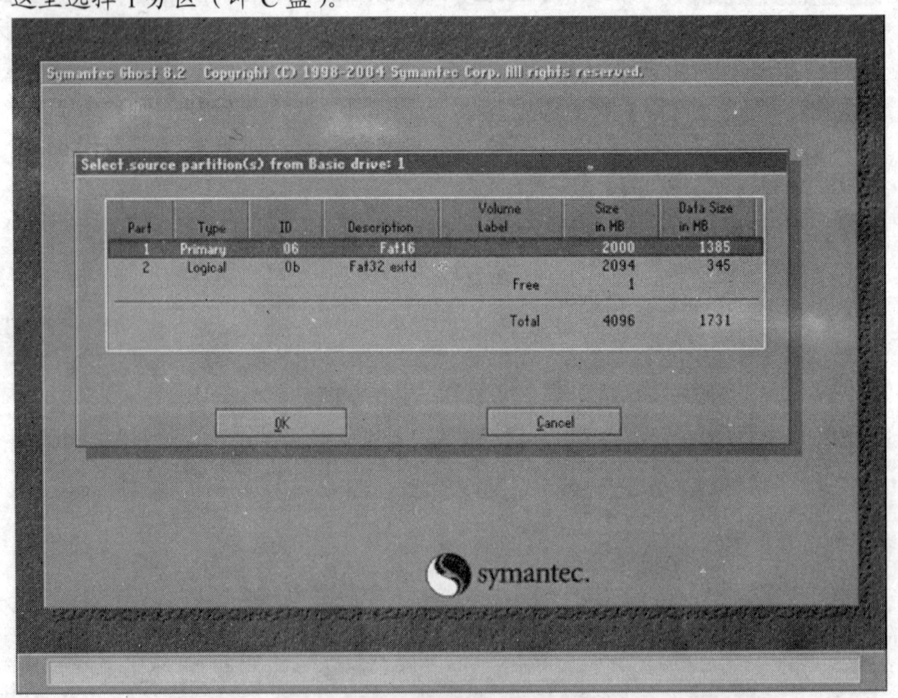


图7-37　选择需做镜像文件的分区

(5) 单击 OK 按钮，弹出如图 7-38 所示的对话框，在【Look in】下拉列表中选择镜像文件的保存路径，这里选择在 2 分区（即 D 盘）的根目录下存放镜像文件。

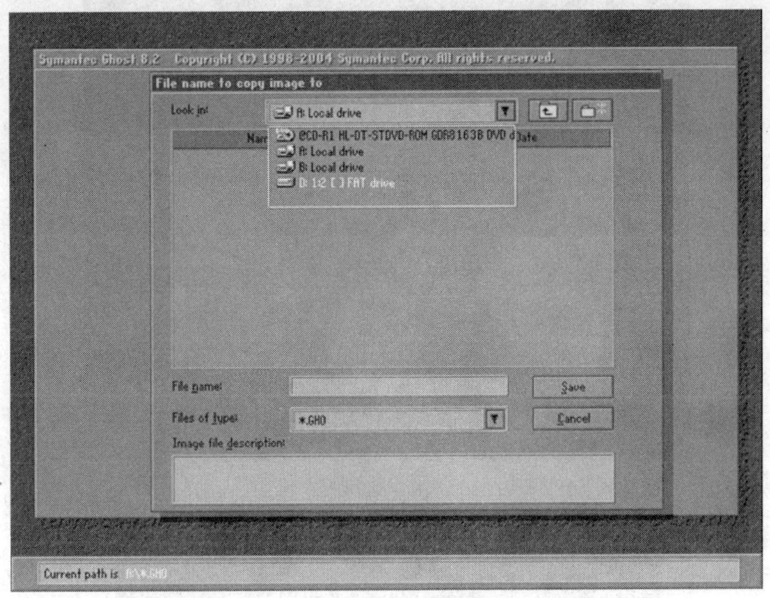

图7-38 选择镜像文件的保存路径

(6) 在【File name】文本框中输入镜像文件名“winxp”，如图 7-39 所示。

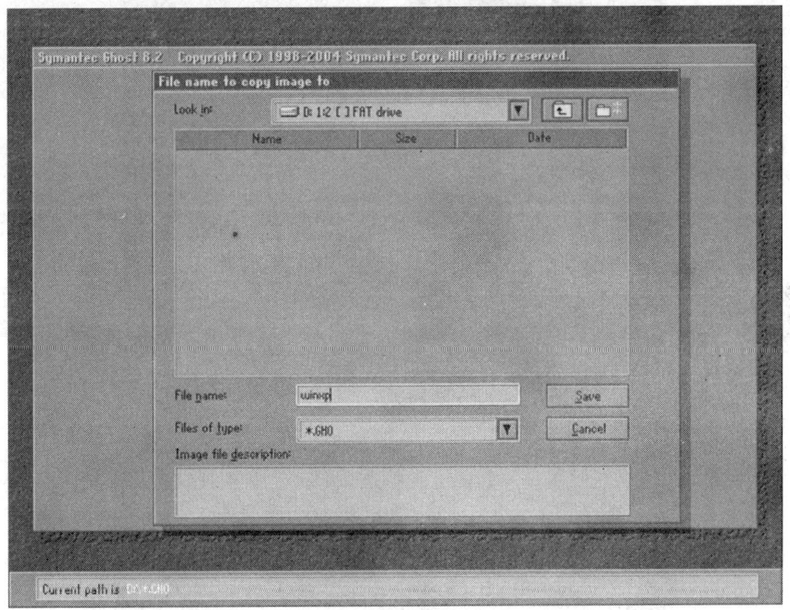

图7-39 设置镜像文件名

(7) 单击 Save 按钮生成镜像文件，弹出如图 7-40 所示的对话框，提示用户选择压缩方式。

- 【NO】：表示不压缩。
- 【Fast】：表示采用快速压缩，制作和恢复镜像使用的时间较短，但是生成的镜像文件将占用较大的磁盘空间。
- 【High】：表示采用高度压缩，制作和恢复镜像使用的时间较长，但是生成的镜像文件将占用较小的磁盘空间。

为了加快压缩速度，此处一般采用快速压缩。

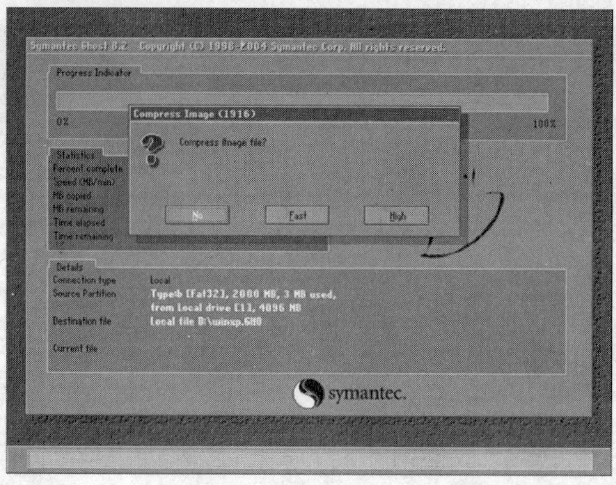


图7-40 选择压缩方式

(8) 单击 Fast 按钮，弹出一个确认对话框，如图 7-41 所示。

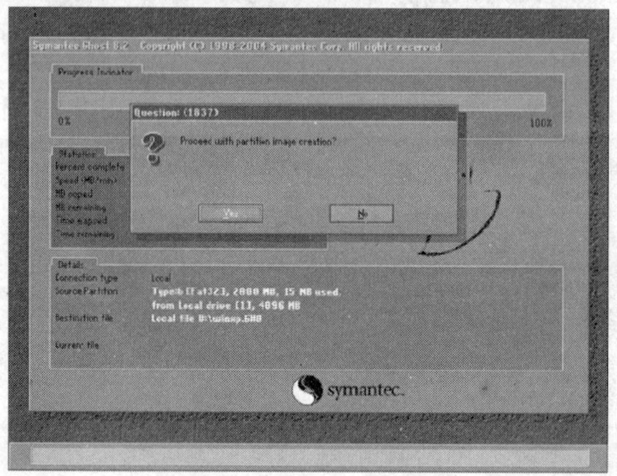


图7-41 确认设置

(9) 如果确认前面的设置正确，则单击 Yes 按钮，Ghost 程序将开始制作镜像文件，如图 7-42 所示。

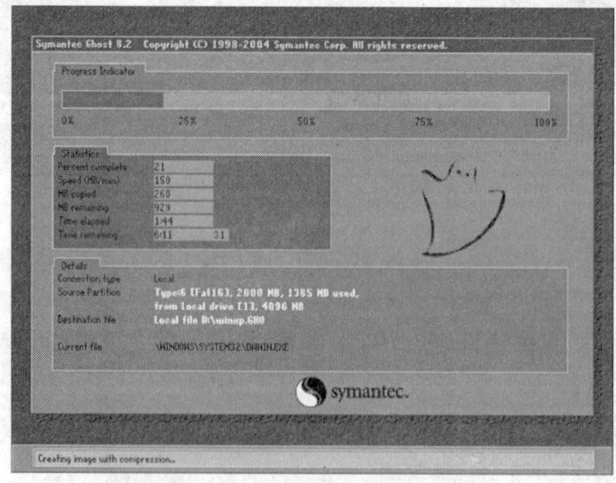


图7-42 制作镜像文件

(10) 当镜像文件制作完成后，弹出如图 7-43 所示的对话框。

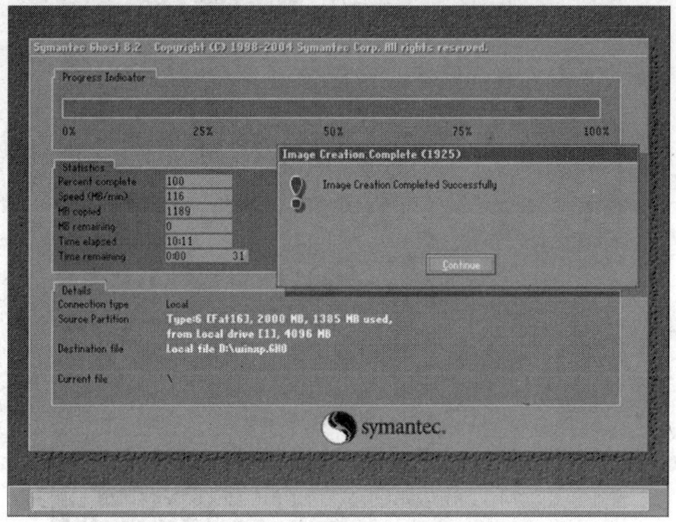


图7-43 镜像文件制作完成

(11) 单击Continue按钮，弹出如图 7-44 所示的对话框。单击Yes按钮，然后从光驱中取出光盘并重启计算机，将会在 D 盘上看到生成的镜像文件“winxp.GHO”。至此，镜像文件的制作全部完成。

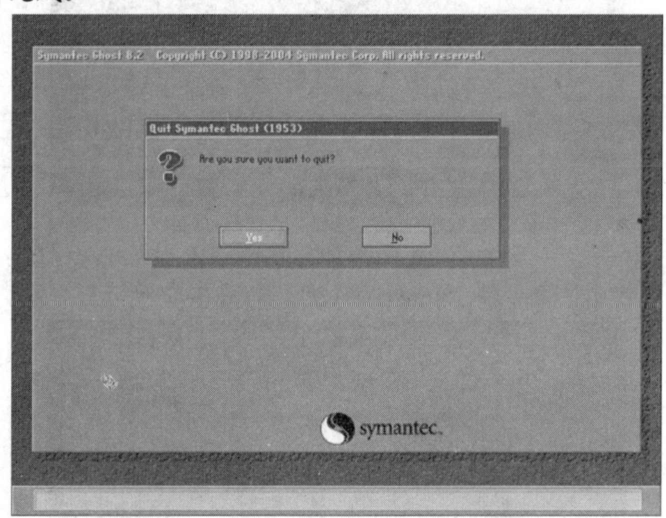


图7-44 确认退出

**说明**：在制作镜像文件时要注意所指定的存储分区中是否有足够的空间，只有拥有足够的空间才能成功完成镜像文件的制作。该操作制作出来的镜像文件可用于本机的镜像恢复，或与本机硬件配置完全相同的计算机的镜像恢复，但不能用于硬件配置不同的其他计算机，因为其驱动程序与本机不同。本方法不但可以用来制作操作系统所在分区的镜像，还可以制作其他分区的镜像。

### 2. 使用 Ghost 对系统进行还原

(1) 进入 Ghost 启动界面，单击OK按钮，选择【Local】/【Partition】/【From Image】命令，如图 7-45 所示。

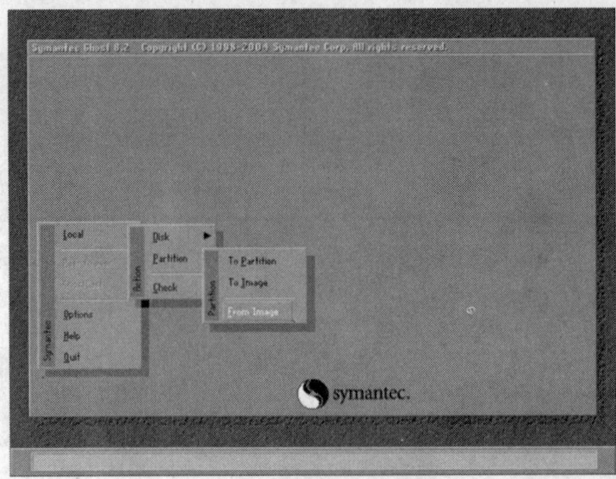


图7-45 选择从镜像文件中恢复系统

(2) 弹出如图 7-46 所示的对话框，选择要使用的镜像文件的路径。

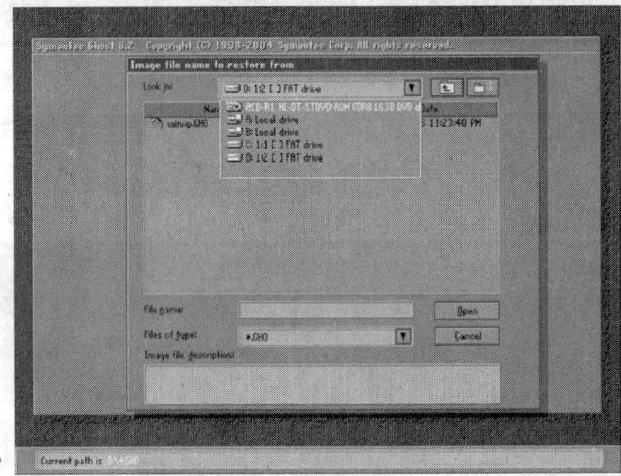


图7-46 选择镜像文件的路径

(3) 这里选择上面制作的镜像文件“winxp.GHO”，如图 7-47 所示。

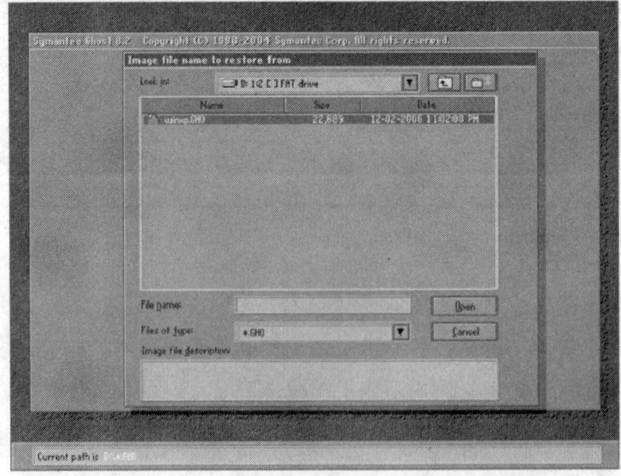


图7-47 选择镜像文件

(4) 单击 Open 按钮，弹出如图 7-48 所示的对话框，从中选择源分区，这里直接单击 OK 按钮。

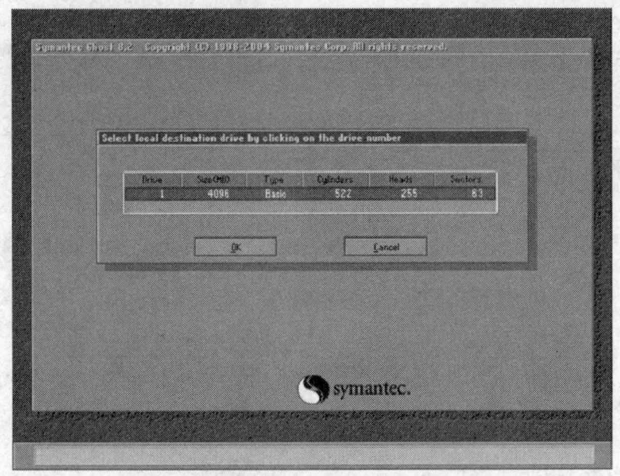


图7-48　选择源分区

(5) 选择要还原的分区，这里选择 1 分区（即 C 盘），如图 7-49 所示。

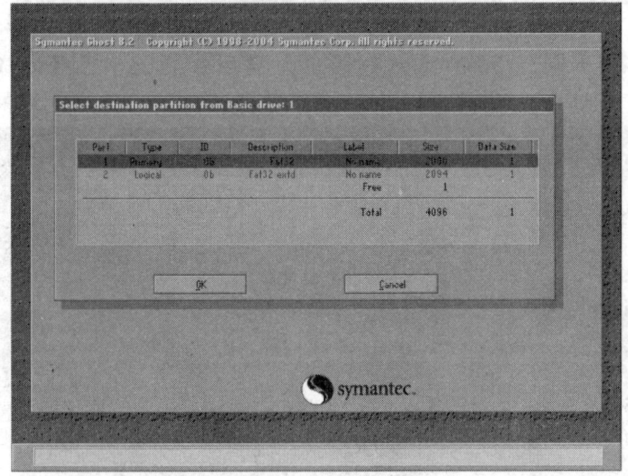


图7-49　选择要还原的分区

(6) 单击 OK 按钮，在弹出的对话框中确认是否要进行所设置的操作。这里单击 Yes 按钮，覆盖 C 盘上所有的数据，如图 7-50 所示。

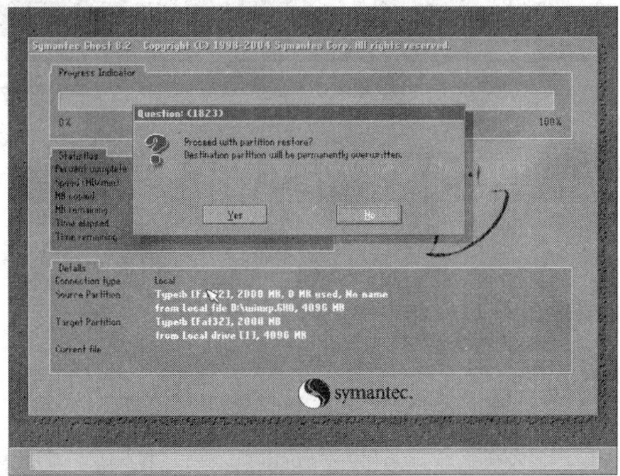


图7-50　确认设置

(7) 系统开始用镜像文件进行系统还原，如图 7-51 所示。

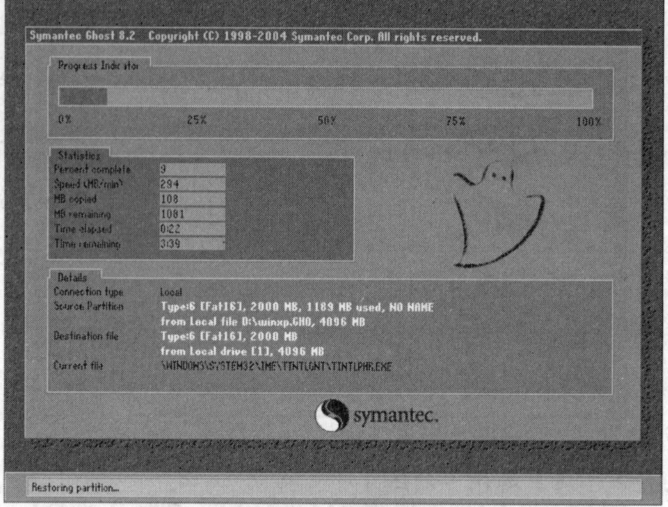


图7-51 系统正在还原

(8) 还原完毕后，弹出如图 7-52 所示的对话框，提示系统还原已经完成，单击 Reset Computer 按钮，然后从光驱中取出光盘并重启计算机。至此，Ghost 系统还原的操作就全部完成。

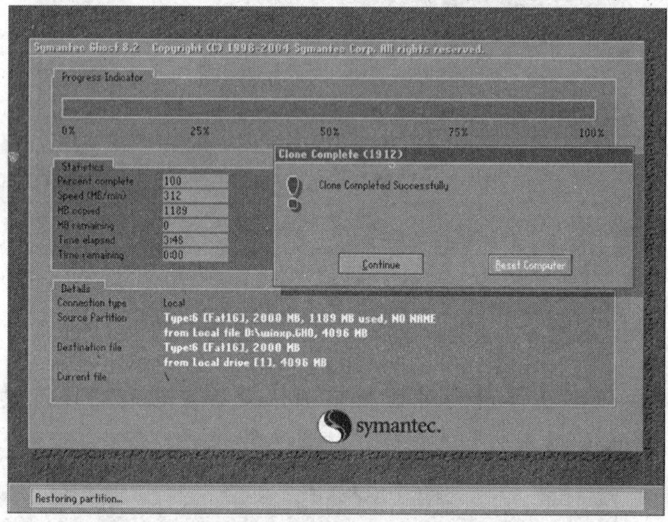


图7-52 系统还原完成

# 任务二 计算机硬件维护

【实训内容】

对计算机中的各种配件进行日常维护。

## （一）清洁主机设备

主机是计算机的核心，也是最容易形成灰垢的地方，灰垢会使计算机在使用过程中出现噪音增大、频繁死机、运行发热等问题，所以对主机应进行有规律的清洁维护。

【实训准备】

由于计算机主机内部的各种配件结构较为复杂，并且缝隙较多，为了彻底清洁主机而又不损坏主机配件，通常需要准备如图 7-53 所示的清洁工具。

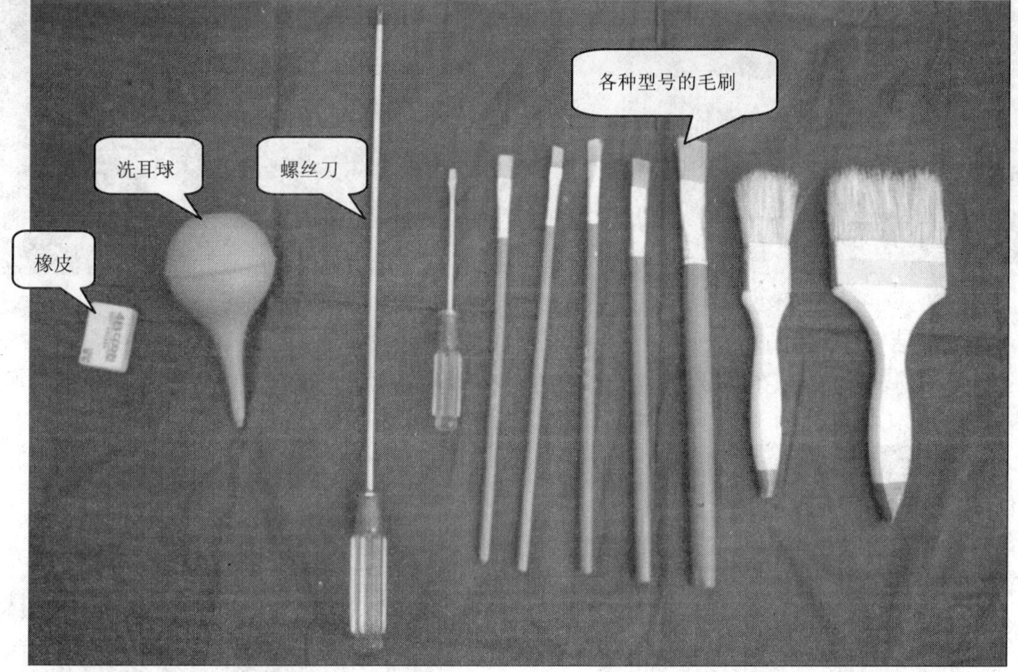


图7-53 清洁工具

1. 清洁显卡

(1) 如图 7-54 所示为刚从长期使用的计算机上拆卸下的显卡，可以看到显卡上的灰尘很多。这样既会影响显卡的散热，同时也增加了发生静电故障的机率。

(2) 使用毛刷大致刷去显卡上的灰尘，如图 7-55 所示。

图7-54 未清洁前的显卡

图7-55 使用毛刷刷去表面灰尘

(3) 使用洗耳球将显卡风扇部分比较隐蔽的灰尘吹掉，如图 7-56 所示。

(4) 使用橡皮擦除显卡金手指上的铜锈，如图 7-57 所示。

(5) 使用毛刷刷去金手指上的橡皮残渣。

图7-56 使用洗耳球吹掉灰尘

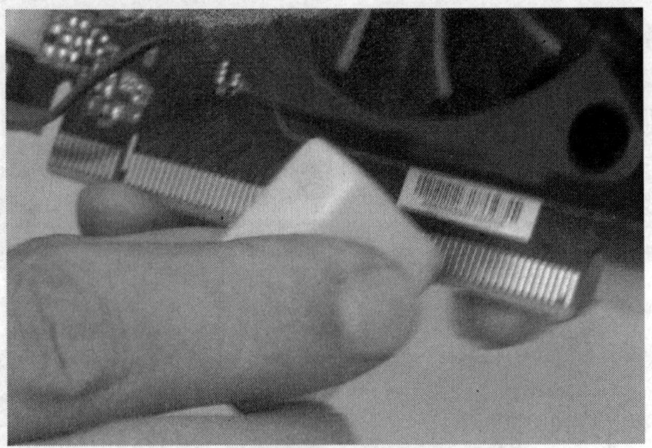

图7-57 使用橡皮清洁金手指

### 2. 清洁 CPU 风扇

(1) 使用干净的棉布将 CPU 散热片上的硅胶擦除干净，如图 7-58 所示，以便涂抹新的硅胶。

(2) 使用毛刷刷去 CPU 风扇外表面的灰尘，如图 7-59 所示。

图7-58 擦除硅胶

图7-59 清洁 CPU 风扇外表面

(3) 将 CPU 风扇和 CPU 散热片拆卸开，如图 7-60 所示。然后再使用毛刷和洗耳球将其清洁干净即可。

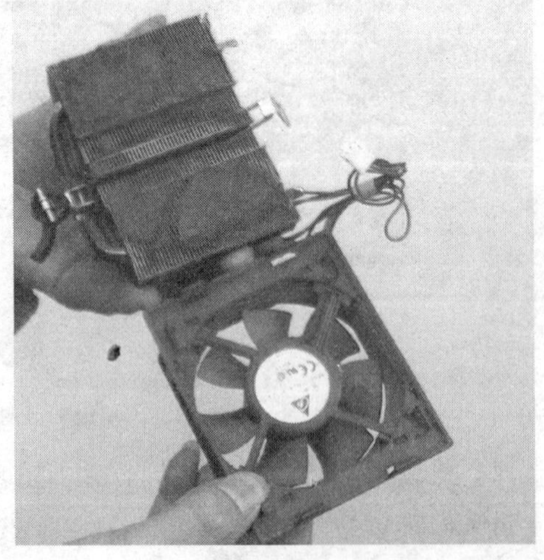

图7-60 拆开 CPU 风扇和散热片

### 3. 清洁内存条

(1) 清洁内存条和清洁显卡的步骤大致相同，首先使用毛刷清洁内存条外部，如图 7-61 所示。

(2) 然后再使用橡皮将金手指擦拭干净，如图 7-62 所示。最后使用毛刷清除掉橡皮残渣。

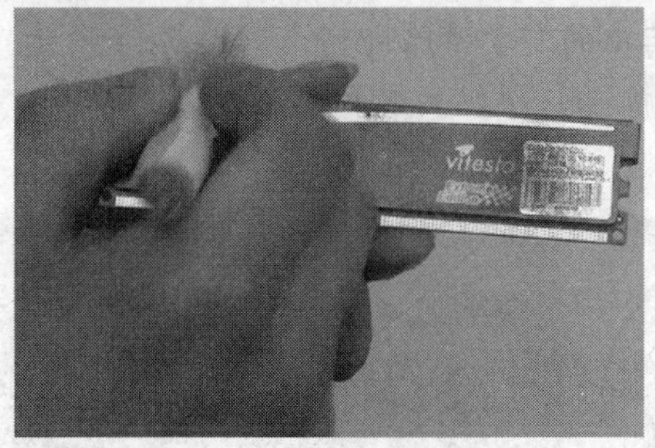


图7-61 清洁内存条外部

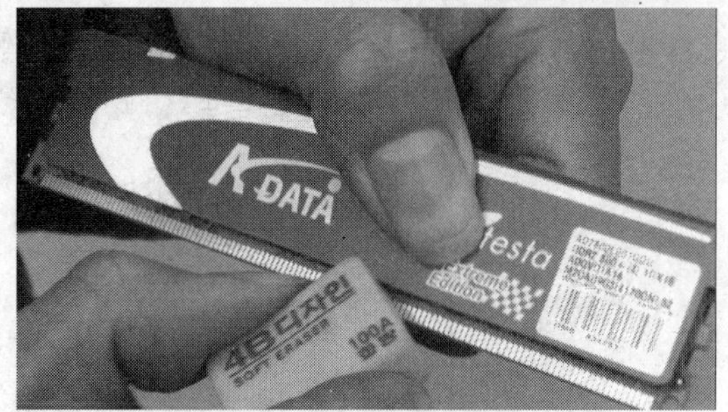


图7-62 使用橡皮清洁金手指

### 4. 清洁主板

(1) 在清洁主板时，一定不能将 CPU 拆下，如图 7-63 所示。如果主板上的灰尘进入主板的 CPU 插槽，可能导致主板不可用。

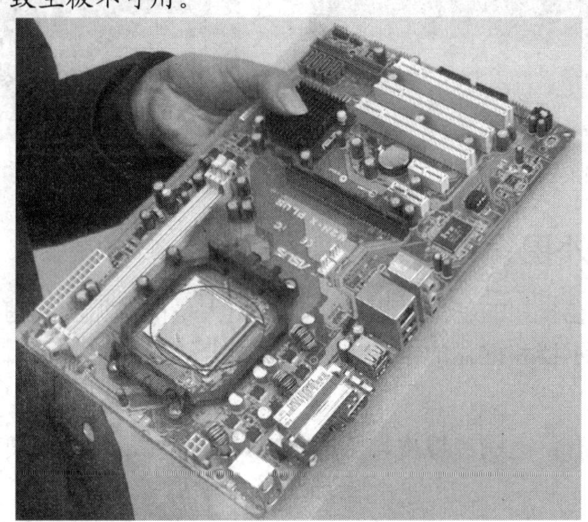


图7-63 不能拆下 CPU

(2) 使用毛刷和洗耳球配合的方法即可清洁主板，如图 7-64 所示。

图7-64 使用毛刷和洗耳球清洁主板

5. 清洁 CPU

一般只需使用干净的棉布将 CPU 背面的硅胶擦拭干净即可。

6. 清洁机箱和电源

(1) 机箱的清洁方法很简单，只需要使用毛刷将其中的灰尘清除即可，如图 7-65 所示。

(2) 对于电源一般只清洁其外部，内部不要轻易触碰，所以只需使用毛刷清洁即可，如图 7-66 所示。

图7-65 清洁主机

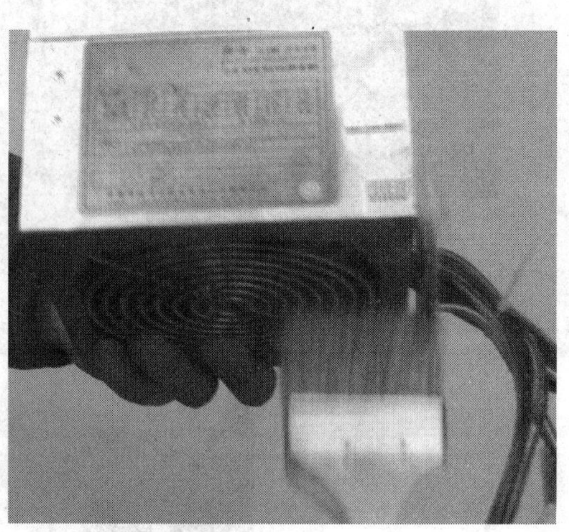
图7-66 清洁电源

## （二） 清洁外围设备

计算机外围设备在长期的使用过程中也会产生大量的灰垢和细菌，特别是液晶显示器和键盘。所以对液晶显示器和键盘的维护十分必要。

【实训准备】

需要准备的工具有：毛刷、橡皮、干净软布，液晶显示器专用清洁用具。

【操作步骤】

1. 清洁键盘和鼠标

如图 7-67 所示为经过长期使用而未被清洁的键盘，可以看到键盘上的灰垢和使用痕迹都很明显，而键盘又是用户接触最多的部件，所以很容易滋生细菌，严重影响卫生和美观。

(1) 首先应使用较小的毛刷将其缝隙中的灰尘清除，如图 7-68 所示。

图7-67 未清洁的键盘

图7-68 使用小毛刷清洁

(2) 再使用橡皮把一些顽固的污垢擦掉，最后用湿润的软布轻轻擦拭。

(3) 鼠标只需用干净湿润软布经常擦拭即可。

说明

有条件的用户可定期用医用酒精棉球对键盘和鼠标进行擦拭或喷洒消毒。

**2. 清洁液晶显示器**

清洁液晶显示器时要注意不能误操作而损坏液晶屏，所以要使用专门的清洁器具，如图7-69所示。

(1) 使用专用清洁用具中的刷子来清洁除液晶屏以外的表面灰尘。

(2) 在清洁液晶屏时，将清洁液摇匀后均匀地喷洒在液晶屏上，如图7-70所示。

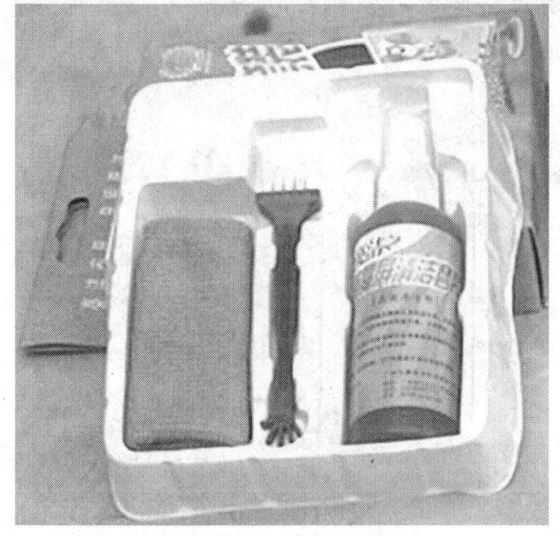

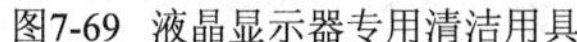

图7-69 液晶显示器专用清洁用具

图7-70 喷洒清洁液

(3) 使用专用清洁用具中的棉布将液晶屏擦拭干净，如图7-71所示，至此即完成对液晶屏的清洁。

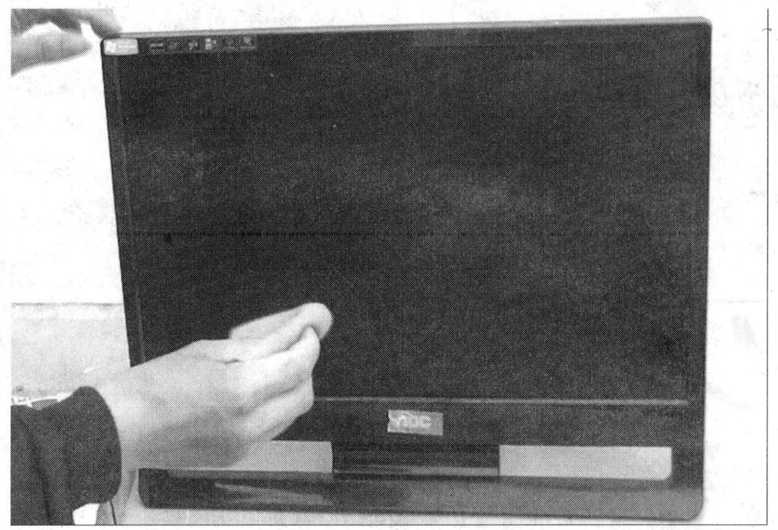

图7-71 擦拭液晶屏

## （三） 打印机日常维护

打印机在使用过程中，灰尘颗粒、碳粉等会在其内部积聚，使用时间越长，积聚物越多，就会引起打印质量问题，如打印出现斑点等。清洁打印机墨盒区域可以避免类似问题的发生。

**【实训准备】**

需要准备的工具有：毛刷、干燥无绒布。

**【操作步骤】**

### 1. 清洁打印机外部区域

(1) 首先需要拔下打印机电源，等待其冷却之后再进行操作，如图 7-72 所示。

(2) 将打印机中剩余打印纸取出以便清理外部区域，如图 7-73 所示。

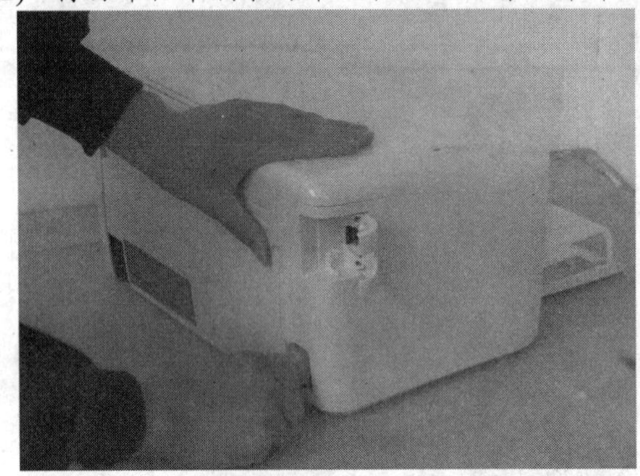

图7-72 拔下打印机电源

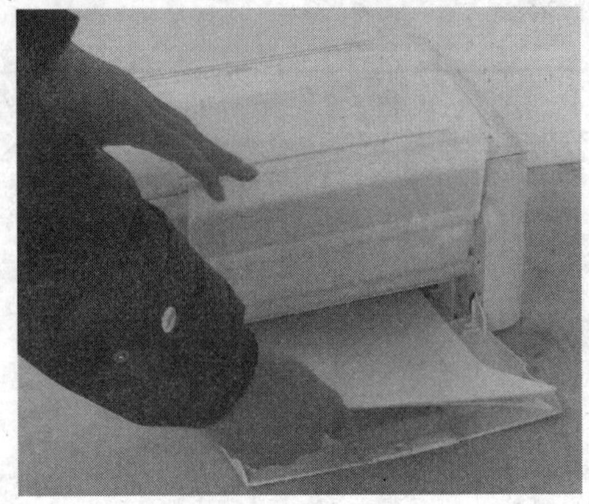

图7-73 取出打印纸

(3) 将打印机外部使用无绒布擦拭，如图 7-74 所示，同时使用毛刷将缝隙中的灰垢擦拭干净，如图 7-75 所示。

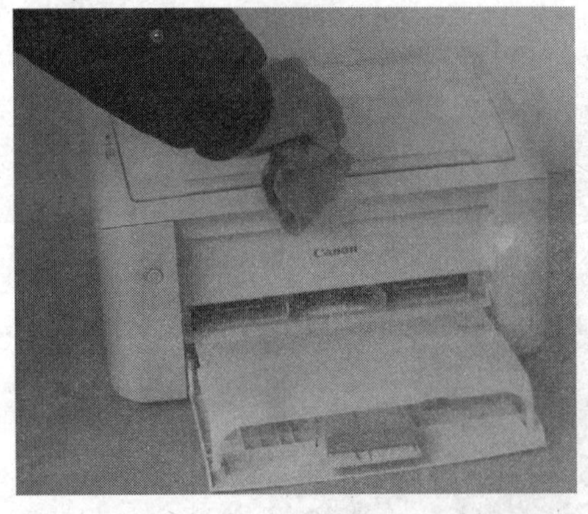


图7-74 擦拭打印机外部

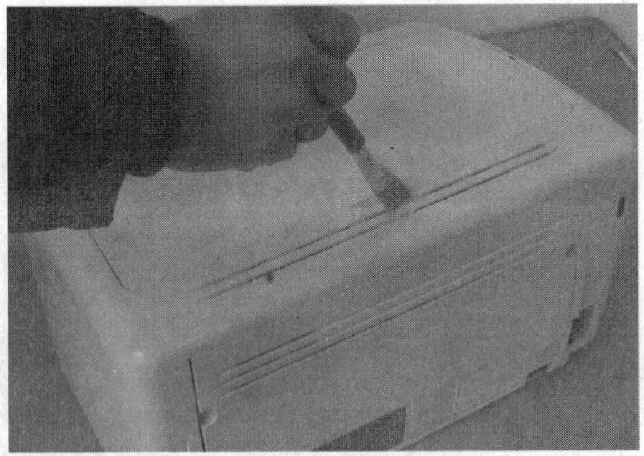

图7-75 打扫缝隙灰垢

### 2. 清洁打印机墨盒区域

(1) 打开打印机的墨盒端盖，取出墨盒，如图 7-76 所示。

(2) 用干燥无绒布擦去内部区域的残留物，如图 7-77 所示。

图7-76　取出墨盒

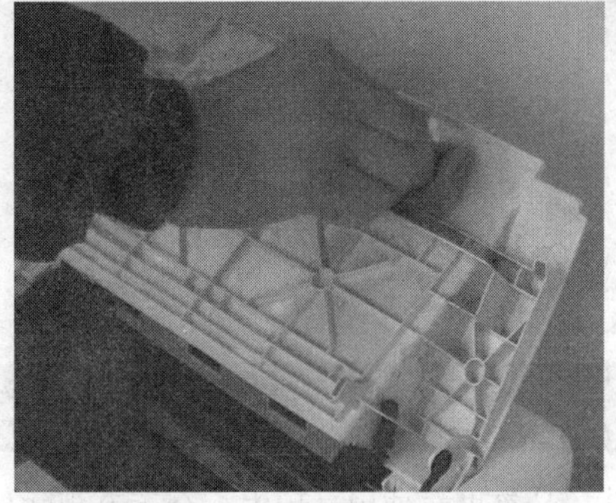

图7-77　清洁墨盒内部区域

(3)　使用干燥无绒布擦除打印墨盒凹陷处中的残留物，如图 7-78 所示。

图7-78　擦除墨盒凹陷处中的残留物

(4)　重新安装墨盒，关闭墨盒端盖，重接电源即完成清洁工作。

## 小结

本项目从计算机的软件出发，全面讲解了计算机日常软件维护和硬件清洁的方法。只要用户对系统能做到安全防御、定期维护，即可保证系统经久耐用，如果再掌握系统备份和还原的方法，即可让自己计算机的“命运”完全掌握在自己的手中了。另外，用户如果能掌握硬件维护方面的知识，并定时清洁计算机硬件，那么也会大大减少计算机系统出现故障的机率。

## 习题

1. 下载并安装一款杀毒软件，并对计算机进行查杀病毒操作。
2. 对一台计算机进行漏洞修补。
3. 使用 Ghost 软件备份系统，并对系统进行更改之后还原，同时查看系统的变化情况。
4. 拆卸一台计算机的主机，然后使用正确的方法对其组件进行清洁维护。

计算机在使用过程中，会不可预知地遇到很多问题，如系统文件被破坏，文件被病毒感染等。遇到这些问题，用户应该采取什么措施来保护这些文件呢？当文件被格式化以后，怎样才能恢复它呢？如果操作过程中不小心误删了文件，怎样才能还原它呢？本项目将详细地介绍这些问题的解决方法。

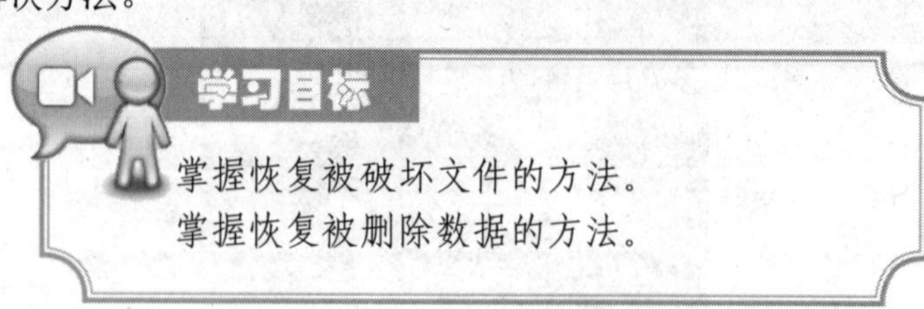


## 任务一 恢复被破坏的文件

在恢复被破坏的文件时，文件类型不同，采用的方法也不一样。下面分两种情况进行介绍，一是系统文件的恢复，二是 EXE 文件的恢复。

### （一） 恢复被破坏的系统文件

如果 Windows XP 操作系统中的系统文件被破坏了，怎样才能恢复这些被破坏的系统文件？

**【实训内容】**

掌握恢复被破坏系统文件的方法。

**【实训准备】**

#### 1. 了解系统文件的概念

系统文件是指存放操作系统主要文件的文件夹，一般在安装操作系统过程中自动创建并将相关文件放在对应的文件夹中，这里面的文件直接影响系统的正常运行，多数情况下都不允许修改。

#### 2. 了解系统文件的破坏

系统文件的破坏有多种情况，一种情况是误删除，就是在不知情的情况下将系统文件删除；还有一种是杀毒软件将系统文件删除，即因为杀毒软件设置不当，在清除病毒文件时会将系统文件一并删除。

【操作步骤】

(1) 将 Windows XP 操作系统的安装光盘放入光驱中。

(2) 搜索被破坏的文件。注意：文件名的最后一个字符用符号“_”代替。例如，要搜索“Notepad.exe”，则需要输入“Notepad.ex_”来进行搜索。

(3) 搜索到被破坏的文件后，选择【开始】/【运行】命令，在弹出的【运行】对话框中输入“cmd”，如图 8-1 所示。

图8-1 【运行】对话框

(4) 单击 确定 按钮，在打开的窗口中输入 EXPAND 源文件的完整路径、目标文件的完整路径，例如：“EXPAND D:\SETUP\NOTEPAD.EX_ C:\Windows\NOTEPAD.EXE”，如图 8-2 所示。

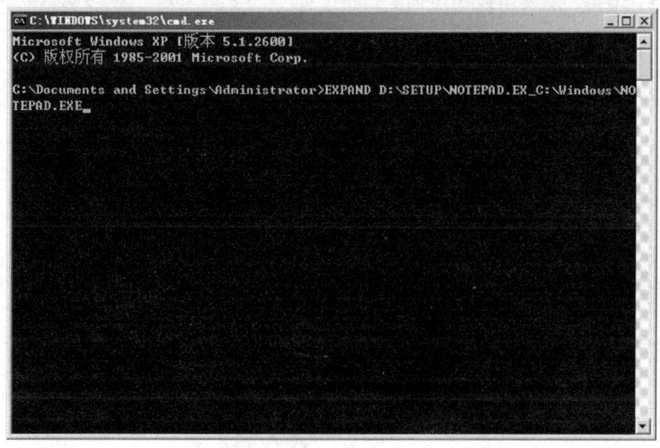


图8-2 输入源文件和目标文件路径

说明

如果路径中有空格，那么需要把路径用双引号（英文引号）括起来。如果用户使用的是其他 Windows 操作系统，搜索到包含目标文件名的“CAB”文件，则需打开命令行模式，输入：“EXTRACT /L 目标位置 CAB 文件的完整路径”。例如：“EXTRACT /L C:\Windows D:\I386\Driver.cab Notepad.exe”。同前面一样，如果路径中有空格的话，则需要用双引号把路径括起来。

## （二） 恢复被病毒感染的文件

现在网络技术越来越发达，计算机很容易在不知情的情况下感染病毒，从而破坏本地计算机上的文件，面对被感染的文件，用户应该采取什么措施呢？

【实训内容】

掌握恢复被病毒感染文件的方法。

【实训准备】

### 1. 了解 EXE 文件的概念

EXE 文件是一种可在操作系统存储空间中浮动定位的可执行程序。

2. 了解病毒的概念

病毒是指在计算机程序中插入破坏计算机功能的数据，影响计算机使用并且能够自我复制的一组计算机指令或者程序代码。通俗地讲就是破坏计算机数据，影响计算机正常工作的一组指令集或程序代码。

【操作步骤】

1. 恢复被威金病毒感染的 EXE 文件

有关威金病毒中毒等信息如表 8-1 所示，在对它有所了解后，接下来将开始恢复被威金病毒感染的文件。

表 8-1 威金病毒的相关信息

| | |
|---|---|
| 病毒行为 | （1）中毒后所有.exe 执行文件均发生异常<br>（2）中毒后系统分区生成很多垃圾文件<br>（3）中毒后网络共享打印机生成“远程下层文档”异常队列<br>（4）中毒后网络共享打印机自动打印内容为一行日期的空白页面<br>（5）在所有文件夹下生成“_desktop.ini”文件，内容为一行日期<br>（6）生成以下病毒文件<br>• Program Files\svhost32.exe<br>• Program Files\micorsoft\svhost32.exe<br>• Windows\explorer.exe<br>• Windows\logo1_exe<br>• Windows\rundll32.exe<br>• Windows\rundl132.exe<br>• Windows\intel\rundl132.exe<br>• Windows\dll.dll |
| 感染系统 | Windows 95/ 98/ ME/ NT/ 2000/ XP_SP2/Server 2003_SP1 |
| 传播途径 | 扫描 administrator 和 guest 账号口令为空的计算机，并通过共享迅速传播 |
| 病毒查杀 | 采用 Mcafee + Ewido + Logkill 组合查杀，并手工免疫 |
| 处理步骤 | （1）禁用系统还原，并删除相关的备份文件<br>（2）在安全模式下，使用已更新的 Mcafee 和 Ewido 扫描并查杀全盘<br>（3）对被破坏的.exe 文件，使用 Logkill 尝试修复<br>（4）为 administrator 和 guest 账号设置一些安全系数较高的口令 |

(1) 使用杀毒软件及专杀工具查杀威金病毒。

对于已感染了病毒的.exe 文件不要删除，将其隔离即可。

(2) 在安装操作系统盘符下的 Windows 目录中建立一个空文件，文件名为“logo1_.exe”，文件属性设置为“只读”、“隐藏”，如图 8-3 所示。

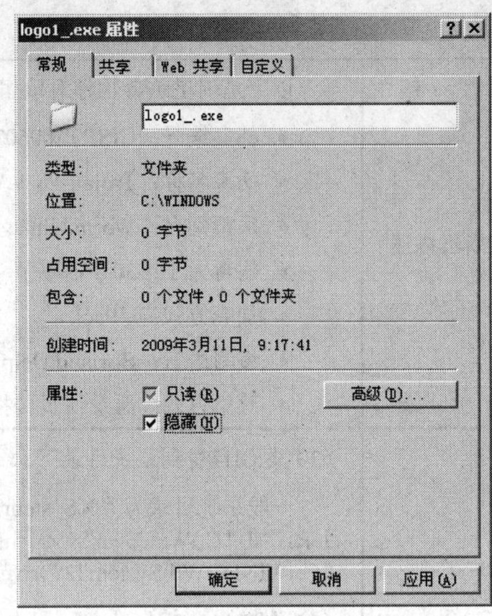


图8-3　设置文件属性

(3) 按照上一步的方法，建立“rundl123.exe”以及“Sy0.exe”～“Sy9.exe”等文件。

(4) 拔掉网线，断开网络，暂时关闭病毒防护功能。

(5) 还原被隔离的.exe 文件，选择【开始】/【运行】命令，运行该文件。这时被感染的.exe 文件就会脱壳，logo1_.exe 以及 rundl123.exe 等会被释放。

(6) 用最新的专杀工具对这个.exe 文件检测一遍，然后将它放入 RAR 压缩包里。在 RAR 中的.exe 文件不会感染，在 RAR 中运行这个程序也没问题。

使用超级兔子等查杀软件时，一定不能清理自己创建的那几个文件，否则，病毒将再次开始活动。

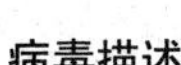

(7) 再次全面杀毒，确保计算机内部无病毒。

### 2. 恢复被熊猫烧香病毒感染的 EXE 文件

有关熊猫烧香病毒的信息如表 8-2 所示，在对它有所了解后，下面开始恢复被熊猫烧香病毒感染的文件。

表 8-2　　熊猫烧香病毒的相关信息

| 病毒描述 | 病毒名为“武汉男生”，俗称“熊猫烧香”，这是一个感染型的蠕虫病毒，它能感染系统中的.exe、.com、.pif、.src、.html、.asp 等格式文件，还能终止大量的反病毒软件进程，并且会删除扩展名为.gho（GHOST 的备份文件）的文件，使用户的系统备份文件丢失。并将感染该病毒的计算机内所有后缀名为.exe 的文件图表替换为如图 8-4 所示的图标 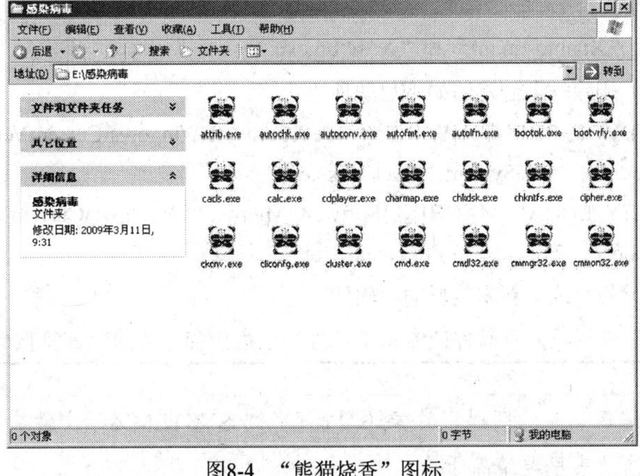 图8-4　“熊猫烧香”图标 |
|---|---|

续表

<table>
<tr><td>病毒描述</td><td>以下是瑞星杀毒软件对该病毒的标注信息。<br>• 档案编号：CISRT2006078<br>• 病毒名称：Trojan-PSW.Win32.QQRob.ec（Kaspersky）<br>• 病毒别名：Worm.Nimaya.a[尼姆亚]（瑞星）<br>• 病毒大小：30 465 字节<br>• 加壳方式：UPack<br>• 编写语言：Borland Delphi 6.0 ~ 7.0<br>• 感染方式：恶意网页传播，木马下载传播，局域网传播，移动存储设备传播</td></tr>
<tr><td>病毒行为</td><td>（1）复制自身到系统目录下<br>一般系统目录为“%System%\drivers\spoclsv.exe”（“%System%”代表 Windows 操作系统所在目录，如“C:\Windows”，不同的 spoclsv.exe 变种，此目录可能不同。比如某个新的变种目录是“C:\WINDOWS\System32\Drivers\spoclsv.exe”）<br>（2）创建启动项<br>[HKEY_CURRENT_USER\Software\Microsoft\Windows\CurrentVersion\Run]<br>"svcshare"="%System%\drivers\spoclsv.exe"<br>（3）在各分区的根目录生成病毒副本<br>• X:\setup.exe<br>• X:\autorun.inf<br>• autorun.inf 内容<br>• [AutoRun]<br>• OPEN=setup.exe<br>• shellexecute=setup.exe<br>• shell\Auto\command=setup.exe</td></tr>
<tr><td>处理步骤</td><td>（1）断开网络<br>（2）结束病毒进程：%System%\FuckJacks.exe<br>（3）删除病毒文件：%System%\FuckJacks.exe<br>（4）用鼠标右键单击分区盘符，在打开的快键菜单中单击【打开】命令，进入分区根目录，删除根目录下的文件<br>“X:\autorun.inf”和“X:\setup.exe”<br>（5）删除病毒创建的如下启动项<br>[HKEY_CURRENT_USER\Software\Microsoft\Windows\CurrentVersion\Run]<br>"FuckJacks"="%System%\FuckJacks.exe"<br>[HKEY_LOCAL_MACHINE\Software\Microsoft\Windows\CurrentVersion\Run]<br>"svohost"="%System%\FuckJacks.exe"<br>（6）修复或重新安装反病毒软件<br>（7）使用反病毒软件或专杀工具进行全盘扫描，清除或恢复被感染的 exe 文件</td></tr>
</table>

说明

清除病毒文件的同时，注意不要删除“%SYSTEM%”文件夹下释放的“FuckJacks.exe”文件，但是注册表里要清除干净。

(1) 单击【开始】/【运行】命令，在弹出的【运行】对话框中输入“gpedit.msc”，如图 8-5 所示。

(2) 单击 确定 按钮，打开【组策略】窗口，在左侧面板中依次展开【“本地计算机”策略】/【计算机配置】/【Windows 设置】/【安全设置】/【软件限制策略】/【其它规则】选项，如图 8-6 所示。

图8-5　设置【运行】对话框

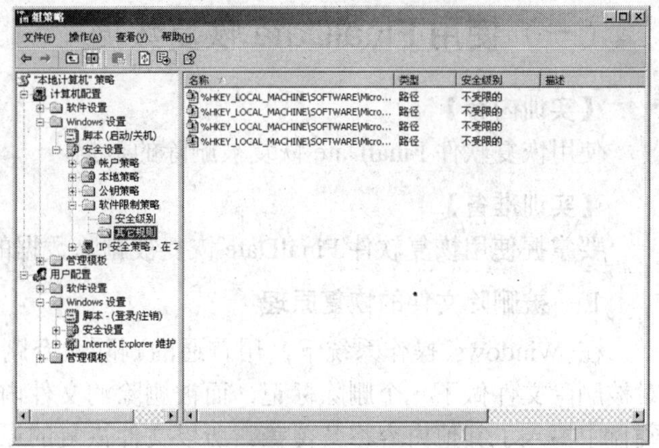

图8-6　【组策略】窗口

(3) 在【其它规则】选项上单击鼠标右键，在弹出的快捷菜单中选择【新散列规则】命令，如图 8-7 所示。弹出【新散列规则】对话框，如图 8-8 所示。

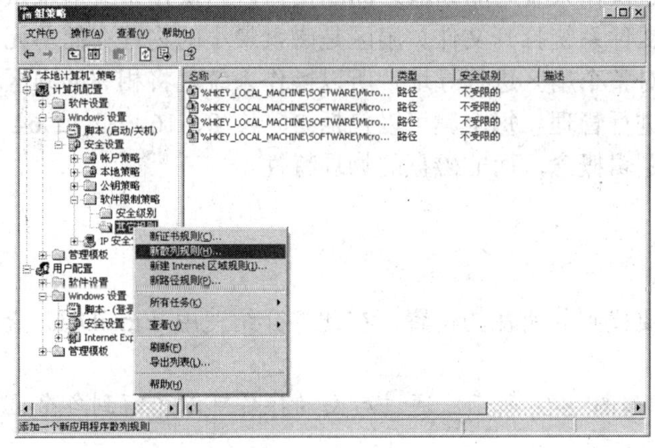

图8-7　选择【新散列规则】命令

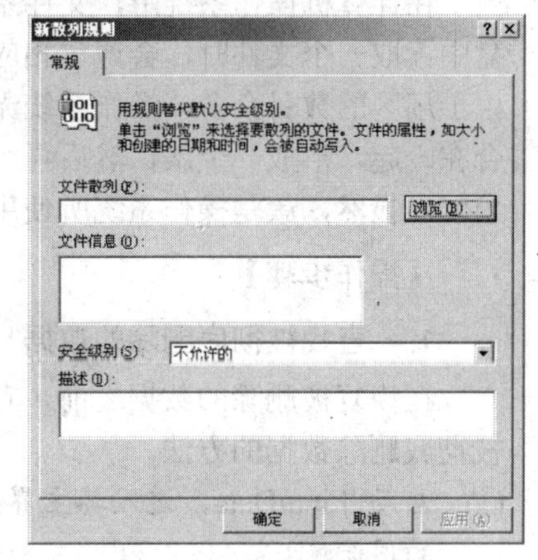

图8-8　【新散列规则】对话框

(4) 在【文件散列】组中，单击 浏览(B)... 按钮，选择“%SYSTEM%”文件夹中的“FuckJacks.exe”文件，将【安全级别】下拉列表设置为“不允许的”，单击 确定 按钮后重启计算机。

(5) 重启后可以双击运行已经被熊猫烧香病毒感染的程序，运行程序后该 FuckJacks.exe 文件会在注册表里的 Run 键下建立启动项。

(6) 双击运行被感染的程序，可见图标已经恢复到原来的样子，全部恢复后用 SREng2 将 FuckJacks.exe 文件在注册表里建立的启动项删除即可。

说明

SREng2 是一款对计算机全盘进行扫描的安全检测软件，它具有扫描开机驱动、进程扫描、网络扫描、系统修复、扫描隐藏进程等多种功能。

# 任务二 恢复被删除的数据

有时用户会因为错误的操作删除一些重要的数据，或者因为磁盘的问题造成不能正常读取磁盘上的数据，这时就希望能从磁盘上把删除或丢失的数据再重新恢复过来。

## （一）使用 FinalData 恢复数据

**【实训内容】**

使用恢复软件 FinalDate 恢复被删除的数据。

**【实训准备】**

要掌握使用恢复软件 FinalDate 恢复被删除数据的方法，首先要进行一些知识储备。

**1. 被删除文件的恢复原理**

在 Windows 操作系统下，用普通的删除命令删除一个文件甚至清空回收站，其实只是对被删除文件做了一个删除标记，而被删除的文件内容仍然保存在它原来所在的位置，直至硬盘中写入了其他内容将其覆盖。所以文件恢复的原理其实就是在文件被覆盖前将该文件头上的删除标记去掉，这样就可以恢复这个被删除的文件。

**2. 簇的概念**

在计算机操作系统中，文件系统是操作系统与驱动器之间的接口，当操作系统请求从硬盘中读取一个文件时，会请求相应的文件系统打开文件。扇区是磁盘最小的物理存储单元，由于扇区的数目众多，操作系统无法对整个扇区进行寻址，所以操作系统就将相邻的扇区组合在一起，形成一个簇，然后再对簇进行管理。每个簇可以包括 2、4、8、16、32 或 64 个扇区。显然，簇是操作系统所使用的逻辑概念，而非磁盘的物理特性。

**【操作步骤】**

**1. 查找被彻底删除的数据**

在恢复被删除的数据之前，首先要找到其所在的位置，在此将介绍使用 FinalData 查找被彻底删除数据的方法。

(1) 启动 FinalData，进入其主界面，如图 8-9 所示。通过后面的操作可以了解到各个区域的用途。

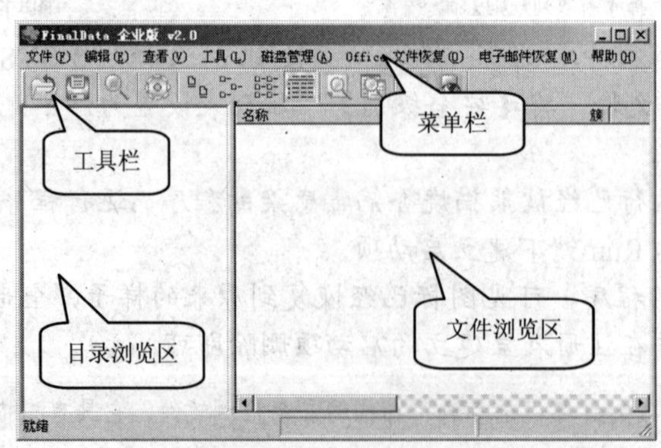


图8-9 FinalData 主界面

(2) 查找已被删除的目录及文件。

① 选择菜单栏中的【文件】/【打开】命令，弹出【选择驱动器】对话框，如图 8-10 所示。

② 选择数据所在的分区，这里选择 D 盘，单击 确定(O) 按钮。在对磁盘现有文件系统进行扫描之后，将弹出【选择要搜索的簇范围】对话框，确定搜索的簇范围，如图 8-11 所示。一般不确定数据的具体存放位置，所以使用默认的设置搜索整个分区。

③ 单击 确定 按钮，开始进行簇搜索，如图 8-12 所示。此过程需要几分钟到几个小时的时间，根据计算机性能、分区内文件的多少和硬盘的读取速度而定。一般在使用 FinalData 的时候应关掉所有的其他应用程序，以便加快搜索速度。

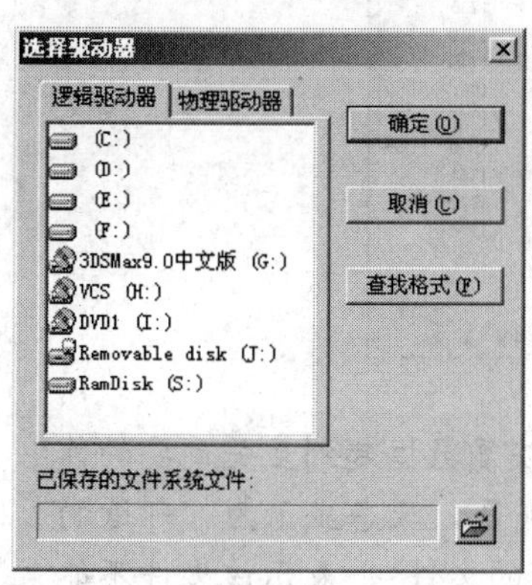


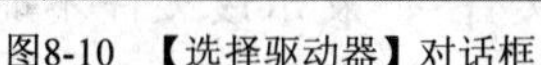


图8-10 【选择驱动器】对话框

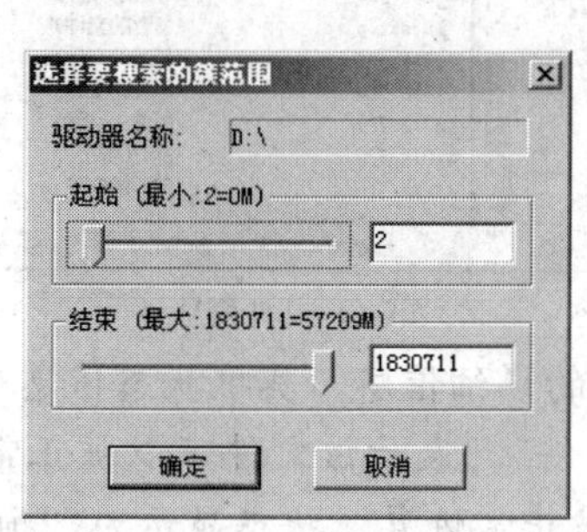


图8-11 确定簇范围

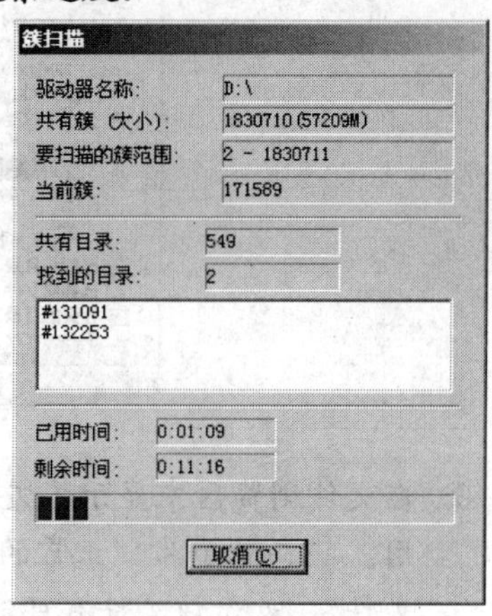


图8-12 开始簇搜索

## 2. 恢复数据

对分区进行搜索的目的就是为了能够找到并恢复所需的数据，在这一步操作中就将介绍如何使用 FinalData 对查找到的数据进行恢复。

(1) 对磁盘的簇搜索完成后，在主界面的目录浏览区就会列出所有搜索到的目录数据信息。选择一个目录，就会在右边文件浏览区看到此目录下所有文件系统的详细信息，如图 8-13 所示。

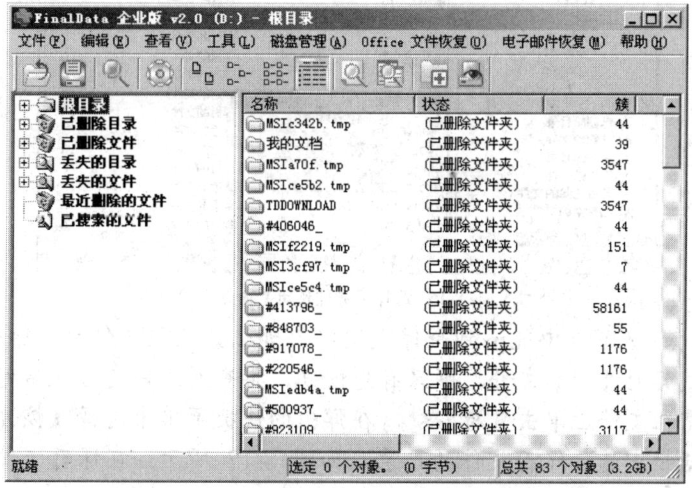


图8-13 目录信息

(2) 从根目录下恢复数据。

① 根目录下包含了所有的文件系统信息，包括现有的文件系统和已被删除的文件系统。如果知道已删除数据原来的存放目录，则可以展开根目录，选择数据的所在目录，在右边文件浏览区中则会列出该目录中所有文件的数据信息，如图 8-14 所示。

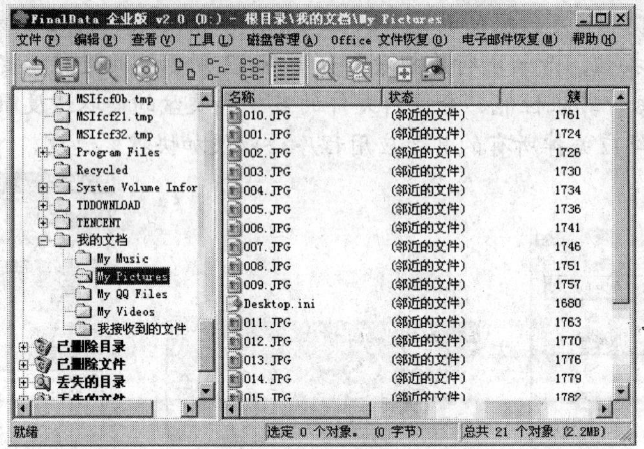

图8-14 文件信息

② 在文件浏览区中显示了文件的详细信息，其中状态信息对恢复数据起到至关重要的作用。状态显示为“正常的文件”，表示该文件可以被正常恢复；状态显示为“邻近的文件”，表示该文件有可能被正常恢复；状态显示为“损坏的文件”，表示该文件不能被正常恢复。

③ 如果文件是图片或者文本文件，可以在该文件上单击鼠标右键，在弹出的快捷菜单中选择【文件预览】命令，如图 8-15 所示。

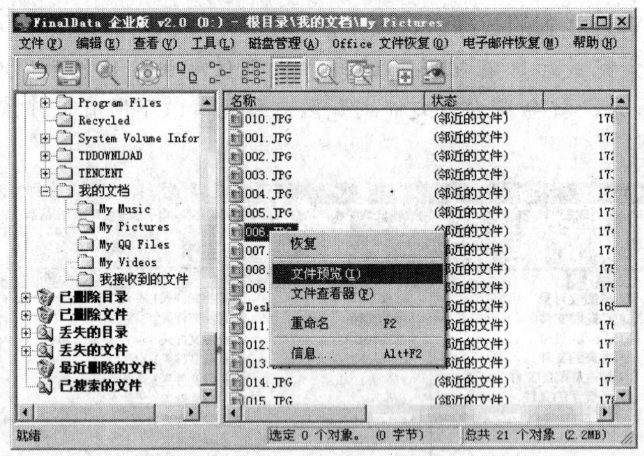

图8-15 选择【文件预览】命令

④ 如果在弹出的预览窗口中能看到图像或文字，那么证明该文件可以恢复，如图 8-16 所示。如果是其他类型的文件，则只有先恢复，再查看文件是否正常可用。

⑤ 恢复文件只需在文件上单击鼠标右键，在弹出的快捷菜单中选择【恢复】命令，然后在弹出的对话框中选择保存文件的目录，如图 8-17 所示。在保存文件时尽量选择搜索磁盘之外的磁盘目录，以免再次损坏删除的数据。

图8-16　预览文件

图8-17　选择保存目录

⑥ 单击 保存(S) 按钮，完成数据恢复，然后从保存目录中打开恢复的文件，验证其可用性。

(3) 从已删除目录下恢复数据。

① 已删除目录下包含了搜索到的已经被系统彻底删除的数据信息。如果在根目录下查找比较麻烦，则可在已删除目录下进行查找，如图 8-18 所示。

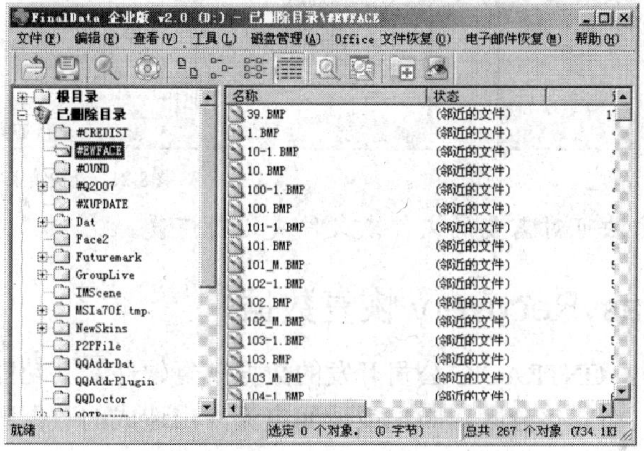


图8-18　已删除目录

② 查找到需要的文件，则可以对其进行预览和恢复，或者先恢复再验证其可用性。

③ 如果一个文件夹下包含了多个可恢复的目录和文件，则可以对整个文件夹进行恢复，在文件浏览区中，在需要恢复的文件夹上单击鼠标右键，在弹出的快捷菜单中选择【恢复】命令，然后选择目录保存即可，如图 8-19 所示。

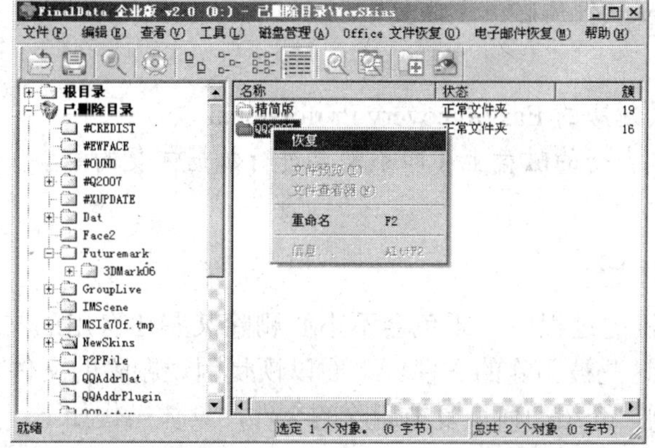


图8-19　恢复文件夹

(4) 搜索关键字。

① 如果知道已删除数据中包含的关键字，可以通过搜索的方式查找出包含关键字的数据，缩小查找范围。

② 选择菜单栏中的【文件】/【查找】命令，在弹出的【查找】对话框中输入查找关键字，单击 查找 按钮进行搜索，如图 8-20 所示。

③ 搜索完成后，会列出所有包含此关键字的文件夹和文件，如图 8-21 所示。

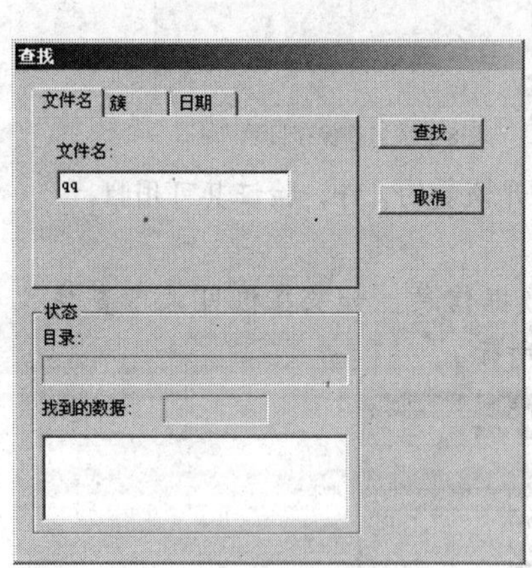


图8-20 【查找】对话框

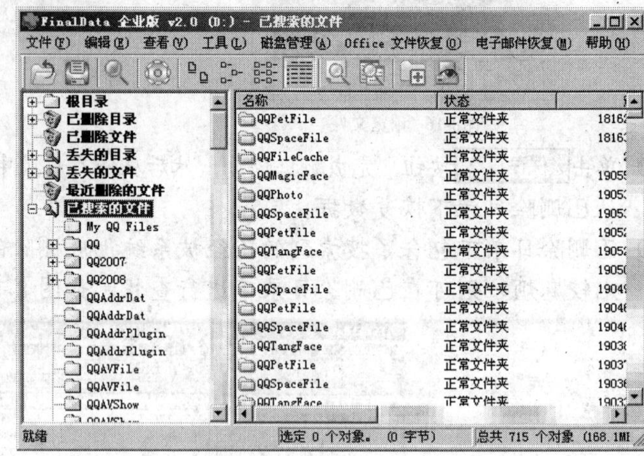


图8-21 查找结果

使用上面介绍的方法可对需要的文件或文件夹进行恢复。

## （二）使用 EasyRecovery 恢复数据

EasyRecovery 是由 ONTRACK 公司开发的数据恢复软件，其功能十分强大，能够恢复因误删除、感染病毒、格式化分区、断电或瞬间电流冲击造成的数据毁坏以及由于程序的非正常操作或系统故障造成的数据毁坏。

EasyRecovery 主要通过在内存中重建被删除文件的分区表使数据能够安全地传送到其他磁盘分区中，所以在恢复的过程中不会向数据中写入任何东西。同时它还可以检查硬盘故障，修复受损的 Excel、Word、Access、PowerPoint、Zip 文件及 Outlook 电子邮件。

**【实训内容】**

使用 EasyRecovery 软件从磁盘上恢复数据。

**【实训准备】**

- 从网上下载最新版的 EasyRecovery Professional 软件。
- 将软件安装到安全的磁盘上（即不需要进行数据恢复的磁盘）。

**【操作步骤】**

### 1. 恢复被删除的文件

用户在使用计算机的过程中，难免会不小心删除某些还有用的文件，此时，可以使用 EasyRecovery 来恢复这些被删除的文件。下面以恢复因误删除的文件“F:\computer files\写作中的问题.doc”为例，介绍如何恢复被删除的文件，具体操作如下。

(1) 启动 EasyRecovery Professional，进入其主界面，如图 8-22 所示。

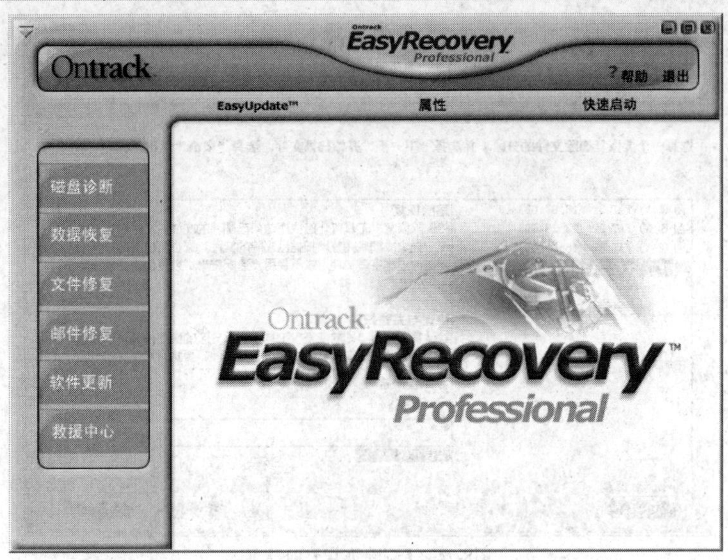


图8-22　EasyRecovery 主界面

(2) 在主界面左侧单击 数据恢复 按钮，进入【数据恢复】向导页，如图 8-23 所示。

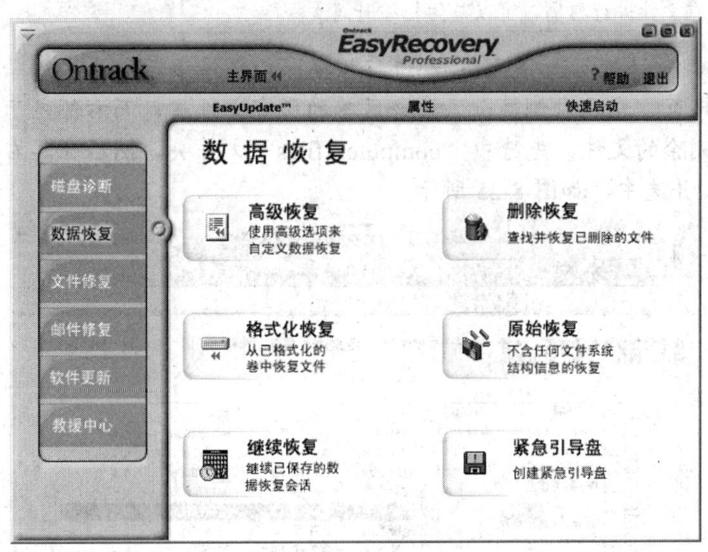


图8-23　【数据恢复】向导页

(3) 单击 删除恢复 按钮，将弹出【目的警告】对话框，提示用户将文件复制到除源位置以外的安全位置。

> **说明**　如果是由于感染病毒造成的数据损坏和丢失、断电或瞬间电流冲击造成的数据毁坏和丢失、程序的非正常操作或系统故障造成的数据毁坏和丢失或者是更加坏的情况，硬盘“病情”很严重，文件的目录结构已经损坏，分区也有严重损坏，甚至在 Windows 和 Dos 中都找不到分区了，可以使用数据修复中的 原始恢复 进行恢复。

(4) 单击 确定 按钮，进入【删除恢复】向导页，在此向导页右侧选择被删除文件所在的分区，这里选择 F 盘，如图 8-24 所示，然后单击 下一步 按钮。

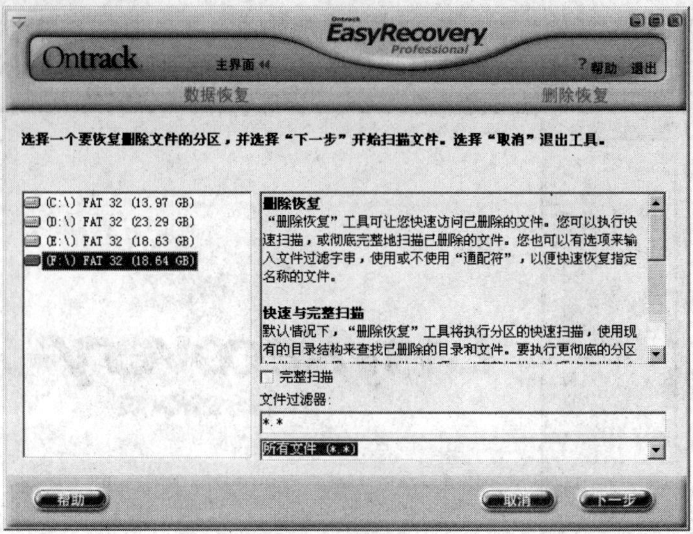


图8-24 【删除恢复】向导页

说明：在【删除恢复】向导页中的“文件过滤器”下选择要恢复的文件的类型，只对选中类型的文件而非所有文件进行扫描，可以节约扫描时间。

(5) EasyRecovery 开始对所选分区 F 盘进行扫描，扫描结束后进入【选择要恢复的被删除的文件】向导页，在其左侧显示了该分区下的所有文件夹，而右侧显示的是左侧被选中文件夹下被删除的文件，先选中“computer files”文件夹，然后在其右侧找到“写作中的问题.doc”并选中，如图 8-25 所示。

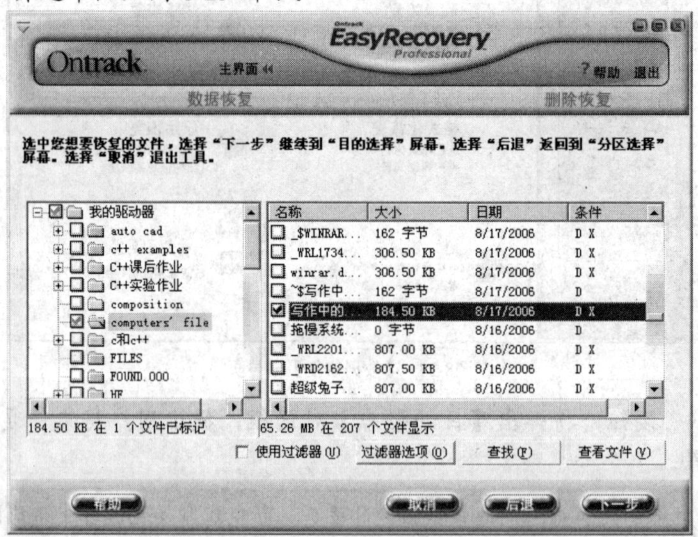


图8-25 选择要恢复的被删除文件

说明：在选中要恢复的文件时，若是因删除的文件列表过多而无法找到要恢复的文件，可以单击 过滤器选项(O) 按钮，对列出的文件过滤，然后勾选【使用过滤器】复选框；或单击 查找(F) 按钮，查找要恢复的文件。

(6) 单击下一步按钮，进入【被删除的文件恢复设置】向导页，在【恢复到本地驱动器】文本框中输入恢复后文件保存的路径（不能在原分区），这里输入“E:\”，如图 8-26 所示，再单击下一步按钮。

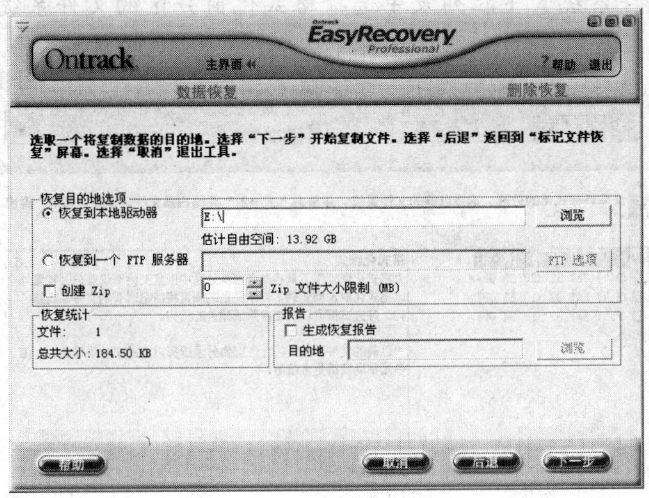


图8-26　被删除的文件恢复设置

在选择文件恢复保存路径的过程中，要确定选择的路径是否有足够大的磁盘空间。

(7) EasyRecovery 开始恢复文件，完成后进入【删除文件恢复结果报告】向导页，如图 8-27 所示，单击完成按钮，询问用户是否保存此次恢复状态。用户可根据自己的需要，单击是按钮或否按钮，此时即可在 E 盘根目录中查看到恢复的文件。

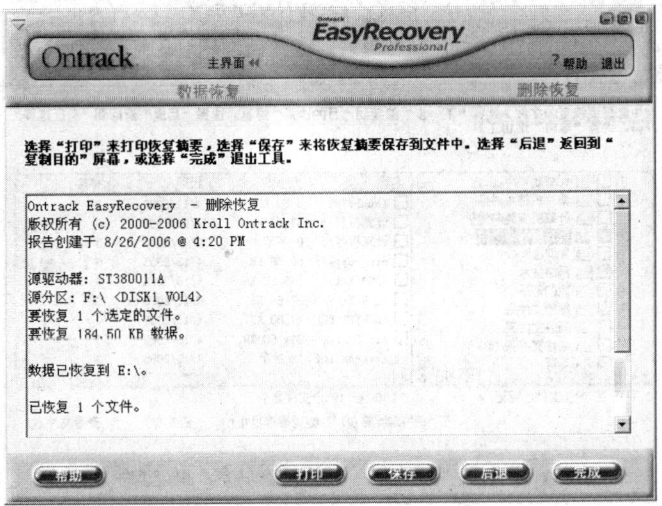


图8-27　删除恢复结果报告

## 2. 恢复因格式化丢失的文件

当某个含有重要数据的分区被格式化后，仍然可以使用 EasyRecovery 来恢复这些数据。其操作与恢复删除文件类似，这里只做简要说明，具体操作如下。

(1) 在进入【数据恢复】界面后，单击 按钮，在弹出的【目的警告】对话框中单击 确定 按钮。

(2) 进入【格式化恢复】向导页，如图 8-28 所示，在其左侧选中要恢复的格式化分区，并在【以前的文件系统】下拉列表中选择格式化前分区的文件系统，然后单击 按钮。

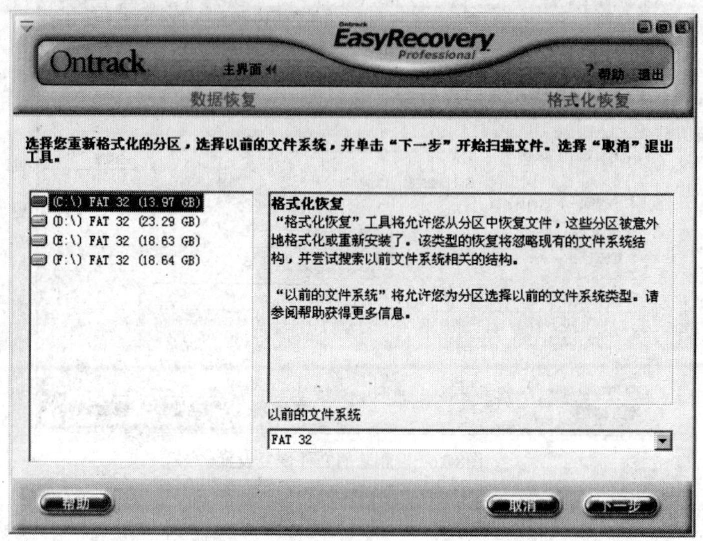


图8-28 【格式化恢复】向导页

(3) EasyRecovery 开始扫描格式化的磁盘分区，扫描需要的时间根据分区的大小而定。完成后进入【选择要恢复的格式化分区的文件】向导页，如图 8-29 所示，选择自己所要恢复的文件，然后单击 按钮。

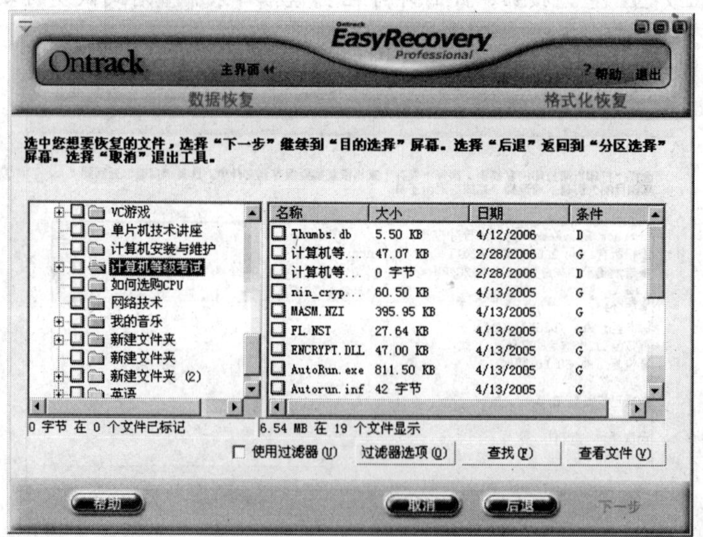


图8-29 【选择要恢复的格式化分区的文件】向导页

(4) 进入【格式化分区的文件恢复设置】向导页，如图 8-30 所示，选择文件要保存的路径，然后单击 按钮。

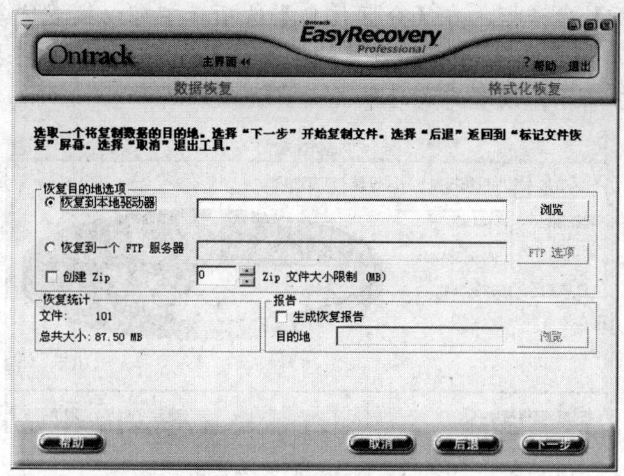

图8-30　【格式化分区的文件恢复设置】向导页

说明　若要恢复的文件较大，可以在【格式化分区的文件恢复设置】向导页中勾选【创建 Zip】复选框，并对其压缩文件的大小限制进行设置；若要生成恢复报告，了解此次恢复的详细情况，可勾选【生成恢复报告】复选框，并在其下选择保存路径，也可在恢复后的对话框中单击保存按钮。

(5) EasyRecovery 开始恢复文件，完成后进入【格式化恢复结果报告】向导页，说明恢复详细情况，直接单击完成按钮完成此次恢复操作。

### 3.　恢复损坏分区的数据

如果某个分区的部分磁道被损坏，导致其中的数据丢失，同样可以用 EasyRecovery 来使其恢复，具体操作如下。

(1) 在【数据恢复】界面上单击高级恢复按钮，在弹出的【目的警告】对话框中单击确定按钮。

(2) 进入【选择被损坏的分区】向导页，如图 8-31 所示，在其左侧选中修复文件所在的损坏分区，这里选择 F 分区，单击高级选项按钮。

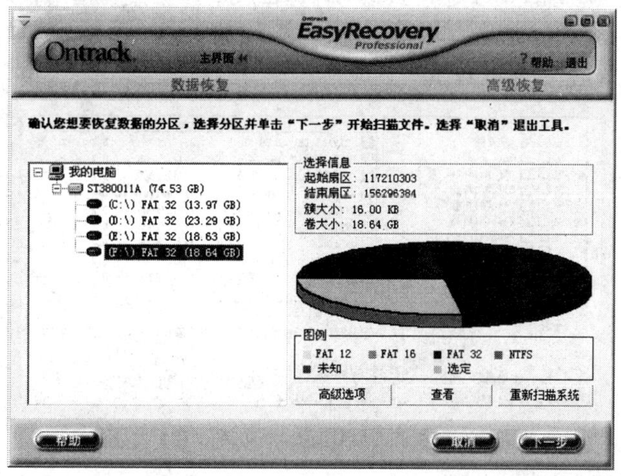

图8-31　【选择被损坏的分区】向导页

(3) 弹出【高级选项】对话框，在【分区信息】选项卡下可以设置恢复时的“起始扇区”和“结束扇区”，如图 8-32 所示；在【恢复选项】选项卡下可以根据需要设置恢复时的选项，如图 8-33 所示。设置完成后单击 确定 按钮。

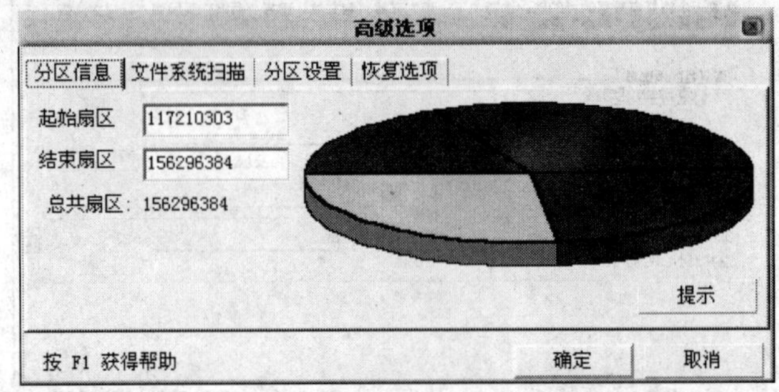


图8-32 高级选项——分区信息

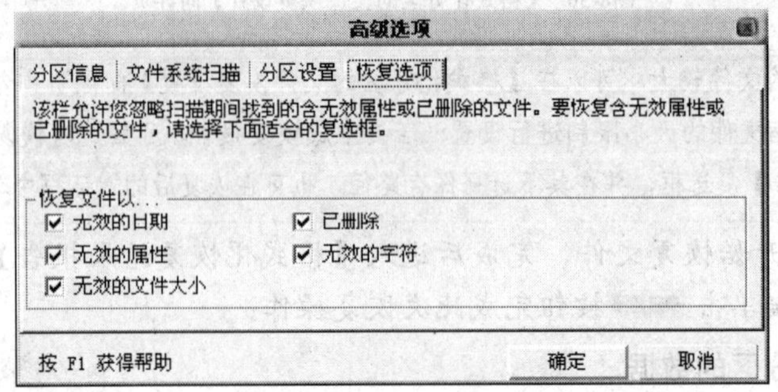


图8-33 高级选项——恢复选项

(4) 返回【选择被损坏的分区】向导页，单击 下一步 按钮。

(5) EasyRecovery 开始扫描损坏分区的数据，扫描完成后进入【选择要恢复的损坏分区的文件】向导页，如图 8-34 所示，在此向导页中选中要恢复的文件，然后单击 下一步 按钮。

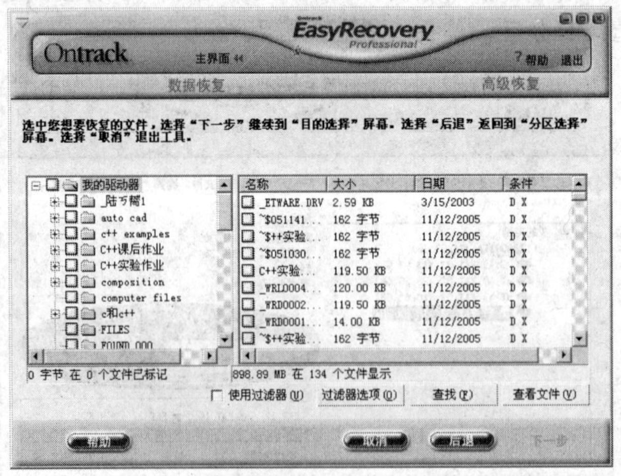


图8-34 【选择要恢复的损坏分区的文件】向导页

(6) 进入【损坏分区的文件恢复设置】向导页，如图 8-35 所示，选择恢复文件要保存的路径后单击 下一步 按钮。

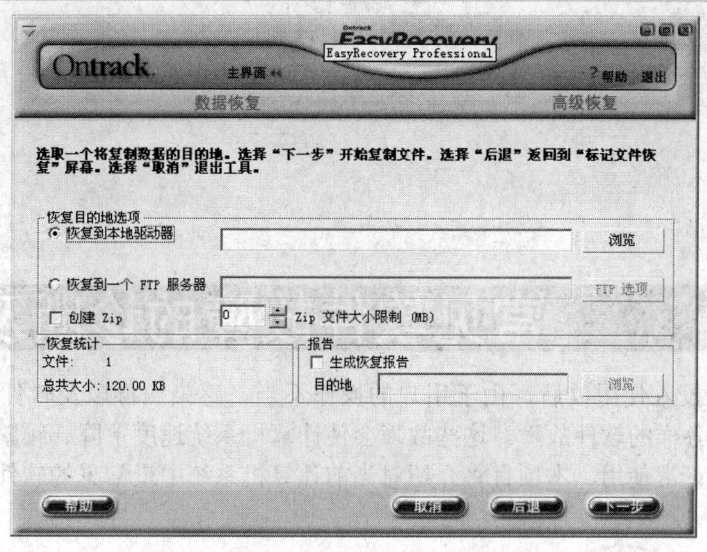


图8-35 【损坏分区的文件恢复设置】向导页

(7) EasyRecovery 开始恢复文件，完成后进入【损坏分区恢复结果报告】向导页，说明恢复详细情况，直接单击完成按钮完成此次恢复操作。

## 小结

本项目首先介绍了恢复被破坏的文件的方法，之后详细介绍了使用软件恢复被删除数据的方法。读者遇到此类问题时便可使用本项目介绍的方法来对文件数据进行恢复。需要注意的是，数据恢复只能作为一种补救措施，平时应养成对重要文件或数据进行备份的习惯。

## 习题

1. 如何恢复被破坏的文件？
2. 病毒的概念是什么？
3. 概述恢复删除数据的原理。
4. 练习使用系统光盘恢复系统文件。
5. 练习使用 FinalData 对删除的文件进行恢复。

# 项目九

# 常见软件故障的诊断及排除

计算机系统投入使用以后，由于用户的操作不当、感染病毒以及软件自身的漏洞等原因，会导致各种各样的软件故障。这些故障会使计算机系统速度下降、频繁报错甚至死机，从而影响用户的正常使用。本项目将介绍对当前计算机系统中最常见的软件故障进行诊断和排除的方法。

掌握常见系统软件故障的诊断和排除方法。

掌握常见应用软件故障的诊断和排除方法。

## 任务一 常见系统软件的故障诊断及排除

系统软件故障大多是指计算机操作系统自身出现的故障，对于普通用户来说，计算机出现系统软件故障后很难找到解决的方法，从而严重影响计算机的性能。下面将介绍最常见的系统软件故障诊断和排除的方法。

### （一） 计算机系统启动速度慢

**【故障现象】**

新购买的计算机为 2009 年的主流配置，但 Windows XP 操作系统启动时，启动画面的滚动条要滚动十几次，启动速度很慢。

**【故障分析】**

此故障是由于 Windows XP 操作系统自动关闭了硬盘的 DMA 传输模式所造成的。在 Windows XP 操作系统中，如果硬盘或光驱连续接到 6 个错误或超时操作，就会自动降低硬盘速度并改变传输模式，这种故障有可能是用户曾使用休眠而引起的。

**【排除故障】**

**1. 方法一：设置硬盘传输模式减少滚动条的显示时间**

(1) 用鼠标右键单击【我的电脑】图标，在弹出的快捷菜单中选择【属性】命令，弹出【系统属性】对话框，切换到【硬件】选项卡，如图 9-1 所示。

(2) 单击 设备管理器(D) 按钮，打开【设备管理器】窗口，展开【IDE ATA/ATAPI 控制器】选项，如图 9-2 所示。

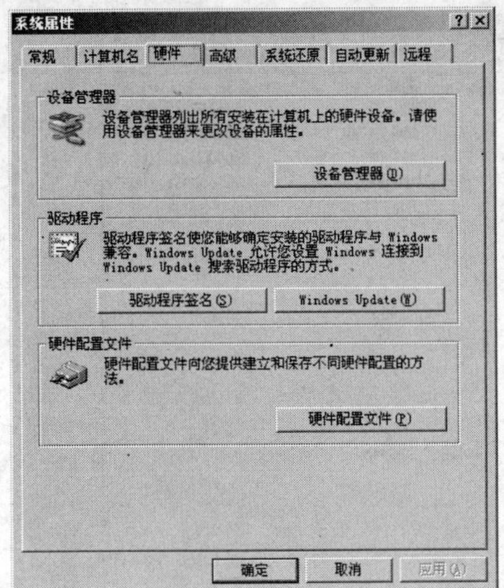


图9-1　【硬件】选项卡

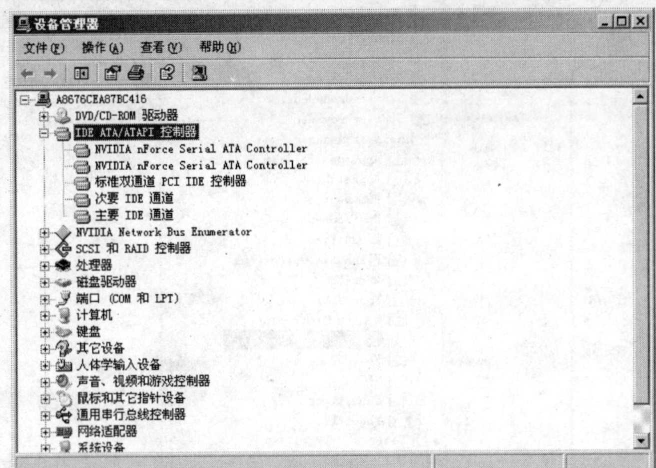


图9-2　展开【IDE ATA/ATAPI 控制器】选项

(3) 双击【主要 IDE 通道】选项，弹出【主要 IDE 通道 属性】对话框，切换到【高级设置】选项卡，设置【设备 0】和【设备 1】栏中的【传送模式】为“DMA（若可用）”，如图 9-3 所示。

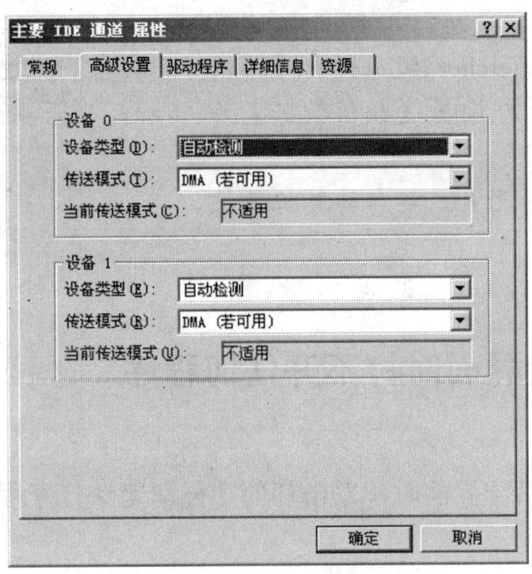


图9-3　设置 DMA 传输模式

### 2. 方法二：修改注册表减少滚动条的显示时间

(1) 选择【开始】/【运行】命令，弹出【运行】对话框，输入“regedit”，如图 9-4 所示。

图9-4　输入“regedit”

(2) 单击 确定 按钮，打开【注册表编辑器】窗口，依次展开 HKEY_LOCAL_MACHINE\SYSTEM\CurrentControlSet\Control\Session Manager\Menory Management\PrefetchParameters，如图 9-5 所示。

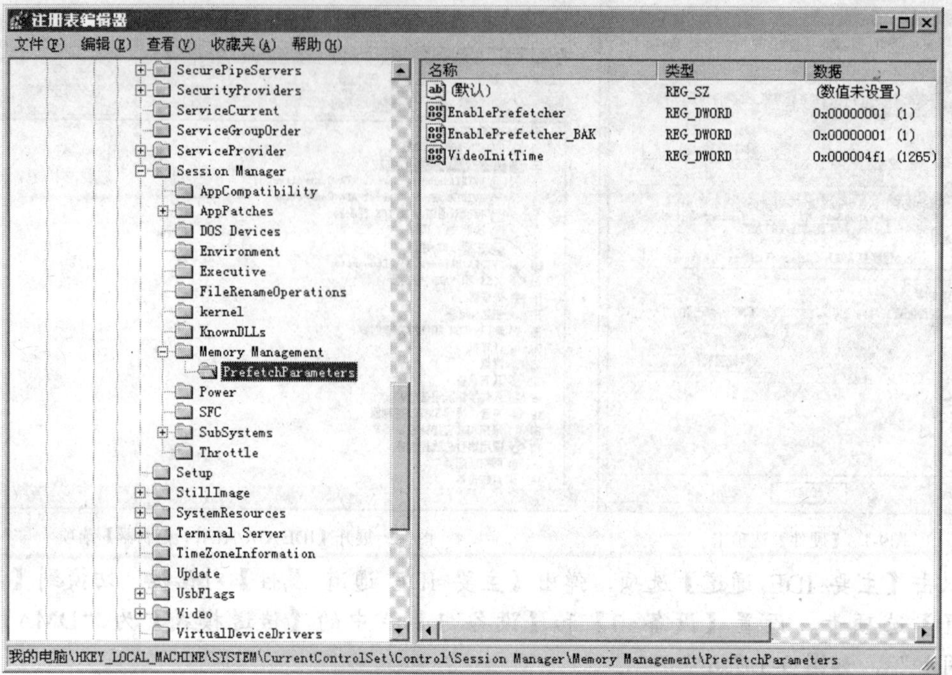


图9-5 展开注册表项

(3) 双击右侧的 EnablePrefetcher 键，弹出【编辑 DWORD 值】对话框，设置【数值数据】为“1”，如图 9-6 所示。

(4) 单击 确定 按钮完成设置，重启计算机使设置生效。

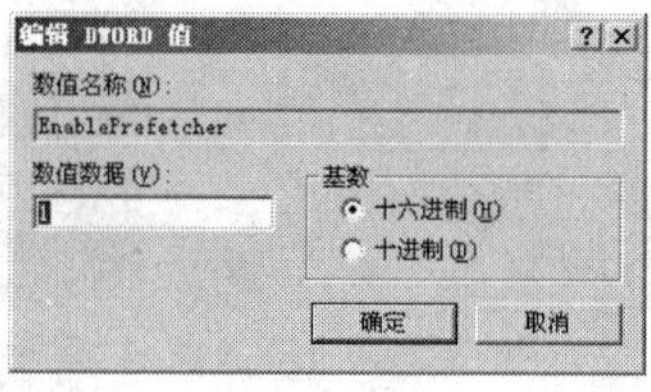


图9-6 【编辑 DWORD 值】对话框

## （二） 进入系统界面时打不开任何程序

**【故障现象】**

计算机启动后刚进入系统界面时，双击任何图标都无法打开程序，大概需要等一分钟左右才恢复正常。

**【故障分析】**

此故障可能是由于开机后系统自动搜索网络或是因系统过度臃肿，从而造成较大的负担所引起的。

**【排除故障】**

**1. 方法一：取消“自动搜索网络文件夹和打印机”功能**

(1) 双击【我的电脑】图标，打开【我的电脑】窗口，选择【工具】/【文件夹选项】命令，如图 9-7 所示。

(2) 弹出【文件夹选项】对话框，切换到【查看】选项卡，在【高级设置】栏中取消勾选【自动搜索网络文件夹和打印机】复选框，如图 9-8 所示。

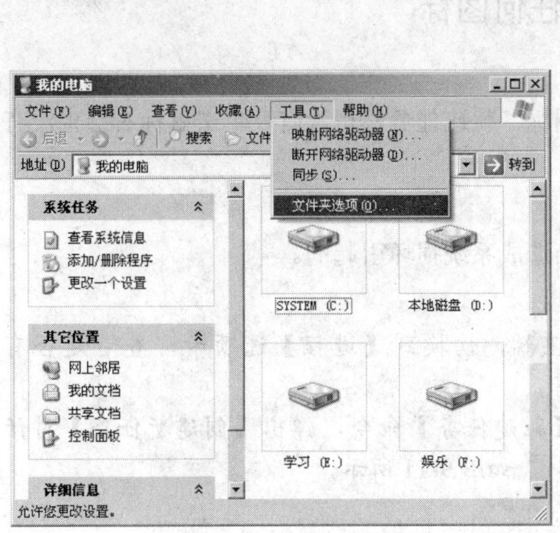


图9-7　选择【文件夹选项】命令

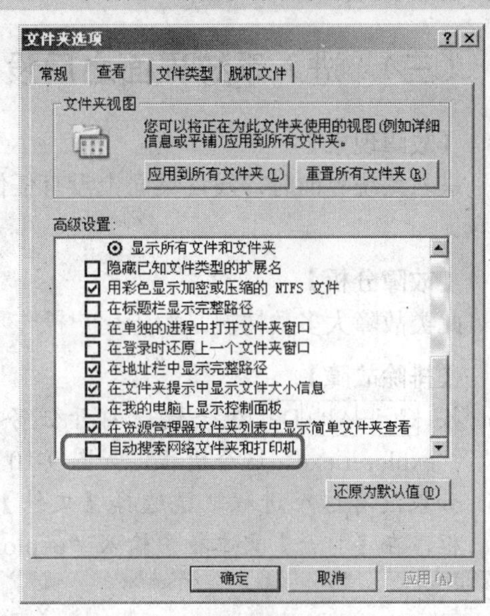


图9-8　取消勾选【自动搜索网络文件夹和打印机】复选框

(3) 单击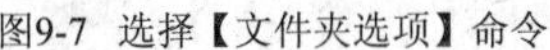按钮，完成设置。

### 2. 方法二：清除系统预取目录

(1) 如果用户的系统安装在 C 盘，则进入“C:\WINDOWS\Prefetch”文件夹，窗口中将显示系统预取目录，如图 9-9 所示。

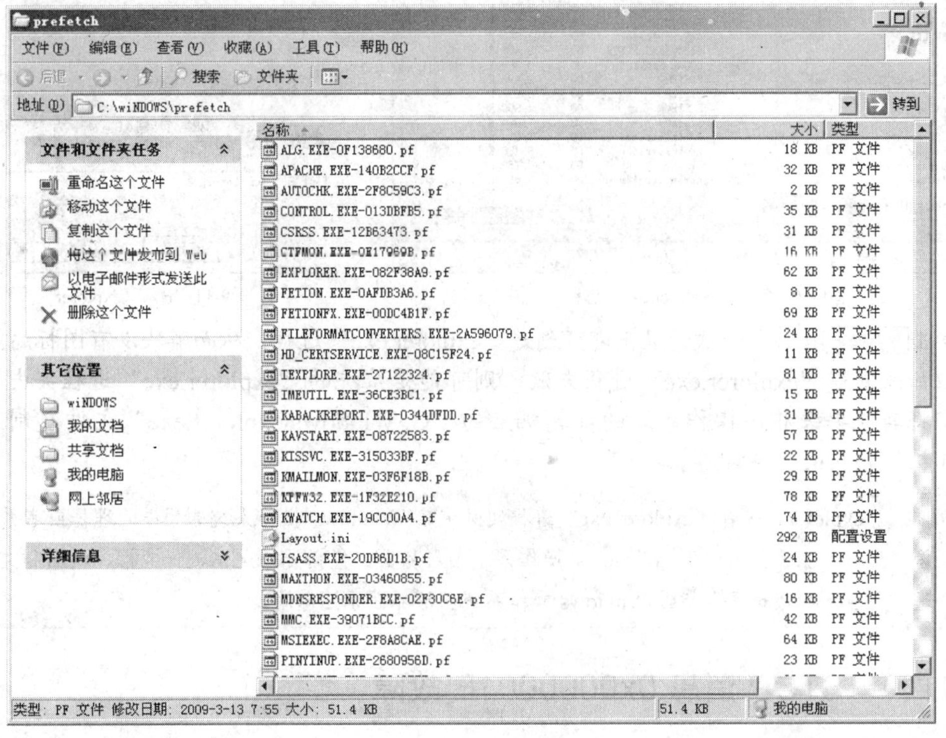


图9-9　系统预取目录

(2) 将此文件夹中的所有文件全部删除，重新启动计算机，即完成清除预取目录的内容。

## （三） 进入系统界面之后没有任何图标

**【故障现象】**

进入系统界面时，发现桌面上没有任何图标，就连任务栏也没有，单击鼠标右键也没有反应。

**【故障分析】**

此类故障大多数情况是由于用户操作不当造成系统损坏引起的。

**【排除故障】**

(1) 按 Ctrl+Alt+Del 组合键，打开任务管理器，切换到【进程】选项卡，查看是否有“explorer.exe”这个进程，如图 9-10 所示。

(2) 如果没有这个进程，就选择【文件】/【新建任务】命令，弹出【创建新任务】对话框，在【打开】文本框中输入“explorer”，如图 9-11 所示。

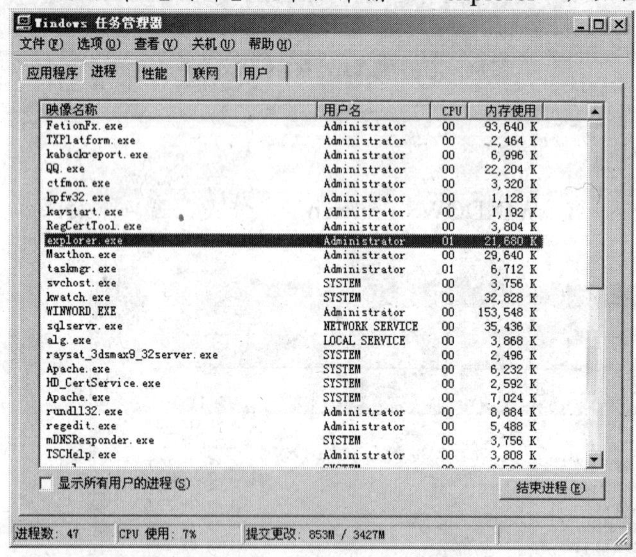


图9-10 查看“explorer.exe”进程

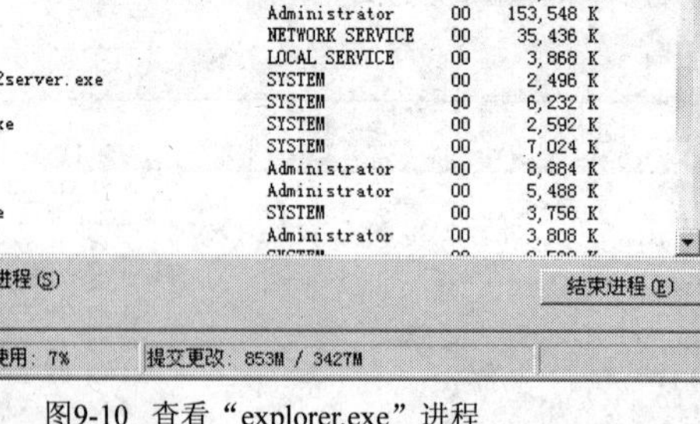


图9-11 输入“explorer”

(3) 单击 确定 按钮，一般情况下即可创建“explorer.exe”进程，从而解决没有图标的问题。

(4) 但如果创建“explorer.exe”进程失败，则可能是系统的“explorer.exe”进程丢失了，只需将其他安装相同操作系统的计算机上的“C:\Windows\explorer.exe”文件复制到该计算机的相应文件夹即可。

> **说明** “explorer”或者“explorer.exe”进程实际上是 Windows 操作系统的程序管理器或者系统资源管理器，主要用于管理 Windows 操作系统图形界面，包括开始菜单、任务栏、桌面和文件管理，一旦删除该程序会导致 Windows 操作系统图形界面无法使用。

## （四） STOP 消息 0x0000001E 故障

**【故障现象】**

计算机在启动时出现“STOP 消息 0x0000001E”故障，导致计算机无法启动。

【故障分析】

此故障多由于系统安装盘空间不足，或者使用的不是系统自带的显卡驱动程序所造成。

【排除故障】

(1) 开机进入安全模式，清理 C 盘（系统安装盘）空间，也可将 C 盘的数据转移到 D 盘或 E 盘，并保证 C 盘剩余空间至少在 1GB 以上。

(2) 如果 C 盘有充足的空间，那么基本上可以断定是显卡驱动程序故障所引起的。

(3) 重启计算机，按F8键进入【Windows 高级选项菜单】界面，选择【启用 VGA 模式】选项，如图 9-12 所示。

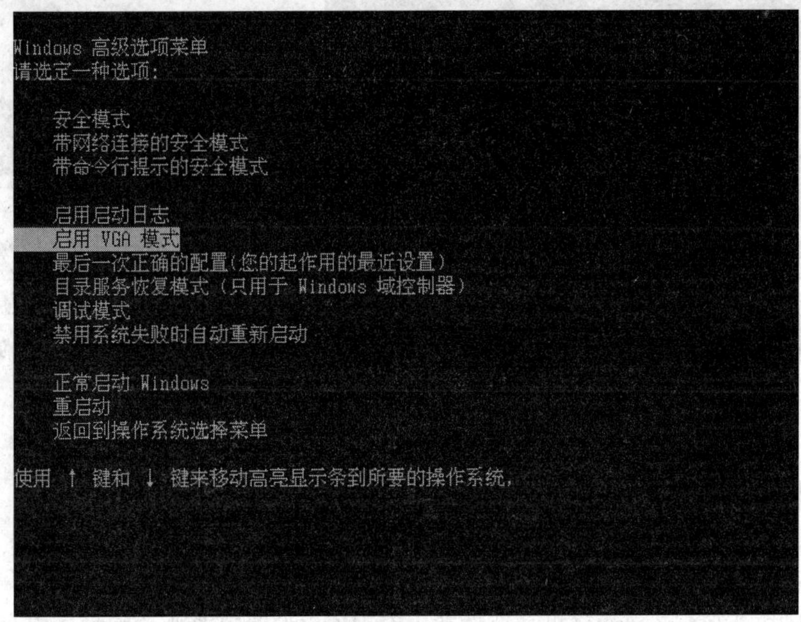


图9-12 选择【启用 VGA 模式】选项

(4) 按Enter键进入系统，卸载显卡驱动程序，然后重新安装显卡配套的驱动程序即可排除故障。

## （五） STOP 消息 0x00000023 和 0x00000024 故障

【故障现象】

计算机在启动时出现“STOP 消息 0x00000023 和 0x00000024”故障，导致计算机无法启动。

【故障分析】

此故障的原因一般是因为驱动器碎片太多，恢复了不适当的 Ghost 镜像文件或一些防病毒软件出错。

【排除故障】

(1) 重启计算机，按F8键进入【Windows 高级选项菜单】界面，选择【安全模式】选项，如图 9-13 所示。

(2) 按Enter键进入安全模式下的系统，然后对驱动器进行碎片整理。

(3) 禁用或卸载所有防病毒软件。

(4) 选择【开始】/【运行】命令，弹出【运行】对话框，然后输入“chkdsk /f”，如图 9-14 所示。

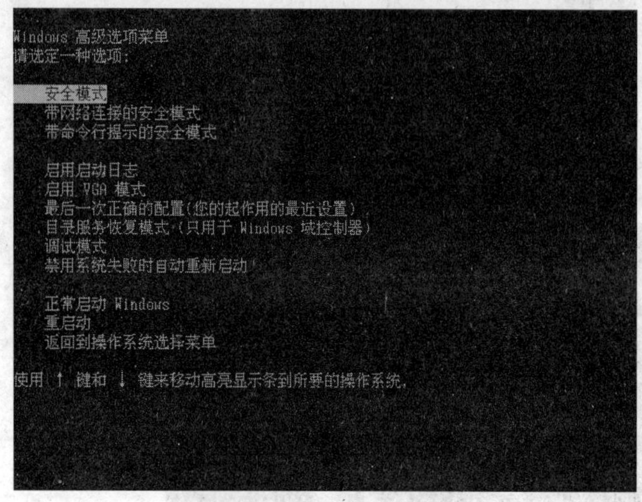


图9-13 选择【安全模式】选项

图9-14 输入“chkdsk /f”

(5) 单击 确定 按钮，开始对磁盘进行检查，完成后重启计算机就可以排除故障。

## （六） 修改 BIOS 后出现死机故障

**【故障现象】**

对 BIOS 进行了一些设置后，计算机经常出现死机故障。

**【故障分析】**

这是由于用户为了提高计算机系统性能，在 BIOS 设置中改变了硬盘、内存、CPU 等参数，从而使系统变得不稳定甚至频繁死机，更严重时则根本进入不了 Windows 操作系统。

**【排除故障】**

### 1. 方法一：设置 BIOS 跳线

打开机箱盖，在主板上有一个钮扣电池，在它的附件中有一组跳线针脚，共 3 个针脚，如图 9-15 所示。将针脚上的跳线帽拔出，插在另外一个针和中间针上几秒。然后拔出跳线帽，重新插回原来的位置即可将 BIOS 恢复到出厂设置。

图9-15 BIOS 跳线

### 2. 方法二：拔出 CMOS 电池

(1) 如不能确定跳线针脚，可以通过拔 CMOS 电池来清除密码。

(2) 在主板上找到 CMOS 电池，并将其从电池盒中取出，如图 9-16 所示。

(3) 用金属物件将 CMOS 电池插座的正负极短路，快速放掉相应电容中的存电，从而达到恢复 BIOS 出厂设置的目的，如图 9-17 所示。

图9-16　拔掉 COMS 电池

图9-17　短路 CMOS 插座正负极

## （七）关机后系统却自动重启

**【故障现象】**

关机后，系统又自动重新启动。

**【故障分析】**

在一般情况下，当用户关机时出现错误则系统会自动重启。将该功能关闭往往可以解决自动重启的故障。

**【排除故障】**

(1) 用鼠标右键单击【我的电脑】图标，在弹出的快捷菜单中选择【属性】命令，弹出【系统属性】对话框，切换到【高级】选项卡，如图 9-18 所示。

(2) 单击【启动和故障恢复】栏中的 设置(T) 按钮，弹出【启动和故障恢复】对话框。在【系统失败】栏中取消勾选【自动重新启动】复选框即可，如图 9-19 所示。

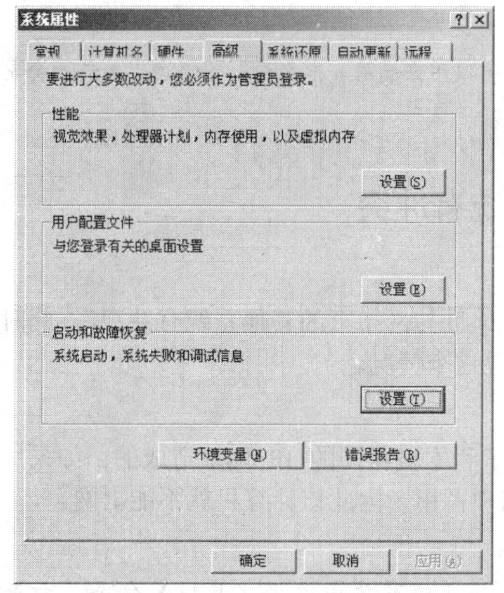


图9-18　【高级】选项卡

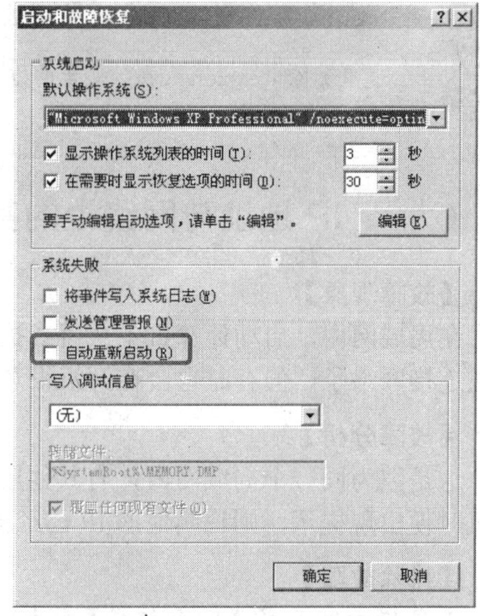


图9-19　取消勾选【自动重新启动】复选框

## （八） expiorer.exe 进程造成 CPU 使用率 100%

**【故障现象】**

计算机运行十分缓慢，发现任务管理器中存在一个名为“expiorer.exe”的进程，占用 CPU 使用率达 100%，但“expiorer.exe”好像又是系统的必备程序。

**【故障分析】**

分析后发现，其实是计算机感染了病毒，只是病毒很好地隐藏了自己，将“expiorer.exe”伪装成系统正常程序 explorer。其第 4 个字母是英文字母“i”而不是英文字母“l”，两者仅一个字母之差，具有很强的迷惑性。

**【排除故障】**

(1) 选择【开始】/【运行】命令，弹出【运行】对话框，输入“regedit”。

(2) 单击 确定 按钮，打开【注册表编辑器】窗口，依次展开 HKEY_LOCAL_MACHINE\SOFTWARE\Microsoft\Windows\CurrentVersion\Run，如图 9-20 所示。

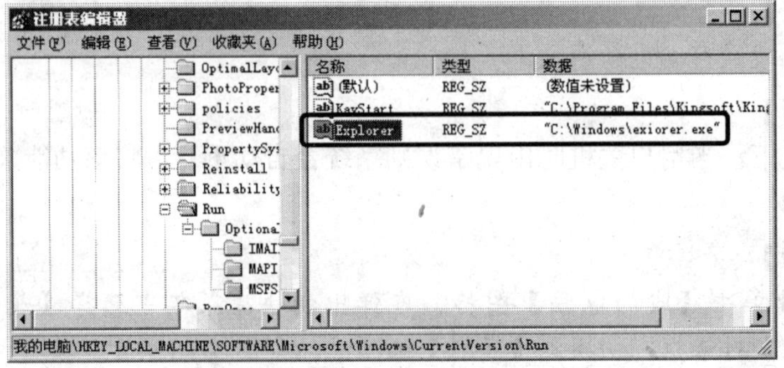


图9-20 展开注册表项

(3) 删除“C:\Windows\expiorer.exe”项，再进入到“C:\Windows”文件夹删除“expiorer.exe”文件，病毒就成功被清除了。

说明：这里删除“expiorer.exe”病毒的方式其实也可以用来删除其他病毒，希望读者能够融会贯通。

## （九） IP 地址与网络上的其他系统有冲突

**【故障现象】**

在局域网内，启动计算机不久就会提示“IP 地址与网络上的其他系统有冲突”，此时就无法连接网络了，但有时也会在开机很久后才出现这个情况。

**【故障分析】**

这是因为同一个局域网内，有其他用户使用了和本机相同的 IP 地址造成的。如果用户开机时便出现提示，则说明他的 IP 已经被其他用户占用，因此该计算机就不能上网。

**【排除故障】**

(1) 用鼠标右键单击【网上邻居】图标，在弹出的快捷菜单中选择【属性】命令，打开如图 9-21 所示的【网络连接】窗口。

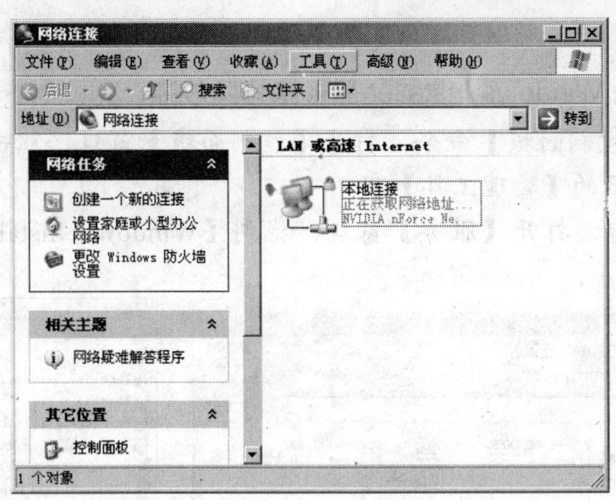


图9-21　【网络连接】窗口

(2) 用鼠标右键单击【本地连接】图标，选择【属性】命令，弹出【本地连接 属性】对话框，在【常规】选项卡中选择【Internet 协议（TCP/IP）】选项，如图 9-22 所示。

(3) 单击[属性(R)]按钮，弹出【Internet 协议（TCP/IP）属性】对话框，选择【自动获得 IP 地址】和【自动获得 DNS 服务器地址】两个单选按钮，如图 9-23 所示。

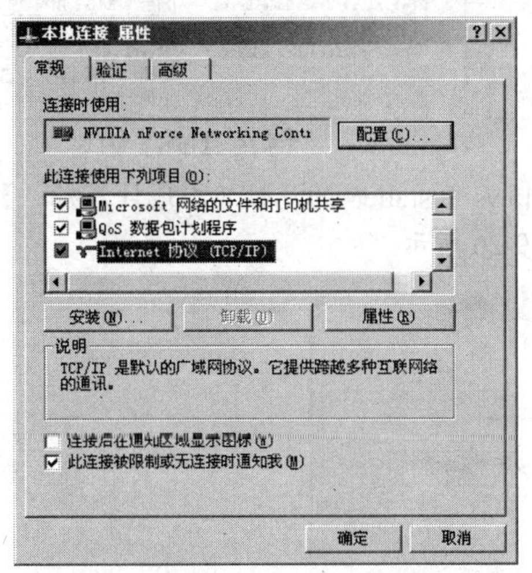


图9-22　选择【Internet 协议（TCP/IP）】选项

图9-23　【Internet 协议（TCP/IP）属性】对话框

(4) 单击[确定]按钮完成设置，这样在开机时系统就会自动获取一个局域网内的空闲 IP 地址，解决 IP 地址冲突的问题。

## （十）安装程序启动安装引擎失败

**【故障现象】**

安装应用程序时提示“安装程序启动安装引擎失败：不支持此接口”。

**【故障分析】**

引起这个问题的原因很多，但最有可能的还是安装软件需要的 Windows Installer 服务出现了问题。

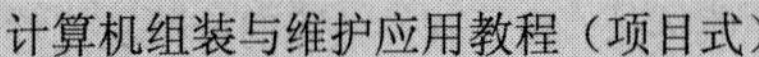


【排除故障】

1. 方法一：启动 Windows Installer 服务来排除故障

(1) 选择【开始】/【控制面板】命令，打开【控制面板】窗口，双击【管理工具】图标，打开如图 9-24 所示的【管理工具】窗口。

(2) 双击【服务】图标，打开【服务】窗口，找到【Windows Installer】选项，如图 9-25 所示。

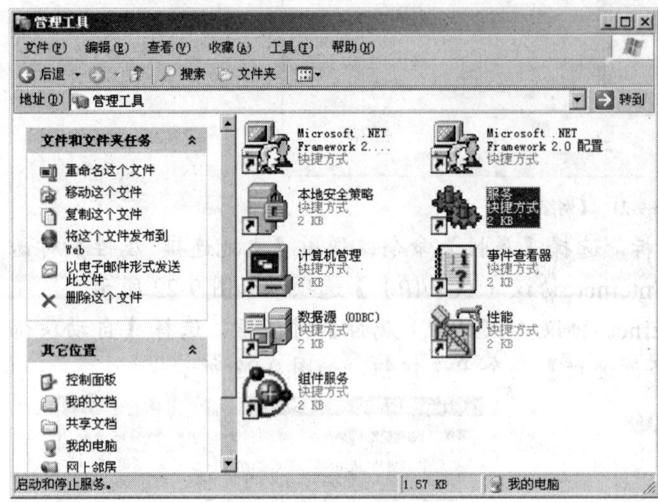


图9-24 【管理工具】窗口

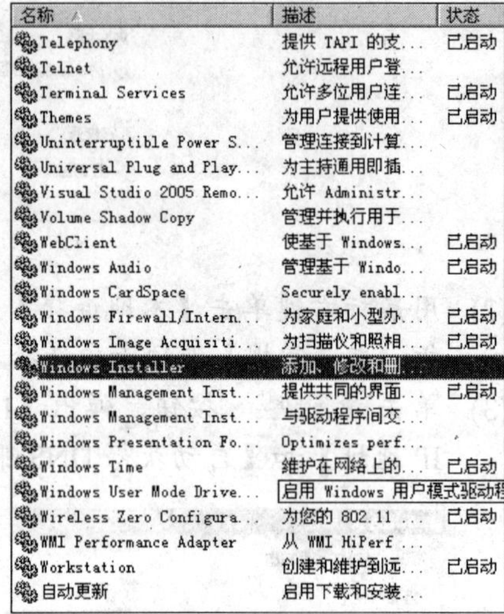


图9-25 【服务】窗口

(3) 双击【Windows Installer】选项，弹出【Windows Installer 的属性（本地计算机）】对话框，单击 启动(S) 按钮将其启动，效果如图 9-26 所示。

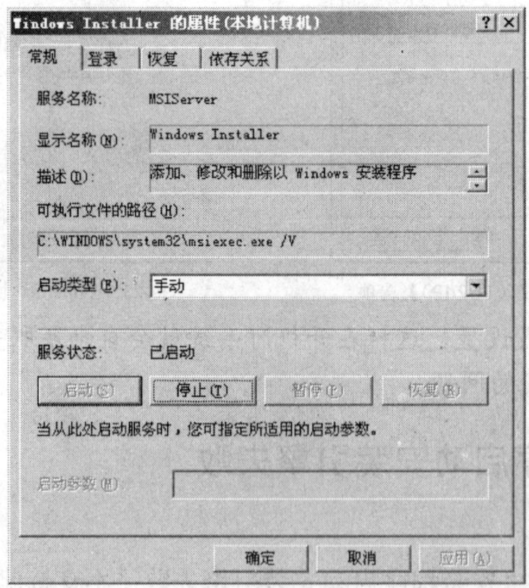


图9-26 【Windows Installer 的属性（本地计算机）】对话框

(4) 单击 确定 按钮，完成设置。一般情况下故障即被清除，但如果清除故障失败，则需要下载最新版本的 Windows Installer 进行安装。

### 2. 方法二：双击 instmsiw.exe 文件排除故障

一些安装程序并不是 EXE 文件，而是 MSI 文件。MSI 是脚本文件，如果运行 MSI 安装程序时出现不支持接口的提示信息。则需要通过双击安装包里面的“instmsiw.exe”文件来排除故障，如图 9-27 所示。

图9-27　MSI 类型安装文件

> **说明**　如果没有管理员权限或者系统文件已经被损坏，也有可能造成不支持此接口，从而导致软件无法进行安装。

## （十一）　无法浏览网页

**【故障现象】**

使用 IE 浏览器上网时，无法打开网页，如图 9-28 所示。

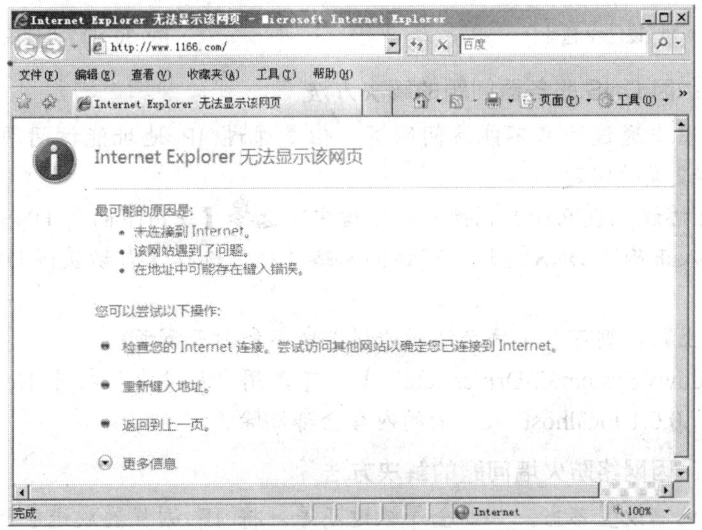


图9-28　无法显示网页

【故障分析】

网络设置不当、DNS 服务器故障、网络防火墙问题、IE 损坏等都可能导致用户无法上网。

【排除故障】

### 1. 方法一：因网络设置不当的解决方法

这种原因较多出现在手动指定 IP、网关、DNS 服务器的连网方式出错的情况下。

(1) 在【Internet 协议（TCP/IP）属性】对话框中仔细检查计算机的网络设置，输入正确的 IP、网关和 DNS 即可解决问题，如图 9-29 所示。

使用代理服务器上网时，代理服务器设置错误也可能导致网页无法打开。

(2) 在 IE 浏览器中选择【工具】/【Internet 选项】命令，弹出【Internet 选项】对话框，切换到【连接】选项卡，单击【如果要为连接设置代理服务器，请选择“设置”】右边的 设置(S)... 按钮，弹出【宽带连接 设置】对话框，在其中修改代理服务器的设置即可，如图 9-30 所示。

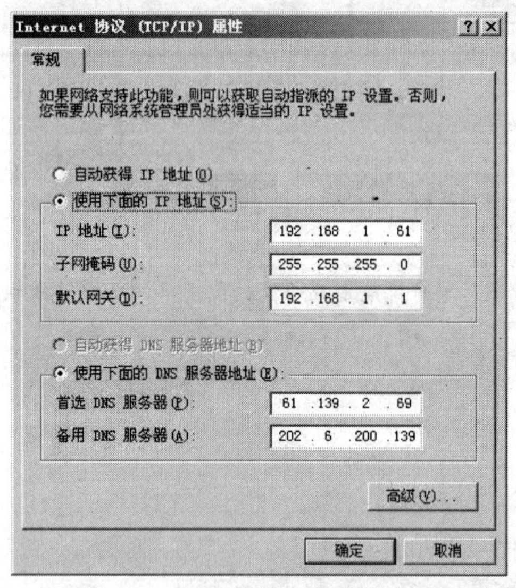


图9-29 设置 IP 地址

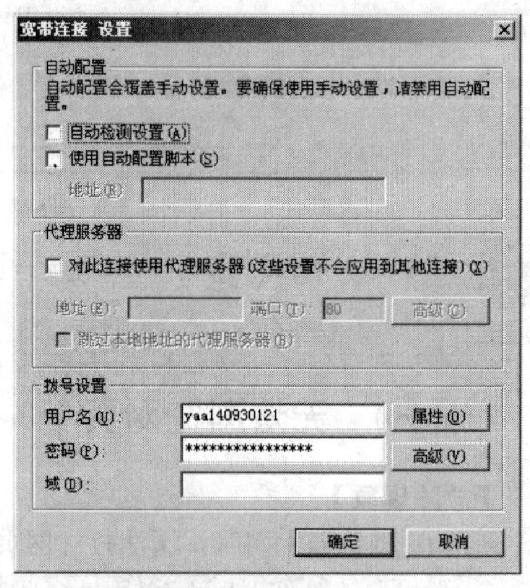


图9-30 设置代理服务器

### 2. 方法二：因 DNS 服务器问题的解决方法

(1) 在 IE 浏览器中通过域名不能访问网页，但是通过 IP 地址能访问网页，那么应该是 DNS 服务器设置的问题。

(2) 在【Internet 协议（TCP/IP）属性】对话框中，选择【使用下面的 DNS 服务器地址】单选按钮，输入正确的 DNS 地址即可访问网络（也可选择【自动获得 DNS 服务器地址】单选按钮）。

(3) 如果还不能上网，则可能是域名解析错误造成不能打开网页。

(4) 在“C:\Windows\System32\Drivers\etc”目录下，用“记事本”打开 Hosts 文件。在文件中输入“127.0.0.1 localhost”，其余的内容全部删除。

### 3. 方法三：因网络防火墙问题的解决方法

(1) 如果网络防火墙设置不当，如安全等级过高等，将 IE 浏览器放进了阻止访问列表，如图 9-31 所示，错误的防火墙策略也可能导致无法上网。

(2) 修改防火墙策略、降低防火墙安全等级或直接关闭防火墙可以解决这个问题。

图9-31　将 IE 浏览器放进了阻止访问列表

### 4.　方法四：因 IE 浏览器损坏的解决方法

(1) 如果 QQ 等软件可以正常使用，但 IE 浏览器仍无法浏览网页，则可能是 IE 的内核损坏导致的故障。

(2) 选择【开始】/【运行】命令，弹出【运行】对话框，输入“regedit”，打开【注册表编辑器】窗口，依次展开 HKEY_LOCAL_MACHINE\SOFTWARE\Microsoft\Active Setup\Installed Components\{89820200-ECBD-11cf-8B85-00AA005B4383}，双击右侧窗口的【IsInstalled】选项，如图 9-32 所示。

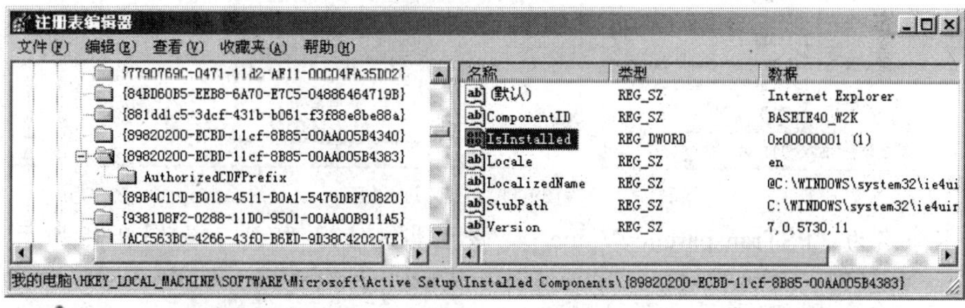


图9-32　双击【IsInstalled】选项

(3) 在弹出的【编辑 DWORD 值】对话框中，将 DWORD 值改为“0”即可，如图 9-33 所示。

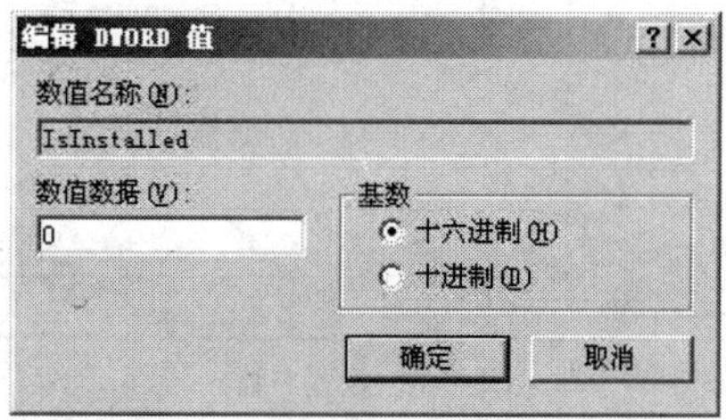


图9-33　编辑 DWORD 值

# 任务二 常见应用软件的故障诊断及排除

应用软件故障是指计算机操作系统上安装的各种应用软件出现的故障。虽然应用软件种类繁多，但出现的问题有很多的共同性。下面将对常用的应用软件故障进行分析和排除，并介绍排除这类问题的一般方法。

## （一） Office 打印错误

**【故障现象】**

在将 Office 2003 文档打印到 PostScript 打印机时，具有透明区域的图形使用白色边框沿这些区域的边缘进行打印。

**【故障分析】**

产生故障的原因是打印时 Office 2003 的 GDI+（Graphics Device Interface Plus）将位图形式的透明呈现为 4 位模式，所以出现此问题。

**【排除故障】**

(1) 选择【开始】/【运行】命令，弹出【运行】对话框，输入“regedit”，打开【注册表编辑器】窗口，依次展开 HKEY_CURRENT_USER\Software\Microsoft\ GDIPlus，在右侧窗口的空白处单击鼠标右键，在弹出的快捷菜单中选择【新建】/【二进制值】命令，如图 9-34 所示。

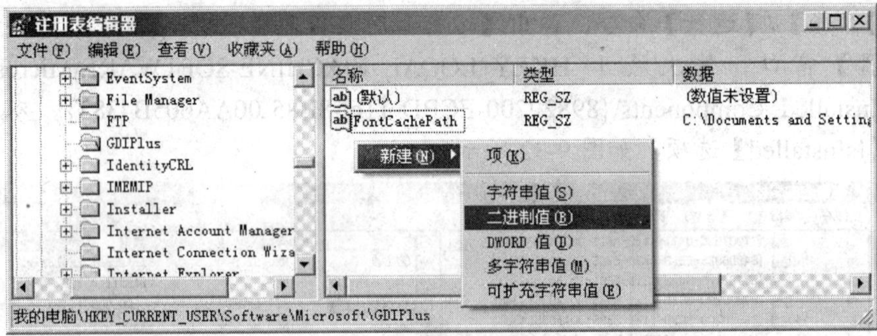


图9-34 新建二进制值

(2) 将其命名为“PSTransparencyValue”，设置其键值为“7f”，如图 9-35 所示。

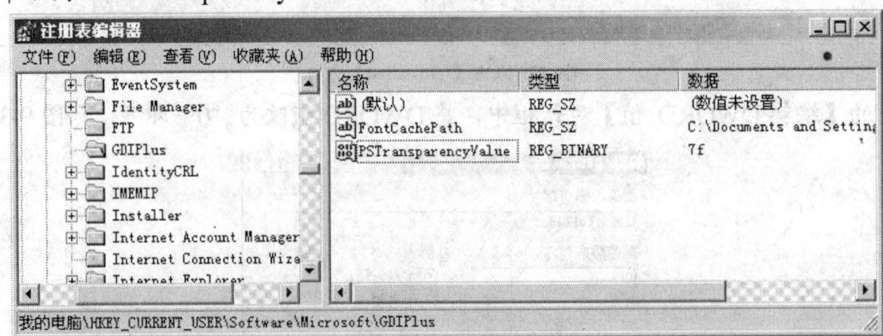


图9-35 设置参数

## （二）　杀毒软件造成网页无法访问

**【故障现象】**

安装杀毒软件并对计算机进行全面杀毒之后，发现 ASP、JSP 网页不能正常访问了，而普通的 HTML 页面却可正常浏览。

**【故障分析】**

在杀毒软件运行后，默认情况下它会对网页进行实时监控，导致一些网页无法正常浏览。

**【排除故障】**

只需在杀毒软件的实时监控中，取消网页监控方面的设置，保存设置之后重新启动杀毒软件即可。

## （三）　登录 QQ 时提示快捷键冲突

**【故障现象】**

正常启动 QQ 程序并登录到服务器时，出现快捷键冲突提示信息。

**【故障分析】**

在启动 QQ 前，用户可能启动了其他后台程序，而该程序中的相关快捷键设置与 QQ 的快捷键设置有所冲突（如 Photoshop 的撤消操作快捷键与 QQ 的提取消息快捷键相同，均为 Ctrl+Alt+Z 组合键）。

**【排除故障】**

首先检查正在后台运行的程序，如果可以，将引起冲突的程序关闭即可。也可以在【QQ2008 设置】对话框中，重新设置快捷键，如图 9-36 所示。

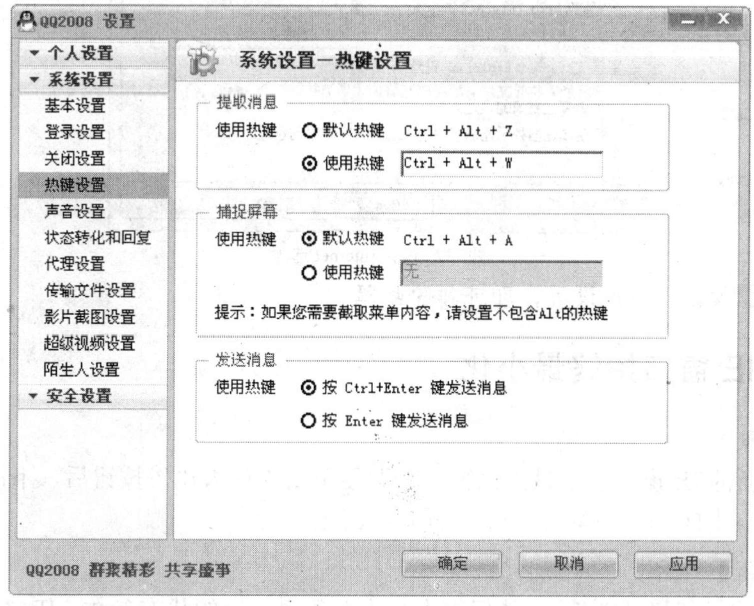


图9-36　设置 QQ 快捷键

## （四） IE浏览器出现运行错误

**【故障现象】**

用 IE 浏览器浏览网页时弹出“出现运行错误，是否纠正错误”的提示对话框，单击 否(N) 按钮后，可以继续上网浏览。

**【故障分析】**

这种故障可能是由于所浏览网站本身的问题所引起的，也可能是由于 IE 浏览器对某些脚本不支持所造成的。

**【排除故障】**

(1) 启动IE浏览器，选择【工具】/【Internet选项】命令，弹出【Internet 选项】对话框。

(2) 切换到【高级】选项卡，在【设置】列表中勾选【禁用脚本调试（Internet Explorer）】和【禁用脚本调试（其他）】复选框，如图 9-37 所示。

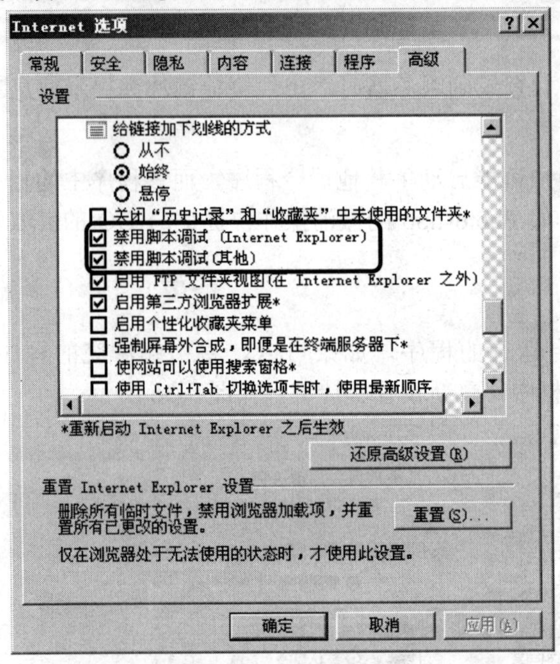


图9-37 设置 Internet 选项

(3) 单击 确定 按钮，完成设置，即可排除故障。

## （五） IE窗口始终最小化

**【故障现象】**

每次打开新的IE窗口都是最小化窗口，即便单击“最大化”按钮后，下次启动IE后新窗口仍旧是最小化打开。

**【故障分析】**

IE 具有“自动记忆功能”，它能保存上一次关闭窗口后的状态参数，IE 本身没有提供相关设置选项，不过可以借助修改注册表来实现这一功能。

**【排除故障】**

(1) 选择【开始】/【运行】命令，弹出【运行】对话框，输入“regedit”，打开【注册表编辑器】窗口，依次展开 HKEY_CURRENT_USER\Software\Microsoft\Internet Explorer\Desktop\Old WorkAreas，选中右侧窗口中的“OldWorkAreaRects”项，将其删除，如图 9-38 所示。

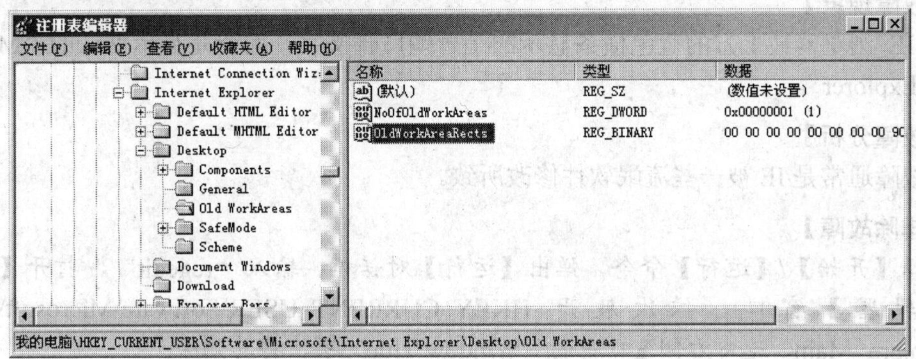


图9-38　删除“OldWorkAreaRects”项

(2) 展开 HKEY_CURRENT_USER\Software\Microsoft\Internet Explorer\Main，选中右侧窗口中的“Window_Placement”项，将其删除，如图 9-39 所示。

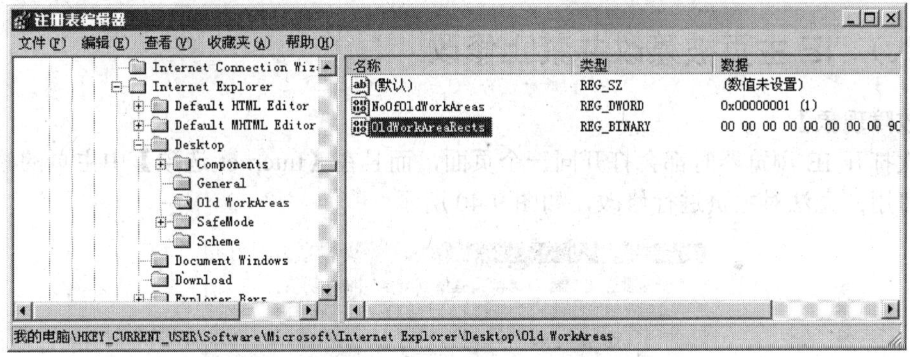


图9-39　删除“Window_Placement”项

(3) 退出【注册表编辑器】窗口，重启计算机，然后打开 IE，将其窗口最大化，再单击 (向下还原)按钮将窗口还原，接着再次单击 (最大化)按钮，最后关闭 IE 窗口。以后重新打开 IE 时，窗口就正常了。

## （六）IE 无法打开新窗口

**【故障现象】**

在浏览网页过程中，单击超链接无任何反应。

**【故障分析】**

出现此故障通常是因为 IE 新建窗口模块被破坏所致。

**【排除故障】**

(1) 选择【开始】/【运行】命令，弹出【运行】对话框，依次运行“regsvr32 actxprxy.dll”和“regsvr32 shdocvw.dll”，将这两个 DLL 文件注册，然后重启系统。

(2) 如果还不行，则使用同样的方法将“mshtml.dll”、“urlmon.dll”、“msjava.dll”、“browseui.dll”、“oleaut32.dll”和“shell32.dll”文件也注册一下。

## （七） IE 窗口标题栏被篡改

**【故障现象】**

在 IE 浏览器最上方的蓝色横条显示的是一些广告文字，而不是显示默认的“Microsoft Internet Explorer”。

**【故障分析】**

此故障通常是 IE 被一些流氓软件修改所致。

**【排除故障】**

(1) 选择【开始】/【运行】命令，弹出【运行】对话框，输入“regedit”，打开【注册表编辑器】窗口，依次展开 HKEY_CURRENT_USER\Software\Microsoft\Internet Explorer\Main，选中右侧窗口中的“Window Title”项，将其删除。

(2) 展开 HKEY_LOCAL_MACHINE\Software\Microsoft\Internet Explorer\Main，选中右侧窗口中的“Window Title”项，将其删除。

(3) 若经过以上操作还不能恢复原先的设置，则应使用杀毒软件查杀系统中的流氓软件。

## （八） IE 主页被篡改并禁止修改

**【故障现象】**

每次打开 IE 浏览器时都会打开同一个页面，而且在【Internet 选项】中主页的修改按钮全为不可用，无法对主页进行修改，如图 9-40 所示。

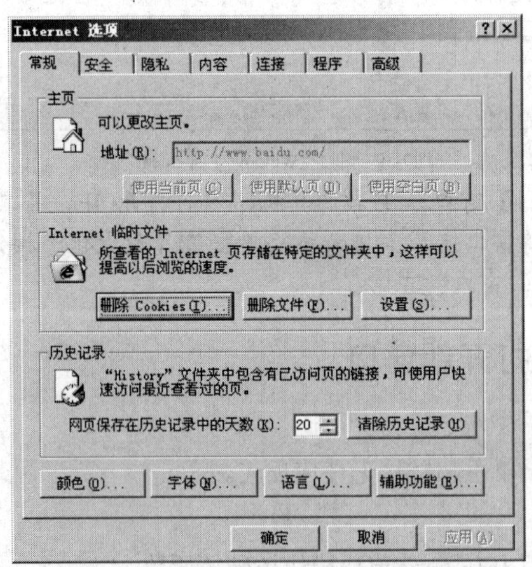


图9-40 主页无法修改

**【故障分析】**

此故障通常是 IE 被一些流氓软件或病毒修改所致。

**【排除故障】**

选择【开始】/【运行】命令，弹出【运行】对话框，输入“regedit”，打开【注册表编辑器】窗口，依次展开 HKEY_CURRENT_USER\Software\Policies\Microsoft\Internet Explorer\Control Panel（正常情况下此键不存在），选中右侧窗口中的“HOMEPAGE”项，将其删除，如图 9-41 所示。

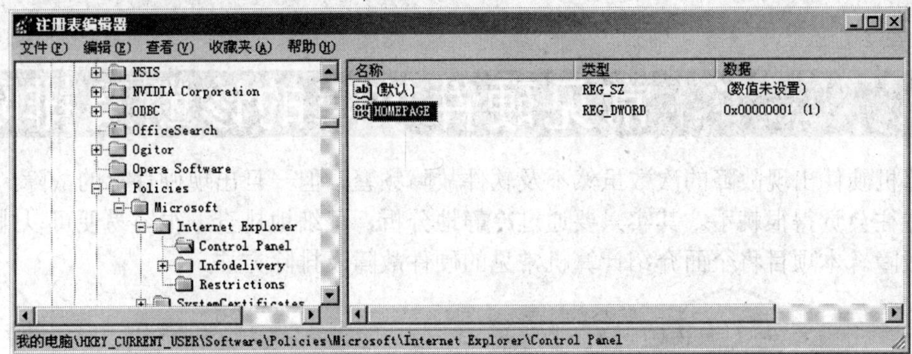


图9-41　删除“HOMEPAGE”项

## 小结

软件故障分为系统软件故障和应用软件故障。引起系统软件故障的主要原因有系统文件损坏、驱动程序不兼容、系统设置不当等；引起应用软件故障的主要原因有应用软件设置不当、应用软件之间功能相互冲突、感染病毒或流氓软件等。遇到软件故障应耐心查找相关资料，再对故障原因进行一一排除，通常可以很快解决问题。

## 习题

1. 简述在处理计算机故障时应该有哪些步骤。
2. 简述 explorer 在计算机中的作用。
3. 造成无法浏览网页的原因有哪些？
4. 简述本机 IP 地址与网络上其他系统发生冲突时的解决办法。
5. 打开机箱，自行研究 BIOS 跳线和 COMS 放电的操作步骤。

# 常见硬件故障的诊断及排除

计算机硬件出现故障的次数虽然不及软件故障频繁，但一旦出现硬件上的故障，用户处理起来往往会觉得很棘手。其实只要通过冷静地分析，仔细地排查，很容易便可以排除常见的硬件故障。本项目将全面介绍计算机常见的硬件故障及排除方法。

**学习目标**

掌握常见的机箱内部配件故障的诊断及排除方法。

掌握常见的机箱外部配件故障的诊断及排除方法。

## 任务一 机箱内部配件常见故障的诊断及排除

对于许多初级用户来说，计算机机箱内部就像是一个“禁区”，即使出现了问题也不敢轻易去触碰。实际上，机箱内部配件出现的一些常见故障，用户还是可以自己排除的。下面将介绍机箱内部各个部件最常见故障的诊断和排除方法。

### （一） 常见 CPU 故障的诊断及排除

常见的 CPU 故障有以下几种，下面分别介绍。

#### 1. CPU 过热导致计算机自动重启

**【故障现象】**

系统经常在运行一段时间后突然自动重启或关闭，而且按下主机电源开关后不能正常启动，但过一段时间后再次按下电源开关又能正常启动系统。

**【故障分析】**

(1) 首先诊断是否感染了病毒，可开机进入系统安全模式后使用杀毒软件对磁盘进行病毒查杀，以确定是否因为病毒原因引起故障。

(2) 重启计算机进入 BIOS 设置，查看 BIOS 设置是否正常，特别是查看 CPU、内存、显卡是否处于超频使用状态。

(3) 打开机箱，查看 CPU 的散热片和风扇中的灰尘是否过多；在通电情况下查看 CPU 风扇运转是否正常；用手触摸 CPU 散热片，感觉温度是否正常。

【排除故障】

(1) 若是因为病毒的原因，可在安全模式下对病毒进行清理，或对系统进行恢复或重装。

(2) 若在 BIOS 中发现 CPU、内存、显卡处于超频使用状态，可将其设置成正常使用状态。若不清楚是否处于超频状态，可使用 BIOS 的恢复默认选项将所有设置恢复成默认状态，再保存并重启计算机。

(3) 若发现 CPU 风扇运转不正常，则应查看风扇的电源线是否正确插接，若风扇已损坏，则应更换风扇。

(4) 若 CPU 散热片温度过高，则应拆下风扇后对散热片和风扇上的灰尘进行清理，如图 10-1 所示。

图10-1　清除 CPU 散热片和风扇上的灰尘

### 2.　CPU 针脚接触不良导致计算机无法启动

【故障现象】

按下主机电源开关后主机无反应，屏幕上无显示信号输出，但有时又正常。

【故障分析】

首先判断可能是显卡出现故障，用替换法检查后，发现显卡无问题。然后拔下插在主板上的 CPU，仔细观察后发现 CPU 并无烧毁痕迹，但 CPU 的针脚均发黑、发绿，有氧化的痕迹，如图 10-2 所示。

图10-2　CPU 针脚氧化

【排除故障】

清洁 CPU 针脚，然后将 CPU 重新安装，故障得到解决。

### 3.　CPU 超频不当引起自检不能通过

【故障现象】

在 BIOS 中对 CPU 进行超频设置后，重启计算机发现无法通过自检。

【故障分析】

CPU 在超频后提高了系统的总线频率，而一些部件和设备（特别是内存）无法承受如此高的总线频率，出现工作不正常的现象，导致自检不能通过。

【排除故障】

(1) 若还可以正常进入 BIOS 设置，将 CPU 的频率改回原始频率即可。

(2) 若开机后无任何反应，无法正常进入 BIOS 设置，则可以使用 BIOS 跳线或 COMS 放电的方法来恢复 BIOS 出厂设置。

### 4.　CPU 性能下降

【故障现象】

CPU 在使用初期表现很稳定，但后来性能就大幅度下降，偶尔还出现死机现象。通过查杀病毒并未发现任何病毒和恶意软件，进行磁盘碎片整理之后也没有用，最后进行系统重装仍然不能解决问题。

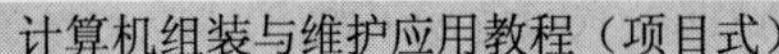

【故障分析】

该 CPU 的核心配备了热感式监控系统，它会持续地检测温度。只要核心温度达到一定水平，该系统就会降低处理器的工作频率，直到核心温度恢复到安全温度以下，这可能就是系统性能下降的真正原因。

【排除故障】

为 CPU 更换优秀的品牌散热器，并在购买时注意其所支持的 CPU 最高频率能否符合该 CPU 的散热要求。

## （二） 常见主板故障的诊断及排除

常见的主板故障主要有以下几种，下面分别介绍。

### 1. 更改 BIOS 设置后不能长时间保存

【故障现象】

对 BIOS 的设置进行更改后，等到第 2 次启动计算机时又恢复到原来的设置，并且系统时间又跳回到主板的初始时间。

【故障分析】

此故障是因为 BIOS 设置在断电后无法保存所导致的，一般是因为主板 CMOS 跳线设置不当或主板电池电力不足造成。

【排除故障】

对照主板说明书，查看 CMOS 的跳线设置是否正确，若不正确则设置到正确位置。如果仍不能解决问题，则需要更换主板电池。

### 2. 主板高速缓存不稳定引起故障

【故障现象】

在 CMOS 中设置使用主板的二级高速缓存（L2 Cache）后，在运行程序时经常死机，而禁用二级高速缓存时系统可正常运行。

【故障分析】

引起故障的原因可能是二级高速缓存芯片工作不稳定，用手触摸二级高速缓存芯片，如果某一芯片温度过高，则很可能它就是那块不稳定的芯片。

【排除故障】

禁用二级高速缓存或更换芯片即可。

### 3. 计算机频繁死机

【故障现象】

计算机频繁死机，即使在 CMOS 设置中也会出现死机现象，死机后触摸 CPU 周围主板元件，温度非常高而且烫手。

【故障分析】

出现此类故障一般是由于主板 Cache 有问题或主板设计散热不良引起。

【排除故障】

(1) 更换大功率风扇，增加散热效果。

(2) 如果是 Cache 有问题，可进入 CMOS 设置，将 Cache 禁止后即可顺利解决死机问题。

4. 计算机开机运行中断

【故障现象】

计算机开机后，运行到【Award Soft Ware, IncSystem Configurations】命令时即停止，但计算机未死机。

【故障分析】

该问题是由于 CMOS 设置不当造成，将 CMOS 设置中【PNP/PCI CONFIGURATION】的【PNP OS INSTALLED】（即插即用）选项设为了“YES”。

【排除故障】

将“YES”改为“NO”后，故障得以解决。

有的主板将 CMOS 的即插即用功能开启之后，还会引发诸如声卡发音不正常之类的现象，这点要在故障检查时引起注意。

## （三） 常见内存故障的诊断及排除

常见的内存故障主要有以下几种，下面分别介绍。

1. 内存问题导致不能安装操作系统

【故障现象】

计算机硬件进行升级后（如安装双内存），重新对硬盘进行分区并安装 Windows XP 操作系统，但在安装过程中复制系统文件时出错，不能继续安装。

【故障分析】

由于硬盘可以正常分区和格式化，所以排除硬盘有问题的可能性。

首先考虑安装光盘是否有问题，格式化硬盘并更换一张可以正常安装的 Windows XP 操作系统光盘后重新安装，仍然在复制系统文件时出错。但如果只插一根内存条，则可以正常安装操作系统。

【排除故障】

(1) 此故障通常是由内存条的兼容问题所造成的，可在只插一根内存条的情况下安装操作系统，安装完成后再将另一根内存条插上，通常系统可以识别并正常工作。

(2) 除此之外可更换一根兼容性和稳定性更好的内存条。

2. 购买到劣质内存导致计算机无法正常启动

【故障现象】

原系统工作正常，但新添加了一条杂牌的内存条后，开机时显示器黑屏，无法正常开机。

【故障分析】

(1) 查看新内存条的外观，看防伪标识是否清晰；芯片上的字迹是否清晰或有涂改的痕

迹；内存条的引脚是否有缺损脱落等。

(2) 将新内存条单独插到主板上，开机测试其能否正常启动。若能正常启动，可查看内存条的工作频率是否与标识一致。

【排除故障】

(1) 若内存条上的防伪标识缺失或模糊不清，芯片上的字迹不清或有明显涂改的痕迹，则有可能是以次充好的劣质产品，可要求更换并在更换时仔细辨别内存条的真伪。

(2) 若内存条的引脚有缺损或脱落，或者单独使用时也不能正常启动，则证明内存条已损坏，应立即更换。

(3) 若单独使用该内存时能正常启动，但发现内存条的工作频率与标识的不一致，则有可能是次等的低频率内存条，可更换成高频率的内存条；或者可能是与原内存条工作频率不一致，可以将整体内存的工作频率调低，这样通常可正常使用，但运行效率有所降低。

### 3. 运行大型软件时提示内存不足

【故障现象】

当在计算机上运行大型软件时，总提示“内存不足”，但计算机上的内存实际已经是1GB。

【故障分析】

提示内存不足包括物理内存和虚拟内存，所以可以判定是本机的虚拟内存偏低或设置虚拟内存的分区的剩余可用空间太小，应设置较大的虚拟内存值或对设置虚拟内存的分区进行空间整理。

【排除故障】

(1) 进入设置虚拟内存的磁盘，对其进行磁盘整理和碎片清理。

(2) 用鼠标右键单击【我的电脑】图标，在弹出的快捷菜单中选择【属性】命令，弹出【系统属性】对话框，切换到【高级】选项卡，如图10-3所示。

(3) 单击【性能】栏中的 设置(E) 按钮，弹出【性能选项】对话框，切换到【高级】选项卡，如图10-4所示。

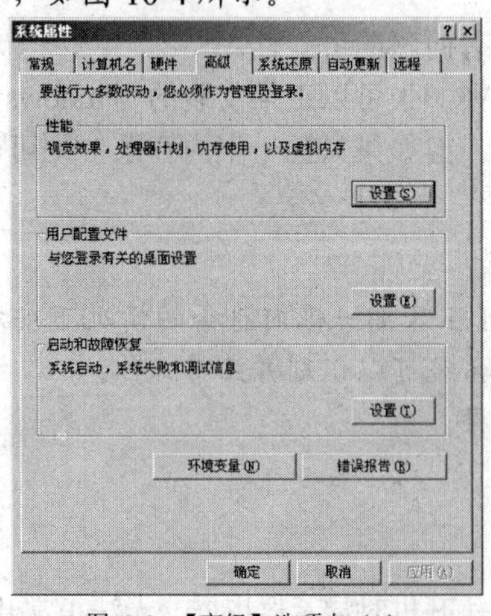


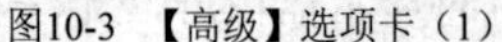
图10-3 【高级】选项卡（1）

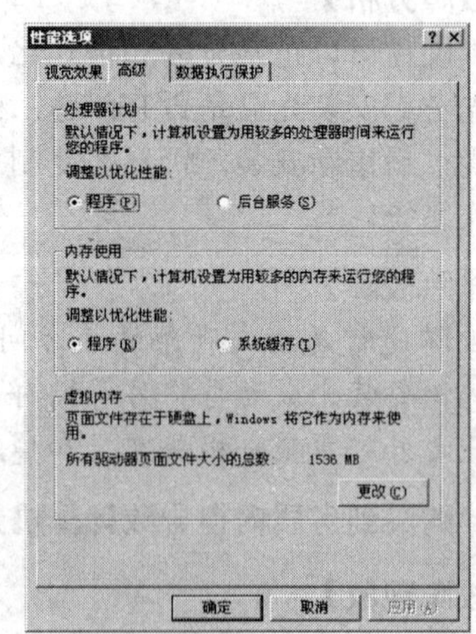

图10-4 【高级】选项卡（2）

(4) 单击【虚拟内存】栏中的 更改(C) 按钮，弹出【虚拟内存】对话框，如图10-5所示，查看虚拟内存值的大小，并进行适当的设置。

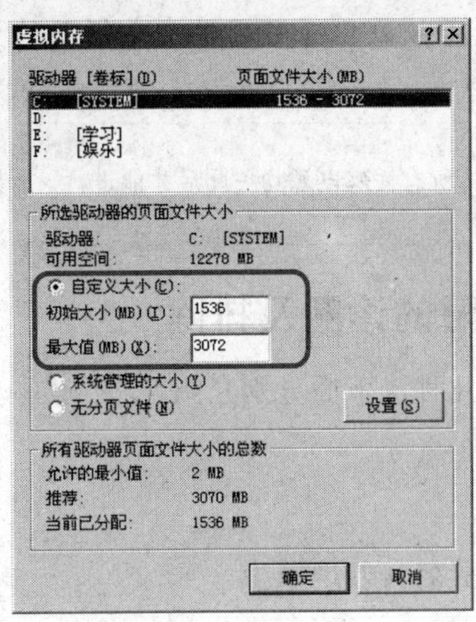


图10-5　设置虚拟内存

(5) 单击 确定 按钮，重启计算机。

### 4. 计算机长时间不用导致无法启动

**【故障现象】**

计算机长时间不用后，开机无法正常启动。

**【故障分析】**

此类故障多是由于内存或显卡与主板上的插槽接触不良，或金手指出现铜锈而导致系统不可用。可以使用排除法，首先排除是显卡的问题，最后确定是内存的金手指出现故障。

**【排除故障】**

(1) 从主板上卸下内存条，使用毛刷将其表面的灰尘打扫干净，如图 10-6 所示。
(2) 使用橡皮将内存条金手指上的铜锈擦掉，如图 10-7 所示。

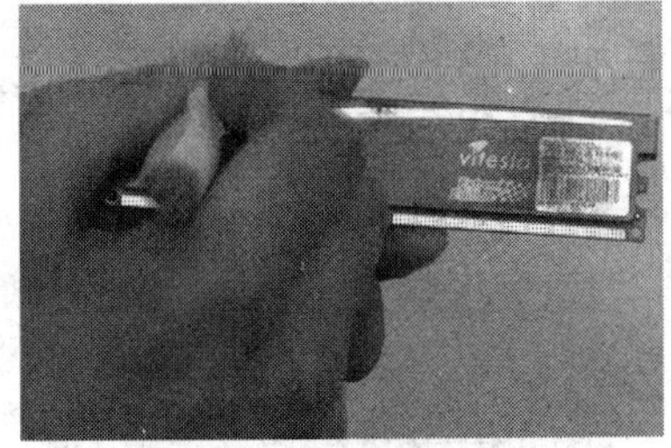

图10-6　清洁内存条外部

图10-7　擦除金手指上的铜锈

### 5. 开机不能启动并报警

**【故障现象】**

开机后机器无法点亮，且伴有一长三短的报警声。

**【故障分析】**

根据一长三短的报警声可初步判断是内存校验出错。

**【排除故障】**

(1) 关机后打开机箱，看内存条是否存在松动现象。

(2) 查看内存条上的金手指是否被氧化，可用橡皮或微湿的干净毛巾轻轻擦拭铜锈。最后再将其插回原插槽中。

检查排除故障时要保证将所有插座电源均关闭后才能进行，否则容易造成配件短路烧毁硬件。

## （四） 常见硬盘故障的诊断及排除

常见硬盘故障主要有以下几种，下面分别介绍。

### 1. 磁盘空间丢失

**【故障现象】**

计算机上的硬盘空间总是莫名其妙地减少。

**【故障分析】**

计算机感染病毒、误操作、非正常关机、不正常退出程序或硬盘分区不合理都会造成硬盘空间的丢失。

**【排除故障】**

(1) 升级杀毒软件病毒库，对计算机进行一次彻底的杀毒。

(2) 选择【开始】/【运行】命令，弹出【运行】对话框，输入“%temp%”，如图 10-8 所示。

图10-8 输入“%temp%”

(3) 单击 确定 按钮，打开临时文件夹，如图 10-9 所示。这里存放着大量的临时文件，占据了不少的磁盘空间，应将其全部删除。

(4) 避免程序非法终止或不正常关机，这样容易造成簇丢失，从而导致硬盘空间丢失。

(5) 将过大的磁盘分区分成较小的几个磁盘分区。因为文件的存储是以簇为最小单位的，一个文件要占用一个或多个簇，如果一个簇只有一个字节被文件占用，那么该簇的其他部分就不能再被使用，于是造成大量的空间浪费。

(6) 减小回收站的容量。如果回收站的空间设置过大就会浪费磁盘空间。用鼠标右键单击【回收站】图标，在弹出的快捷菜单中选择【属性】命令，弹出【回收站 属性】对话框，适当减小回收站所占空间的比例，如图 10-10 所示。

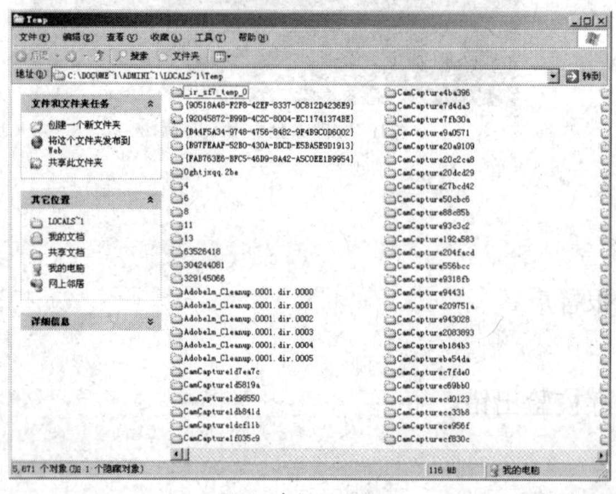

图10-9 临时文件夹

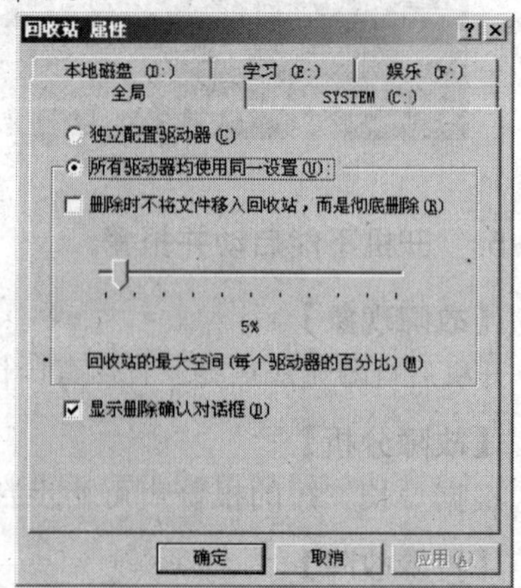


图10-10 设置回收站空间大小

### 2. 因硬盘分区表丢失而不能正常启动系统

【故障现象】

在使用 Ghost 还原系统过程中突然断电，重新启动计算机后不能正确识别硬盘。

【故障分析】

在使用 Ghost 进行系统还原的过程中会对硬盘的分区表进行读取并改写，此时若突然断电，则会造成分区表丢失或损坏，从而导致不能正确识别硬盘。

【排除故障】

(1) 使用 Windows XP 操作系统的安装盘启动系统，选择进入"恢复控制台"，输入"Fdisk /mbr"命令并按Enter键，可对一般的分区表损坏进行修复。

(2) 使用带有 Diskgen 工具的安装盘启动系统，运行"Diskgen.exe"，打开 Diskgen 的操作界面，如图 10-11 所示。

(3) 选择【工具】/【重建分区表】命令，单击继续按钮，进行分区表的重建，在弹出的搜索方式中，对于一般用户可单击自动方式按钮，即让程序自动进行分区表的重建；若想自己决定哪些分区保留，可单击交互方式按钮，并根据提示进行操作，但不推荐普通用户使用。

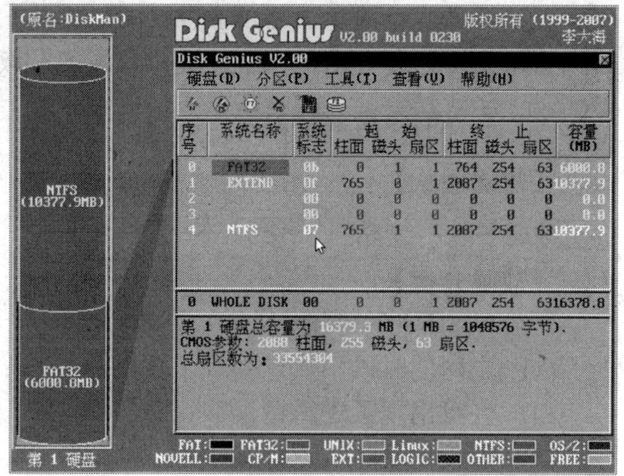

图10-11 Diskgen 操作界面

(4) 完成后可查看是否与原硬盘分区情况一致，若分区情况正确则可选择【硬盘】/【存盘】命令，对分区表信息进行保存，最后退出程序并重启计算机即可。

### 3. 开机自检内存后死机

【故障现象】

开机自检内存后死机，有时候出现【HARD DISK DRIVE FAILURE】命令提示。

【故障分析】

此故障有可能是 CMOS 中硬盘参数设置不当，或频繁开关机造成了硬盘的物理损坏。

【排除故障】

(1) 进入 CMOS，检查硬盘设置参数值是否恰当，最好使用硬盘自动检测功能设置（IDE HDD AUTO DETECTION）。

(2) 如果仍无法检测硬盘参数，则检查硬盘的数据连接线和供电端口状态是否正常，最好重新拔插一遍。

(3) 如果仍然没有效果，可以使用 CMOS 中的硬盘低级格式化命令（HDD LOW LEVEL FORMAT）或者硬盘附带的 DM 程序检查，如果硬盘没有物理损伤则应该可以修复，如果不能执行命令并出现"HARK DISK DRIVE FAILURE"提示，则很大可能是硬盘发生了物理损坏，需要更换硬盘。

### 4. 开机自检后不能进入操作系统

**【故障现象】**

开机自检完成后，不能正常进入操作系统。

**【故障分析】**

有可能是误操作或者病毒破坏了引导扇区，或者是系统启动文件被破坏或0磁道损坏。

**【排除故障】**

(1) 用启动盘启动硬盘，用“SYS C:”命令修复系统启动文件。

(2) 如果命令无效，可以使用杀毒工具检查是否有病毒，如果属于病毒破坏引导扇区的情况，杀毒就可以解决问题。

(3) 如果不是这些问题，可用NORTON工具修复引导扇区和0磁道。

(4) 如果无法修复0磁道，就需要维修或更换硬盘了。

### 5. 写入的数据经常丢失

**【故障现象】**

经常发现写入硬盘的数据丢失。

**【故障分析】**

一般有以下几种可能。

(1) 上网的时候不注意受到了攻击。

(2) 硬盘出现了逻辑错误。

(3) 硬盘出现坏磁道等。

**【排除故障】**

(1) 如故障是由于病毒程序引起，使用病毒防火墙软件杀毒，即可恢复正常。

(2) 用SCANDISK和CHKDSK命令检查是否存在硬盘逻辑错误，或用NORTON工具按照提示修复硬盘即可。

(3) 如果硬盘扫描的时候出现了大量的红色B符号，则是硬盘出现了坏磁道。一般可以用NORTON工具修复。

> **说明** 修复硬盘时，建议使用硬盘厂商提供的DM磁盘工具，不建议使用低级格式化，因为它对硬盘的损害比较大。

(4) 如果遇到坏磁道集中而且实在无法修复的情况，可以重新分区，将有坏道的部分分在一个逻辑区，分好区以后再将这个逻辑区删除，就可以正常使用了。

### 6. 硬盘停转死机

**【故障现象】**

使用过程中硬盘经常停转，出现死机的状态。

**【故障分析】**

出现这种情况有可能是电压不稳定、硬盘供电不足、硬盘马达有问题等原因。

**【排除故障】**

(1) 用万用表测量计算机的供电电压，如果发现电压过低或者不稳定的现象，应该使用稳压器。

(2) 测量计算机电源的电压输出是否正常，或者是否有电源接口接触不良的情况，有的话则更换电源或者换一个电源接口即可。

(3) 如果排除上述原因，可确定是硬盘马达故障，最好更换硬盘。

## （五） 常见光驱故障的诊断及排除

常见的光驱故障主要有以下几种，下面分别介绍。

### 1. 光驱不能读取光盘数据

【故障现象】

光驱可以正常开合，但将光盘放入光驱后，打开光驱盘符显示为空，查看光驱属性发现无数据。

【故障分析】

(1) 光驱可以正常开合，证明光驱通电情况正常。

(2) 更换一张光盘后进行数据读取，以确定是否是光盘自身的问题。

(3) 再打开机箱，查看光驱的数据线是否连接好。

(4) 使用清洁工具光盘对光驱的激光头进行清洗。

【排除故障】

(1) 若更换光盘后能正常读取数据，则证明是原光盘有问题，可对其进行清洗并擦拭干净后再次进行读取。

(2) 若是因为数据线松脱造成问题，则将数据线连接好。

(3) 若对激光头进行清洗后能正常读取数据，则证明是激光头上有灰尘。

(4) 若以上情况都被排除，则可能是光驱自身有问题，应进行维修或更换。

### 2. 新安装的光驱无法使用

【故障现象】

计算机上新配置一个光驱，却无法使用。

【故障分析】

(1) 光驱的连线和跳线不正确。

(2) 光驱与主板不匹配。

(3) 光驱由于质量问题，不能正常使用。

【排除故障】

(1) 查看光驱的连线与跳线设置是否正确，并对照说明书正确连接。

(2) 对照说明书查看光驱与主板是否匹配，如果不匹配需更换。

(3) 重启计算机，查看系统是否检测到光驱，如果没有检查到光驱，则说明光驱硬件有问题，只能更换新光驱。

(4) 打开【设备管理器】窗口，检查光驱与其他部件是否发生资源冲突或是否设置错误，如果发现错误，卸载光驱的驱动程序后重新安装驱动程序即可解决问题。

## （六） 常见显卡故障的诊断及排除

常见的显卡故障主要有以下几种，下面分别介绍。

### 1. 因显卡与插槽接触不良引起计算机不能正常启动

**【故障现象】**

计算机不能正常启动，打开机箱，通电后发现 CPU 风扇运转正常，但显示器无显示，主板也无任何报警声响。

**【故障分析】**

(1) CPU 风扇运转正常，证明主板通电正常。

(2) 拔下内存条后再通电，若主板发出报警声，则证明主板的 BIOS 系统工作正常。

(3) 插上内存条并拔下显卡，若主板也有报警声，则证明显卡插槽正常，排除显卡损坏的可能，则基本确定是因为显卡与插槽接触不良引起的故障。

**【排除故障】**

(1) 使用毛刷和洗耳球将显卡表面灰尘清洁干净，如图 10-12 所示。

图10-12 清洁显卡表面

(2) 使用橡皮擦拭显卡的金手指，如图 10-13 所示，然后再插入插槽，即可解决故障。

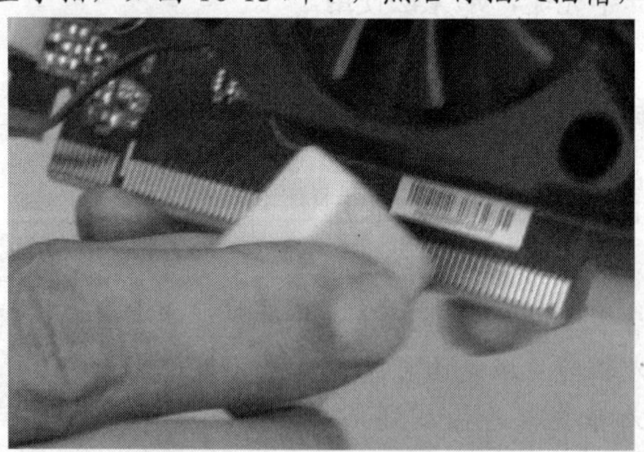

图10-13 使用橡皮擦拭金手指

### 2. 因显卡散热不良引起花屏现象

**【故障现象】**

计算机能正常启动运行，但在运行 3D 软件或游戏一段时间后，出现花屏现象。

【故障分析】

(1) 此类故障一般首先诊断是显卡的问题，打开机箱，查看显卡风扇运转是否正常。

(2) 用手触摸显卡散热片和背面，感觉显卡的温度是否正常。若出现发烫或温度上升很快等现象，则证明是因为散热不良而导致故障。

(3) 若散热片温度正常，而显卡背面温度较高，则可能是散热片与显卡芯片接触不良。

【排除故障】

(1) 若风扇运转出现问题，则需要送往维修或更换新的风扇。

(2) 若只是散热问题，则可对散热片和风扇上的灰尘进行清理。

(3) 若是因为散热片与显卡芯片接触不良，则需要送往专业维修点加涂硅胶导热。

3. 新装显卡供电不足

【故障现象】

因升级需要安装了一块新的显卡，安装上后可以正常使用，但系统出现工作不稳定、经常死机等现象。

【故障分析】

显卡的设计和生产技术不断提高，使得显卡的性能和运行效率也越来越高，而与此同时，显卡的功耗也在不断增大（特别是增加了强劲散热系统的显卡）。若系统供电不足，则会造成显卡工作不稳定，从而导致死机等故障。

【排除故障】

更换额定功率更大的电源，可以解决此故障。

4. 显卡驱动程序丢失

【故障现象】

显卡驱动程序载入，运行一段时间后驱动程序自动丢失，发生死机现象。或者在显卡驱动程序载入后，进入 Window XP 界面时出现死机。

【故障分析】

一般是由于显卡质量不佳或显卡与主板不兼容，使得显卡温度太高，从而导致系统运行不稳定或出现死机。

【排除故障】

(1) 可更换同型号的显卡，在载入其驱动程序后，再插入旧显卡。

(2) 对注册表进行恢复或重新安装操作系统。

(3) 更换显卡。

5. 显示不全

【故障现象】

屏幕中的文字、画面显示不完全。

【故障分析】

此故障通常是显示器设置不正确导致，也有可能是分辨率设置问题。

【排除故障】

(1) 调节显示器显示图像的大小和位置，查看图像是否恢复正常。

(2) 进入显示设置的“高级”选项，对显卡的分辨率以及屏幕显示效果进行调整，通常可解决此故障。

## （七） 常见电源故障的诊断及排除

常见的电源故障主要有以下几种，下面分别介绍。

### 1. 系统不间断自动断电故障

**【故障现象】**

计算机启动时能通过自检，大约十多分钟后，电源突然自动关闭。重新启动计算机，有时无反应，有时可以正常启动，但十多分钟后，电源又会自动关闭，有时隔一两分钟系统会自动重新启动，但马上又断电。

**【故障分析】**

(1) 对于这种故障，首先应在DOS环境下查看是否感染病毒。

(2) 将电源连接到其他计算机中观察运行是否正常。

(3) 一般的电源只能在 220V±10%的环境下工作，当超过这个额定范围时，电源的过流和过压保护启动，便会自动关闭电源。因此有必要检查交流市电是否为220V。

(4) 如果确认电源和市电都没有问题，就应该确定是系统硬件问题。如果计算机中有的部件局部漏电或短路，将导致电源输出电流过大，电源的过流保护将起作用，自动关闭电源。此时可用最小系统法逐步检查，找出硬件故障。

(5) 另外电源与主板不兼容也可能导致此故障。

**【排除故障】**

(1) 若是病毒原因，则应对病毒进行彻底查杀或重新安装操作系统。

(2) 将电源连接到其他计算机上后，若工作也不正常，则可能是电源出现故障；若工作正常，则可能是原计算机系统中的部件过多，耗电量过大，而电源功率不足，造成供电不足引起故障，此时应更换功率更大的电源。

(3) 若检测出交流市电波动较大，则可以加一个稳压器。

(4) 如果是电源与主板不兼容，可能是由于电源或主板的生产厂家没有按常规标准生产器件，此时需要更换电源。

### 2. 电源供电不足造成光驱不能正常读取的故障

**【故障现象】**

计算机的CD-ROM光驱在放入一般的CD音乐、VCD以及软件光盘后，可看到光驱的指示灯闪烁近二十秒后熄灭，不能播放盘片或安装软件。在【我的电脑】窗口中双击光驱图标后，显示“设备没有准备好”，无法使用光驱。当放入某些高质量的盘片后，可以读出光盘中的内容，但极不稳定。

**【故障分析】**

由于在【我的电脑】窗口中双击光驱图标后，显示“设备没有准备好”，因此排除了光驱本身的问题，那么可能就是计算机的电源供电不足，造成光驱读盘能力的降低。

【排除故障】

(1) 更换与光驱连接的电源插头，重新开机后，检查光驱读盘是否正常。

(2) 更换新的机箱电源。

### 3. 电源散热不良导致计算机死机的故障

【故障现象】

计算机开机运行一段时间后会突然死机，重新开机后无法启动或黑屏，过一段时间再开机，可以正常进入系统。

【故障分析】

由于在冷启动的时候一切正常，但运行一段时间后，出现上述问题，最有可能是由于机器内部温度太高造成系统死机，或超过 BIOS 中 CPU 温度保护设置而自行关机。

【排除故障】

(1) 打开机箱外盖，打开计算机的电源开关，检查机箱电源的风扇是否正常工作，将手靠近机箱后电源风扇的出风口，感觉是否有风排出，如果没有风吹出，就应维修或更换电源。

(2) 如果 CPU 风扇不转动，关掉电源，用手转动风扇，检查风扇转动是否灵活，如果风扇转动不灵活就拆下来，加润滑油或换一个同样的新风扇。

(3) 相应也需要检查 CPU 和显卡上的风扇是否转动正常。

> 说明：在自己配置兼容机时，应注意 CPU 风扇的质量，并定期检查一下风扇是否运转正常，以免因为过热而烧坏计算机硬件。

## （八） 常见网卡故障的诊断及排除

常见的网卡故障有以下几种，下面分别介绍。

### 1. 添加网卡后不能正常关机

【故障现象】

计算机原来使用正常，但添加了一块网卡后不能正常关机。

【故障分析】

(1) 首先应重新安装网卡的驱动程序，以确定是否是驱动程序不正确造成的故障。

(2) 打开机箱，取下网卡并对网卡的金手指和主板上的 PCI 插槽进行清理，然后重新插上，以确定是否因灰尘过多造成接触不良。

(3) 最后可更换一个 PCI 插槽，或将网卡装到其他计算机上以确定是否是 PCI 插槽或网卡自身的故障。

【排除故障】

(1) 由于网卡驱动程序不正确引起的故障，重新安装驱动程序即可。

(2) 由于接触不良引起的故障，对网卡和插槽进行清理即可。

(3) 若更换 PCI 插槽后恢复正常，则可能是原 PCI 插槽损坏；若将网卡用到其他计算机上也出现类似故障，则可能是网卡损坏，应进行更换。

### 2. 网络时续时断

【故障现象】

一块 PCI 总线的 10/100Mbit/s 自适应网卡，在 Windows XP 操作系统中使用时，网络出现时续时断的现象。查看网卡的指示灯，发现该指示灯时灭时亮，而且交替过程很不均匀。与该网卡连接的集线器（Hub）所对应的指示灯也出现同样的现象。

【故障分析】

(1) 首先诊断是否是 Hub 的连接端口出了问题，将该网卡接到其他端口上，如果问题依旧，说明 Hub 没有问题。

(2) 再用网卡随盘附带的测试程序盘查看网卡的有关参数，其 IRQ 值为 5。然后返回到操作系统，查看操作系统分配给网卡的参数值，其 IRQ 同样是 5。

(3) 后来又诊断是安装该网卡的主板插槽有故障，但更换了几个 PCI 插槽，问题仍然存在，说明主板插槽没有问题。

(4) 更换了多块网卡，问题依旧，说明不是网卡损坏的问题。

(5) 最后检查 CMOS 参数设置。

【排除故障】

进入 CMOS 设置，选择【PnP/PCI Configuration】选项，将【IRQ5】后面的状态由“Legacy ISA”改为“PCI/ISA Pnp”后网卡工作正常。

## （九） 常见声卡故障的诊断及排除

常见的声卡故障有以下几种，下面分别介绍。

### 1. 安装系统后不能播放声音

【故障现象】

安装操作系统后，不能正常播放声音。

【故障分析】

(1) 首先检查屏幕右下角是否有声音图标，以确定声卡的驱动程序是否安装。

(2) 若驱动程序已安装，则应检查声音的设置是否正确，是否设置为静音。

(3) 对照主板说明书检查是否因为耳机或音箱的接口插错引起故障。

【排除故障】

(1) 若屏幕右下角没有声音图标，则需要正确安装声卡的驱动程序。

(2) 对声音效果进行正确设置，取消静音。

(3) 对照主板说明书将耳机或音箱接到正确的接口上。

### 2. 声卡无法正常发声

【故障现象】

声卡经常出现无法发声的现象，但是在系统中并没有显示不正常。

【故障分析】

连线故障或声卡与其他插卡有冲突。

【排除故障】

(1) 检查声卡到音箱的音频线是否有断线。

(2) 调整 PnP 卡所使用的系统资源，使各卡互不干扰。

> 说明：有时，设备管理器中没有黄色的惊叹号（冲突标志），但声卡就是不发声，其实也是存在冲突，只是系统没有检查出来。

(3) 更新驱动程序。

### 3. 声卡无法即插即用

【故障现象】

即插即用（PnP）声卡无法实现即插即用。

【故障分析】

此故障一般是以下原因导致：系统不能识别声卡、驱动程序错误、系统不支持 PnP 声卡的安装。

【排除故障】

(1) 检查声卡跳线是否正确。

(2) 尽量使用新驱动程序或替代程序。

(3) 在【控制面板】窗口的经典视图中，选择【添加硬件】选项，在弹出的【添加硬件向导】对话框中单击 下一步(N) > 按钮，当提示“需要 Windows 搜索新硬件吗？”时，选择“否”，而后从列表中选择【声音、视频和游戏控制器】选项，用驱动盘或直接选择声卡类型进行安装。

### 4. 声卡出现杂音

【故障现象】

声卡在使用时，经常有杂音，有时还有爆音。

【故障分析】

此故障一般是以下原因导致。

(1) 由于机箱制造精度不够高、声卡外挡板制造或安装不良，导致声卡不能与主板扩展槽紧密结合，目视可见声卡上金手指与扩展槽簧片有错位。

(2) 有源音箱输入接在声卡的 Speaker 输出端。

(3) 系统自带驱动程序不好。

(4) PCI 显卡采用 Bus Master 技术，造成挂在 PCI 总线上的硬盘读写、鼠标移动等操作时放大了背景噪声。

【排除故障】

(1) 用钳子校正，使声卡和扩展槽紧密结合。

(2) 对于有源音箱，应接在声卡的 Line out 端，它输出的信号没有经过声卡上的功放，噪声要小得多。有的声卡上只有一个输出端，是“Line out”类型还是“Speaker”类型要靠卡上的跳线决定，厂家的默认方式常是“Speaker”，所以要拔下声卡调整跳线。

(3) 在安装声卡驱动程序时，要选择“厂家提供的驱动程序”而不要选“Windows 默认的驱动程序”。

如果用“添加新硬件”的方式安装，要选择“从磁盘安装”而不要从列表框中选择。如果已经安装了系统自带的驱动程序，可以通过下面的方法安装驱动。

① 选择【控制面板】窗口中的【系统】选项，在打开的【系统属性】对话框中切换到【硬件】选项卡，单击 设备管理器(D) 按钮。

② 在打开的【设备管理器】对话框中选择【声音、视频和游戏控制器】选项，选中各分设备并单击鼠标右键，在弹出的快捷菜单中选择【更新驱动程序】命令。

③ 在打开的【更新硬件向导】对话框中选择【从列表或指定位置安装（高级）】命令，然后单击 下一步(N) > 按钮，选择【不要搜索。我要自己选择要安装的驱动程序】命令，单击 下一步(N) > 按钮。

④ 单击 从磁盘安装(H)... 按钮，这时插入声卡附带的磁盘或光盘，装入厂家提供的驱动程序。

说明

(4) 关掉 PCI 显卡的【Bus Master】功能，换成 AGP 显卡，将 PCI 声卡换一个插槽插上。

# 任务二 常见机箱外部配件故障的诊断及排除

计算机机箱外部设备的应用越来越广泛，其出现故障的概率也越来越大，如果出现严重故障，普通用户应送往专业维修点或联系厂家上门维修。而对于一些常见的外设故障，用户也可按照说明书自己动手维修，从而节约时间和费用。

## （一） 常见移动存储设备故障的诊断及排除

常见的移动存储设备故障有以下几种，下面分别介绍。

### 1. 移动硬盘在进行读写操作时频繁出错

**【故障现象】**

将移动硬盘连接到 USB 接口之后，系统可以正常识别出移动硬盘，但是在对移动硬盘进行读写操作时，硬盘经常发出“咔咔”的异响，然后出现蓝屏，系统提示读写错误，但是在另外一些计算机上可以正常使用该移动硬盘，扫描硬盘也没有发现坏道。

**【故障分析】**

由于 USB 设备是通过 USB 接口获得必要的电源，一般闪存、数码相机等 USB 设备在 100mA 左右电流时就可以正常工作，但是对于移动硬盘这种大功率移动存储器，一般需要 500mA 电流才能正常工作。如果主板 USB 接口的供电不足，就无法提供足够大的电流，从而造成移动硬盘无法正常工作，这种故障在一些较早期的主板上比较常见。

**【排除故障】**

(1) 在使用移动硬盘等大功率的 USB 设备时，由于每个 USB 接口最多只能提供 500mA 的电流，所以最好是把移动硬盘直接接到主板的 USB 接口上，而不要将其连接在主机的前置 USB 接口上，以免造成供电不足。

(2) 不要使用 USB 延长线来连接 USB 移动硬盘，最好使用厂家随移动硬盘附送的 USB 电线，因为普通 USB 延长线一般线体较细，使用时容易造成电流损耗，而原厂提供的 USB 电线通常做工较好，线体也较粗，可以最大程序地减少电流损耗。

(3) 另外目前主板上的USB接口后面一般都有一个JP3跳线，用来改变USB接口的供电方法，可以改变JP3跳线的设置，将USB电源由副电源5V供电改为主电源5V供电，可以得到更加稳定的电源（详细方法可以参考主板说明书）。

(4) 如果以上方法都无法解决问题，那就只有改变移动硬盘的取电方式了，一般的USB移动硬盘都提供了PS/2取电接口，将它接到主板的PS/2接口上，可以得到比较稳定的电流。另外也可以购买一个带有外接电源的USB Hub，利用它为USB移动硬盘供电也是个比较不错的方法。

#### 2. 在nForce2主板使用USB2.0移动硬盘复制大容量文件时频繁出错

**【故障现象】**

使用nForce2主板的计算机，安装的是Windows XP操作系统，平时使用U盘比较正常，但是在使用USB2.0移动硬盘复制大容量的文件时，经常提示复制文件出错，然后移动硬盘的盘符消失，要重新插拔USB连线才可继续使用，更换别的USB2.0移动硬盘后故障依旧。

**【故障分析】**

虽然Windows XP操作系统中自带USB2.0驱动，但是在实际使用中却与nForce2主板存在兼容性问题，其故障表现为从USB2.0设备上复制大容量文件时报错，并且移动盘符消失。

**【排除故障】**

首先安装Microsoft的SP补丁，然后再安装nForce2芯片组驱动程序，最后再下载并安装厂家最新版的USB2.0驱动程序，即可解决问题。

#### 3. 在VIA主板上使用USB移动硬盘出现假死现象

**【故障现象】**

计算机使用的是VIA芯片组主板，主板本身支持USB2.0接口，但是在使用过程中发现，当使用USB 2.0的移动硬盘时，只要是复制体积达几十兆的大文件，就很容易造成计算机长时间无响应的假死机现象。

**【故障分析】**

由于VIA主板一贯具有对USB2.0支持不佳的毛病，这个故障也属于USB控制芯片的兼容性问题。

**【排除故障】**

下载并安装最新版的VIA四合一驱动程序，并且安装主板USB 2.0控制芯片VIA VT6202的驱动程序，即可解决问题。

## （二） 常见显示器故障的诊断及排除

常见的显示器故障有以下几种，下面分别介绍。

#### 1. CRT显示器显示模糊

**【故障现象】**

刚启动计算机时，显示器显示的文字图像模糊不清，随着运行时间的增加又逐渐清晰。

**【故障分析】**

CRT 显示器的工作原理是通过电子枪发出电子束击中荧光屏产生图像，而显像管内的电子枪必须经过加热后才能正常工作。

由于显像管的老化，使得加热过程变慢，在刚启动计算机时，因没有达到标准温度，电子枪不能射出足够的电子束，从而造成图像模糊。而运行一段时间后，温度达到标准要求，电子枪能够射出足量电子束，所以图像又变得清晰。

此故障一般发生在 CRT 显示器使用多年之后，它属于正常的老化现象。而如果新买显示器出现此故障，则可能是使用了翻新显像管造成的质量问题。

**【排除故障】**

(1) 若是正常的老化现象，一般没有维修的必要，可在使用过程中让显示器一直处于不断电状态，以加快启动时的加热时间，或考虑更换新显示器。

(2) 若是新买显示器的质量问题，则应立即要求更换或退货。

### 2. 显示器上的设置不当造成显示颜色不正确

**【故障现象】**

显示器能正常显示，但显示颜色偏黄。

**【故障分析】**

(1) 首先检查显示器视频接口是否正确插接好。

(2) 在显卡的颜色设置功能内将颜色设置恢复到默认状态，确认是否为显卡设置不当造成的故障。

(3) 调整显示器上的颜色设置，确认是否为显示器设置不当造成的故障。

**【排除故障】**

(1) 若是因为视频接口没有插接好，则应断电后重新插接，并将接口处的螺钉拧紧。

(2) 若将显卡的颜色设置恢复默认后显示正常，则可能是对显卡的显示颜色进行了错误的设置。

(3) 仔细对照显示器说明书，对显示器上的颜色进行正确设置。

(4) 若进行以上设置后仍不能正确显示，则可能是因为显示器元件老化造成的，应进行维修或更换新显示器。

### 3. 临时黑屏

**【故障现象】**

计算机在使用过程中总是突然黑屏，但不久之后，又恢复正常了。

**【故障分析】**

一般以下原因会引起黑屏：屏幕保护、节能、病毒、超频、冲突和硬件发热不稳定。

**【排除故障】**

(1) 检查屏幕保护。可在桌面空白处单击鼠标右键，在弹出的快捷菜单中选择【属性】命令，切换到【屏幕保护程序】选项卡，在【屏幕保护程序】下拉列表中选择【(无)】选项，取消屏幕保护。

(2) 检查节能设置。禁止节能的方法是：开机时按 Del 键进入主板 BIOS，选择【Power Management Setup】、【Power Management】选项，将其设置为“Disabled”。

(3) 检查最近安装的软件是否带有病毒，使用新的杀病毒软件检测杀毒。

(4) 按照主板跳线说明或主板 CMOS 中的软跳线设置恢复原来的频率。

(5) 如果主板和显示卡芯片不兼容，或者内存、显示卡、主板上的芯片遇热不稳定，这时就需要更换配件了。

说明

显示器黑屏和计算机死机一样是属于计算机故障中很复杂的故障，需要耐心检测，对可能引起故障的原因逐个排查。

## （三） 常见鼠标和键盘故障的诊断及排除

常见鼠标和键盘的故障有以下几种，下面分别介绍。

### 1. 系统检测不到鼠标

**【故障现象】**

开机后在计算机桌面上找不到鼠标。

**【故障分析】**

此故障可能是线路接触不良或鼠标损害所致。

**【排除故障】**

(1) 检查鼠标与主机连接串口或 PS/2 接口是否接触松动，一般仔细插稳并重新启动即可。如果接口损坏，只有更换主板或使用多功能卡上的串口。

(2) 检查鼠标内部的电线与电路板的连接，如果有脱焊的情况发生，可用电烙铁将焊点焊好。如果线路老化损坏，只有更换鼠标。

### 2. 键盘不能正常输入

**【故障现象】**

计算机正常启动后，键盘没有任何反应。

**【故障分析】**

(1) 重新启动计算机，在自检时注意观察键盘右上角的“Num Lock”提示灯、“Caps Lock”提示灯和“Scroll Lock”提示灯是否闪了一下，进入系统后再分别按下键盘上这 3 个灯所对应的键，查看灯是否有亮灭现象。

(2) 检查键盘的连线是否正确，将键盘接到其他计算机中测试是否能正常使用。

(3) 检查主板上键盘接口处是否有针脚脱焊、灰尘过多等情况。

**【排除故障】**

(1) 若键盘上的提示灯一直都没有亮，则有可能是键盘与主板没有连接好，可重新拔插一次，确认正确连接即可。

(2) 因鼠标和键盘的接口外观相同，连接时应仔细辨别，或对照主板说明书进行正确插接。

(3) 若键盘接到其他计算机中也不能正常使用，则可能是键盘已损坏，只需更换新键盘即可。

(4) 若检查主板上的键盘接口处的针脚有脱焊的情况，则应对其进行正确焊接；若发现该处灰尘太多，则有可能是由于灰尘造成短路，应对灰尘进行清理。

### 3. 开启鼠标键功能导致数字键盘不能使用

**【故障现象】**

在使用键盘进行输入的过程中，主键区的使用一切正常，但在使用数字键盘时不能正常输入数字。

**【故障分析】**

(1) 首先检查数字键盘的“Num Lock”提示灯是否处于点亮的状态，可反复按下Num Lock键查看提示灯的亮灭状态是否正常。

(2) 单独按下数字键盘上的2、4、6、8键不放，注意屏幕上的鼠标光标是否移动。

**【排除故障】**

(1) 若数字键盘的“NumLock”提示灯处于熄灭的状态，则可按下Num Lock键将其变亮，一般可正常输入数字。

(2) 若数字键盘的“NumLock”提示灯处于点亮的状态，单独按下数字键盘上的2、4、6、8键不放，屏幕上的鼠标光标开始移动，则是由于开启了鼠标键功能从而改变了数字键盘的功能。解决此故障的方法如下。

(3) 选择【开始】/【控制面板】命令，在【控制面板】窗口中选择【辅助功能选项】选项，如图10-14所示。

(4) 弹出【辅助功能选项】对话框，切换到【鼠标】选项卡，如图10-15所示。

(5) 若【使用鼠标键】复选框被勾选，则说明鼠标键功能处于开启状态。取消该复选框的勾选则可关闭此功能，使数字键盘恢复正常的输入功能。

(6) 若需要此功能在开启状态时也能实现正常输入，可以单击 设置(S) 按钮，弹出【鼠标键的设置】对话框，选择【关闭】单选按钮，如图10-16所示。这样当数字键盘处于开启状态时可正常输入数字；当处于关闭状态时可用于控制鼠标光标的移动。

图10-14 选择【辅助功能选项】选项

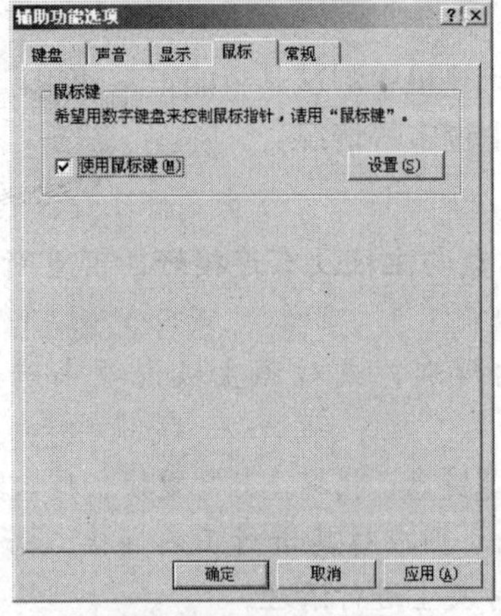


图10-15 【鼠标】选项卡

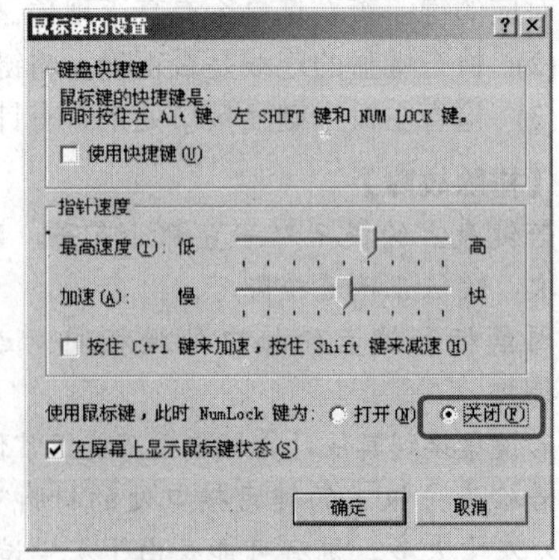


图10-16 选择【关闭】单选按钮

## （四） 常见打印机故障的诊断及排除

常见的打印机故障主要有以下几种，下面分别介绍。

### 1. 喷墨打印机不能正常打印

【故障现象】

一段时间没有使用喷墨打印机，再次使用时发现不能正常打印。

**【故障分析】**

一般喷墨打印机如果长时间不使用，则喷嘴可能因为墨水的凝固而造成堵塞，从而导致不能正常打印。

**【排除故障】**

对于佳能（Canon）、惠普（HP）等采用喷嘴墨盒一体化结构的喷墨打印机，可用一块干净的玻璃滴少许清水，将喷嘴浸在水中几个小时，注意不要浸湿触点，再用面巾纸沾拭喷嘴，使其能通畅渗出墨水。若仅有轻微渗出，可从通气孔向墨盒里吹气或打气，看到墨水从喷嘴较通畅流出即可。只要喷嘴未损坏，此方法能解决大部分墨盒堵塞的问题。

对于爱普生（EPSON）等采用喷嘴墨盒分体式结构的打印机，可先按维护程序反复清洗喷嘴，若无效则只能送往维修处更换喷嘴。

### 2. 打印效果与预览不同

【故障现象】

在文本编辑器下预览时文件格式整齐，但是打印出来却发现部分字体是重叠的。

**【故障分析】**

这种情况一般都是由于在编辑时设置不当造成的。

**【排除故障】**

改变一下文件“页面属性”中的纸张大小、纸张类型、每行字数等，一般可以解决。

### 3. 打印字迹不清晰

【故障现象】

喷墨打印机打印出的字迹模糊不清。

**【故障分析】**

一般来说这种情况主要和硬件的故障有关，遇到这种问题一般都应当注意打印机的一些关键部位，如喷头等。

**【排除故障】**

先对打印机喷头进行机器自动清洗，如果无效可以用柔软的吸水性较强的纸擦拭靠近喷头的地方；如果上面的方法仍然不能解决的话，就只有重新安装打印机的驱动程序了。

### 4. 不能打印大文件

【故障现象】

激光打印机打印小文件时正常，打印大文件时就会死机。

**【故障分析】**

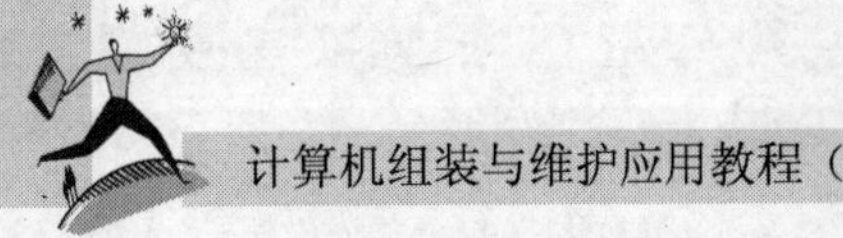



一般这种问题是由软件故障引起的。

**【排除故障】**

查看硬盘上的剩余空间，删除一些无用文件，或者查询打印机内存数量，是否可以扩容。

**5. 选择打印机无反应**

【故障现象】

选择打印后打印机无反应，系统会提示“请检查打印机是否联机及电缆连接是否正常”。

**【故障分析】**

此故障可能是打印机电源线未插好，打印电缆未正确连接、接触不良、计算机并口损坏等情况导致。

**【排除故障】**

(1) 如果不能正常启动（即电源灯不亮），先检查打印机的电源线是否正确连接，在关机状态下把电源线重插一遍或者换一个电源插座再试。

(2) 如果按下打印电源开关后打印机能正常启动，就在 BIOS 设置里面查看并口设置。一般的打印机用的是 ECP 模式，也有些打印机不支持 ECP 模式，此时可用“ECP+EPP”模式或“Normal”方式。

(3) 如果上述的两种方法均无效，就需要着重检查打印电缆，先把计算机关掉，把打印电缆的两头拔下来重新插一下，注意不要带电拔插。如果问题还不能解决的话，再尝试更换打印电缆。

6. 打印不完全

【故障现象】

打印文件不全。

**【故障分析】**

一般这种问题是由软件故障引起。

**【排除故障】**

(1) 选择【开始】/【控制面板】命令，双击【系统】图标，弹出【系统属性】对话框。

(2) 切换到【硬件】选项卡，单击 设备管理器(D) 按钮，打开【设备管理器】窗口。

(3) 在左侧的面板中依次展开【端口（COM 和 LPT）】选项，在其下的【打印机端口（LPT1）】选项上单击鼠标右键，在弹出的快捷菜单中选择【属性】命令，弹出【打印机端口（LPT1）属性】对话框。

(4) 切换到【驱动程序】选项卡，选择【更改驱动程序】/【显示所有设备】选项，将“ECP 打印端口”改成“打印机端口”后确认。

## （五） 常见扫描仪故障的诊断及排除

常见的扫描仪故障有以下几种，下面分别介绍。

**1. 扫描仪无法正常安装和使用**

**【故障现象】**

新购买了一台 USB 接口的扫描仪，但在操作系统中无法正确安装和使用。

【故障分析】

(1) 检查系统的 USB 状态，确认是否处于开启状态。

(2) 进入主板 BIOS 设置，确认【OnChipUSB】和【Arrange IRQ for USB】两项设置是否为“Enable”。

(3) 若能识别扫描仪，则应确认是否是因为驱动程序导致的问题。

【排除故障】

(1) 在计算机的控制面板中检查 USB 状态，如果在设备管理器中的【通用串行总线控制器】下总是出现一个未知设备，可以将其删除。

(2) 在主板 BIOS 设置中，将【OnChipUSB】和【Arrange IRQ for USB】两项都设置为“Enable”，重启计算机后即可正常识别扫描仪。

(3) 下载最新的驱动程序进行安装，一般即可正常使用扫描仪。

(4) 若以上方法均无效，则可能是扫描仪自身出现故障，应进行维修。

2. 扫描仪扫描图像不清楚

【故障现象】

将 HP PhotoSmart 扫描仪的电源及连接线暂时拔掉，再重新接上或换到另一计算机上使用，发现扫描的图像变得不清楚。

【故障分析】

此故障一般是由于没有进行扫描仪的校正所致。

【排除故障】

选择【开始】/【控制面板】命令，双击【PhotoSmart Scanner】图标，在打开的窗口中选择“Tools”图标，再选择【Scanner Calibration】选项，根据画面指示完成校正步骤。

3. 照片无法全部扫描

【故障现象】

使用 HP PhotoSmart 扫描仪扫描照片时，有些边缘部分被切掉了而没有被扫描到。

【故障分析】

此故障是因为 PhotoSmart 扫描仪有边界的限制（大约为 0.3 mm）。

【排除故障】

可以将照片放入保护套内扫描，这样它检测到的即为保护套的边界，而非照片的边界。

4. 扫描仪灯管不能熄灭

【故障现象】

扫描仪闲置 10 分钟或计算机关机后，扫描仪灯管不会自动熄灭。

【故障分析】

一般是由于驱动程序安装完成后，“hplampc.exe”这个文件纪录的灯管状态信息有误所导致。

【排除故障】

(1) 首先确认随机附赠光盘中的 HP PrecisionScan LT 软件已经安装。

(2) 找到"hplampc.exe"文件（一般位于 C:\Windows\System 目录中），将"hplampc.exe"复制至 C:\WINDOWS\Start Menu\Programs 目录中。

(3) 重新启动计算机，此时"hplampc.exe"的错误状态设定值将被重设，问题即得到解决。

## 小结

本实训项目介绍了计算机常见的一些硬件故障，并给出了故障原因的分析排查和解决方法。总的来说，要做到比较准确地找出计算机故障的原因是一个长期熟悉和积累的过程。计算机出现故障时，应先冷静分析问题可能出现在什么地方，然后遵循先外后内、先软后硬的原则进行排查，即首先检查计算机外部电源、设备、线路，然后再开机箱进行排查；先从软件判断入手，然后再从硬件着手。

## 习题

1. 如何排除内存和显卡金手指造成的故障？
2. 容易由于散热问题引起故障的硬件设备有哪些？
3. 主板的常见故障和处理方法有哪些？
4. 简述排除计算机硬件故障的一般思路。
5. 根据本实训所讲述内容，排除身边计算机的常见硬件故障。